INSTANT ANSWERS 系列手册

电气施工速查手册

［美］ 戴维·塔克
加里·塔克 著
王 烈 孙成群 译
杨 选 校

中国建筑工业出版社

著作权合同登记图字：01－2006－4925号

图书在版编目（CIP）数据

电气施工速查手册/（美）塔克，（美）塔克著；王烈，孙成群译.
北京：中国建筑工业出版社，2007
（INSTANT ANSWERS系列手册）
ISBN 978－7－112－09443－1

Ⅰ.电… Ⅱ.①塔… ②塔… ③王… ④孙… Ⅲ.房屋建筑
设备：电气设备－工程施工－技术手册 Ⅳ.TU85－62

中国版本图书馆CIP数据核字（2007）第091677号

责任编辑：丁洪良　率　琦　程素荣
责任设计：郑秋菊
责任校对：李志立　刘　钰

INSTANT ANSWERS 系列手册
电气施工速查手册

［美］戴维·塔克　加里·塔克　著
王　烈　孙成群　译
杨　选　校

*

中国建筑工业出版社出版、发行（北京西郊百万庄）
各地新华书店、建筑书店经销
北京嘉泰利德公司制版
北京建筑工业印刷厂印刷

*

开本：850×1168毫米　1/32　印张：10¾　字数：307千字
2007年12月第一版　2008年8月第二次印刷
定价：**35.00**元
ISBN 978-7-112-09443-1
(16107)

目　　录

第 1 章 电路基础理论

了解电路是电气工程师教育的一个必要的组成部分。电路有许多种类型，每种电路都有自己的功能。在一项工程中选择合适的电路对于成功的电气安装来说是必不可少的。你熟悉所有主要类型的电路吗？如果不熟悉，阅读完本章，你就会增加更多的对于电路的认识。下面列出的电路是经常遇到的，记住这些电路，在实际工作中对你会有很大帮助。

串联电路

串联电路是将电路中的所有元件一个接一个连接起来的电路（图 1.1）。电路中的每个元件通过相同的电流。路灯通常被连接成串联电路。**[译者注] 实际多个路灯是并联的。**

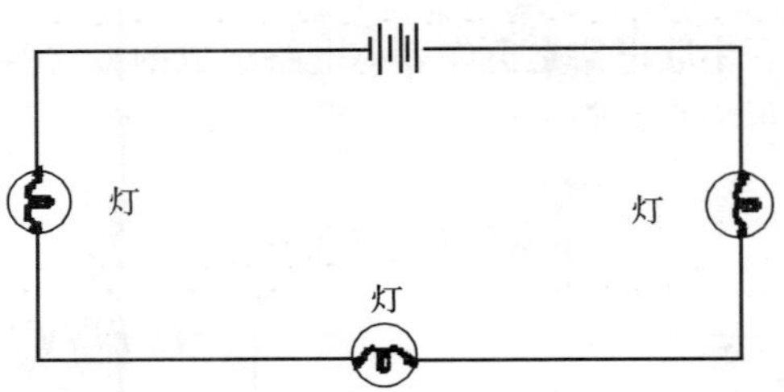

图 1.1 串联电路图

并联电路

并联电路通常被称为多级电路或分流电路。这些电路与串联电路很相似，但并不完全相同（图 1.2）。并联电路中的元件是按分流方式布置的。二者的不同之处在于：串联电路中元件的电流是维持恒定的，产生的电动势随负荷变化。而在并联电路中，流过发电机的电流随负荷变化，发电机的电动势则维持基本恒定。

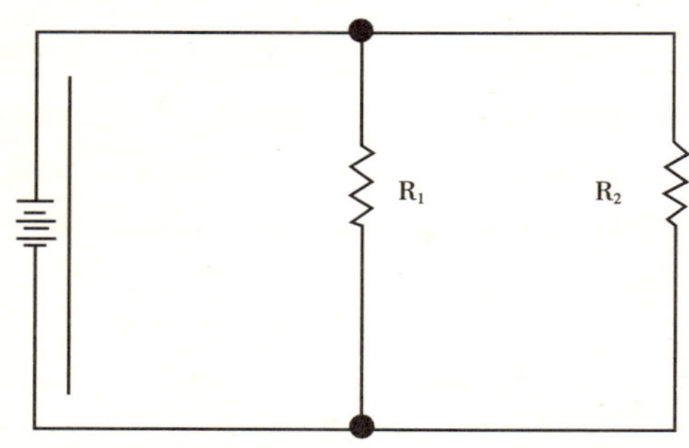

图 1.2 简单并联电路图

并 - 串联电路

一个并 - 串联电路是由许多小电路组成的，这些电路之间先串联，然后再相互并联，形成并 - 串联电路（图 1.3）。

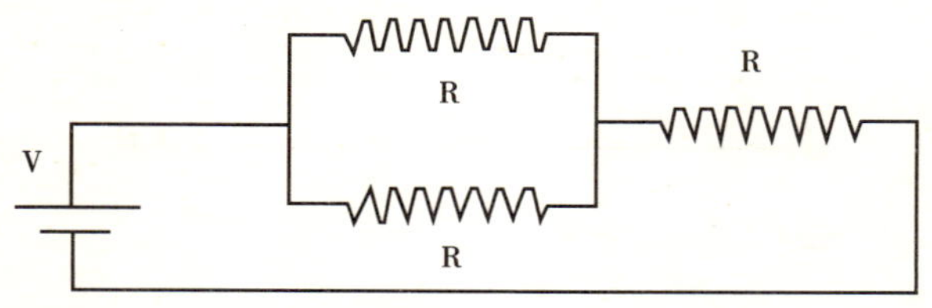

图 1.3 简单并 - 串联电路图

小结

白色导线通常是中性线。[译者注] **中国国内中性线采用黑色。** 中性线是载流导线，它们要在进线处接地。[译者注] **配电系统接地形式为TN-C时。** 尽管这些导线上没有电压存在，但它们带有电流。其他的可用于中性线的颜色是灰色，或者是在非绿色绝缘体上带有三条连续的白色条纹。

黑色导线是通电导线（相线）。[译者注] **中国国内相线一般为"黄""绿""红"。** 它们将电量从配电盘运送至设备。这些导线不接地，导线上有电压，也有电流。通电导线可以是除了白色、灰色、绿色以及带有三条连续白色条纹的非绿色绝缘体之外的其他任何颜色。红色导线和其他颜色导线通常是通电的。这些通电导线的颜色编码可以用于识别它们的电路功能。

在导线绝缘体上缠有黑色电气绝缘胶带的白色导线是通电导线。必须谨慎，以防混淆普通的白色导线和用作带电导线的白色导线。当使用多芯电缆时这种办法是可以接受的。当使用单导线接线方式时，在美国的导线规格中6号及小于6号的导线上必须使用连续的专用颜色编码。这些规格的导线上不允许有绝缘胶带。

绿色导线是接地线，裸导线是接地线，黄绿相间的导线也是接地线。接地线只有在发生接地故障时才带电。[译者注] **中国国内采用黄绿相间导线。**

注意！

只能在接地线上使用绿色导线螺套。绝不要将通电导线与绿色导线螺套放在一起。

串-并联电路

一个串-并联电路包括许多小电路，这些电路并联连接，然后好几个并联连接的小电路按串联方式连接并跨接在电压（电动势）源上。因为很少使用，这些电路不是很常见（图 1.4）。

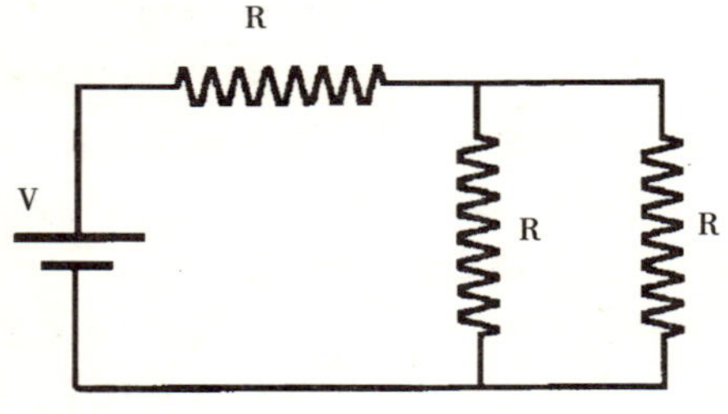

图 1.4 简单串 - 并联电路图

分流电路

分流电路差不多就是一种形式的并联电路。当讲到分流电路时，区别仅在于它是少数并联导线的一个孤立单元，而不是大量并联导线的组合。

多级电路

多级电路用于为照明和大多数其他电力工程配电。但路灯的接线为串联电路。**［译者注］中国路灯是并联电路。**

馈电电路

馈电电路包含配电系统中的一组导线，范围从原始电源（如配电盘）到配电中心，在电源与中心之间没有其他电路连接。典型的馈电电路是从一所房子的主配电盘通过大通量电缆分到车库分配电盘。

馈电支路

馈电支路是馈电电路的延伸。这些电路通过断路器或一条馈电线或另外一条馈电支路受电，而两个配电中心之间没有其他电路与之连接。

主电路

任何与其他耗能电路通过电路保护装置在该电路的不同点相连的电路均被称为主电路。主电路全程中的导线规格相同，在其全程内没有电路保护装置。用电设备不应与主电路直接相连。在主电路与用电设备之间需要设置电路保护装置。

次主电路

次主电路是辅助性的主电路，它通过电路保护装置从一个主电路或某个其他次主电路受电。支路或设施可以通过电路保护装置与次主电路相连。次主电路的导线通常小于主电路或为次主电路供电的其他次主电路的导线。

链接电路

当一个单一用电设备从电路受电，而这个电路直接与分接电路相连，没有安装电路保护装置，这时就产生了链接回路。

支路

支路是在终端电路保护装置与电源插座之间的电路，它是建筑中最通用的电路类型（图 1.5），可供电给以下设备：

- 照明
- 设备
- （墙）插座
- 电机
- 空调设备

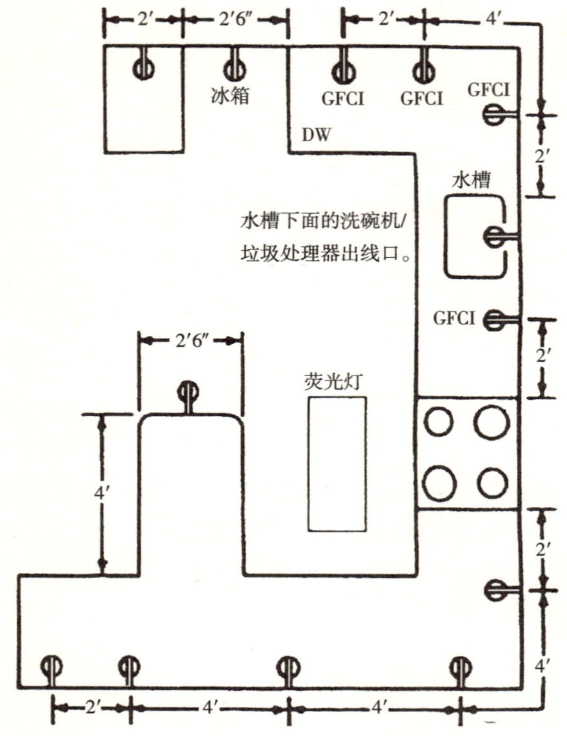

图 1.5 典型厨房设备支路图

- 感烟探测器

室内需要的典型支路是：

- 小设备支路：安装两个或更多的 20A 插座支路用于厨房、餐厅或类似区域。一般说来，不允许其他插座接入这些电路。
- 洗衣房支路：洗衣机插座需要至少一个 20A 电路。不允许其他插座接入该电路。
- 浴室支路：浴室插座至少需要一个 20A 电路。浴室中的其他设备如灯和排气扇可以接入这个电路。浴室以外的插座不允许接入这个电路。
- 电弧—故障电路：所有为卧室供电的支路必须受电弧故障断路器保护。电弧故障断路器安装在标准断路器面板上，但有中性线和通电导线与之相连。在某些地方，对感烟探测器没有这个要求。

• 专用支路：一个专用支路或单独支路是为专用设备供电的电路。

• 干洗机电路：这个电路包括 4 条 10 号导线。黑色和红色的导线是带电导线（相线），白色导线是中性线，绿色导线或裸导线是接地线。两根带电导线与 30A 两极断路器相连，白色导线与中性板相连，绿色导线与接地板相连。电路的另一端与 4 线干洗机插座相连。

小结

当在同一架上的多个插座由不止一个支路供电时，必须在支路来源的配电箱内采取措施，保证同时断掉为那些插座供电的非接地导线。这可以由一个双极断路器或者通过在两个单极断路器上安装手柄连杆的方法来完成。

• 炉灶电路：这个电路包含 4 根 8 号铜导线或者 6 号铝导线。黑色或红色的通电导线与一个 40A 或 50A 的两极断路器相连，白色导线与中性板相连，绿色导线与接地板相连。电路的另一端与 4 线炉灶插座相连。

• 电热水器：电热水器由 3 根 10 号导线供电。两根带电导线与一个 25A 的两极断路器相连，绿色导线或者裸导线与接地板相连。电路的另一端直接与电热水器相连。检查连接电热水器的电路图，将两条带电导线和接地线连到正确的地方。

• 燃油热水器：燃油热水器由 3 根 12 号导线供电。黑色导线与一个 15A 或 20A 的断路器相连。白色导线与中性板相连，接地导线与接地板相连。电路由配电盘引出至位于出口热水器位置处的应急开关，从应急开关引至热水器上方的热熔断器。然后电路导线引入热水器上的进线开关，从进线开关再引入热水器上的终端盒。从屋顶的热熔断器引至热水器部分的导线由软管保护。

• 洗碗机：洗碗机通常由一个 120V、15A 或 20A 的电路供电。导线由配电盘直接引到洗碗机底部的终端盒。与洗碗机相配的说明书会告诉你在哪里将供电电缆从地板引上来。在洗碗机底部留出 3in 或 4in 的备用电缆，以便将其引至使用洗碗机的地方而不会中断供电。

- 水泵：水泵通常由一个 240V、15A 或 20A 的电路供电。供电电缆包括两根 12 号带电导线和一根 12 号接地导线。把两根带电导线连接到一个两极断路器，把接地导线连接到接地板上。电路的另一端接到水泵附近的进线开关。开关必须是双极的，以保证在关的位置时能断掉水泵的所有电源。电路则由开关一直通到控制水泵的压力开关。

- 燃油炉或锅炉：这些设备的接线方式与燃油热水器相同。它们由一个 120V、15A 或 20A 的电路供电。电路在连到燃油设备的终端盒之前，必须经过安全开关、热熔断器和进线开关。

- 分裂导线支路：分裂导线支路是一种两个支路分别给一个双联插座中的每个插座供电的电路。这个电路由 4 根 12 号导线供电。黑色和红色导线是带电导线，连接到一个双极 15A 或 20A 断路器的两极。白色导线连接到中性板，绿色导线或裸导线连接到接地板。电路由配电盘至电路中的第一个双插座。必须把跳线连接片从插座带电侧移走。红色导线连接到一个铜螺钉上，黑色导线连接到另一个铜螺钉上。中性线必须用软导线引出连接到插座的中性端。接地线也必须用软导线引出连接到接地螺钉上。这个电路适用于厨房橱柜上方使用大功率设备的地方。

小结

住宅卧室中的所有 125V、单相、15A 或 20A 的插座支路都需要电弧故障断路器。照明出线口和开关也都必须设置电弧故障断路器保护。但在有些情况下，感烟探测器电路不需要设置电弧故障断路器。

第 2 章 临时配线

临时配线用于为新建楼宇、房屋、工棚、车库和机器房的电力和照明供电。临时配线也用于其他类型的新建建筑和改造工程。无论是临时的还是永久的，所有配线的安装要求都是一样的。临时配线也应该安装好，不能受损。NM 和 NMC 型电缆（Romex）可以用在住宅、楼宇或者没有高度限制的构筑物中。

在安装导线用于照明（普通照明）的地方，在所有灯具都安装了合适的灯座和防护罩以防止灯具被意外接触和打碎的地方，以及在只有有资格的、熟悉建筑物也熟悉设备操作方式和其中危险程度的人员才能接近导线的地方，都允许安装单路绝缘导线。

所有的支路电路必须连接到合格的接线面板或电源插座上。所有的插座都必须是有接地线，而且都应该连接到持续接地的导线上。工地上接的临时插座不能连接到为临时照明供电的支路电路上。所有工地上的单相 125V，15A、20A 和 30A 的插座都应该有接地故障电路断流器的保护。安装的每一路临时电路都必须有能够从所连接的电路上断开的措施，如断路器。这一断开措施必须能够断开每路临时电路的全部没有接地的导线。对于多线临时支路，例如像 1⅔Romex，所有不接地电路必须有将其同时断开的措施。

临时配线的导线和电缆要防止意外损伤。导线和电缆经过建筑物时应当避免经过其尖拐角、门口和凸起的地方。在其他可能导致导线和电缆拉紧或切断的地方也要对导线和电缆加以保护。在这些地方套一段柔韧的导线管不失为 NM 电缆的一个好方法。

临时配线应当使电缆和导线不受自然的或者意外的损害。应当把导线和电缆在合适的地方支撑起来以保证其不被损害，支撑的方式可以是用钉子钉，可以是用各种绳子或带子绑扎，也可以是其他类似的悬挂方式。这些支撑的使用应当能使用于临时动力和照明电路的电缆免受损害。在使用临时配线的地方，当永久配线投入使用时，临时动力和照明电路就需要撤除。

临时设施的要求会随着州与州和管辖区域的不同而不同。在开始安装临时设施的任何工作以前，必须要先与电力公司协商。在工作开始前，还要与地方的法规执行部门取得联系。通常情况下，临时配电盘安装在新立的电杆上，这种电杆是作为在建建筑永久性配电的一部分。在其他情况下，就要安装临时电杆了。

在工地上安装的最常用的临时电杆是 6in × 6in 的电杆。这种电杆是用三条 2in × 6in 的厚木板钉在一起做成的。这种临时电杆必须埋入地下至少 4ft。在临时电杆的三个方向上要用 2in × 4in 的木桩支撑，木桩打入地下至少要 3ft，木桩和电杆用钉子钉在一起。这种类型的临时设施电杆通常用于新建住宅建筑，但也可以用于其他类型的建筑施工（图 2. 1）。

小结

在施工现场，临时的多线电路导线不需要绞接或接线箱。所有的绞接都使用绞接设备。先把导线头拧在一起，然后用一绝缘物把导线头包住，例如使用接线螺母或者绝缘胶布。包导线头的绝缘物在绝缘性能上要与导线的绝缘层相当。

在一些较大的施工现场，总承包商会建立他们自己的黑焦油电杆，并用来安装临时配电盘。在一些工地上，如果当地的地方电力公司监督管理部门允许，临时设施接线面板就可以安装在树上或者建筑拖车的一面。如果这种临时电杆的尺寸为 6in × 6in，那么它们也必须符合相应的要求。它们必须至少埋入地下 4ft，并且高度要满足电杆的净高要求。如果电力公司供电站就在街道或者高速公路的对面，那么临时电杆或许需要更高一些。

人造电杆需要在三个方向上用线拉紧，并与配电引下线在一

图 2.1　新建筑临时用电的实例

条线上。拉线需要系在距离杆顶 4ft 的地方，在底部分开，并且钉到 2in × 4in 的木桩上，木桩要钉入地面下 3ft。带有风雨帽或鹅颈管的供电电缆要固定在杆上。这就通过出口插座将电传输到一个防雨水的断开设备上了。断开设备上必须有锁，以防止没授权的人碰到带电端子。配电断开设备要装有 GFCI 设备。GFCI 要安装在所有 120V 单相的 15A、20A 和 30A 的插座上，以便为使用插座的人员提供保护（图 2.2）。临时配电盘的接地是由钉入一个 8ft 的接地棒实现的，用合适的接地棒夹子将带有 6 号或 4 号铝导线的配电盘与接地棒相连。

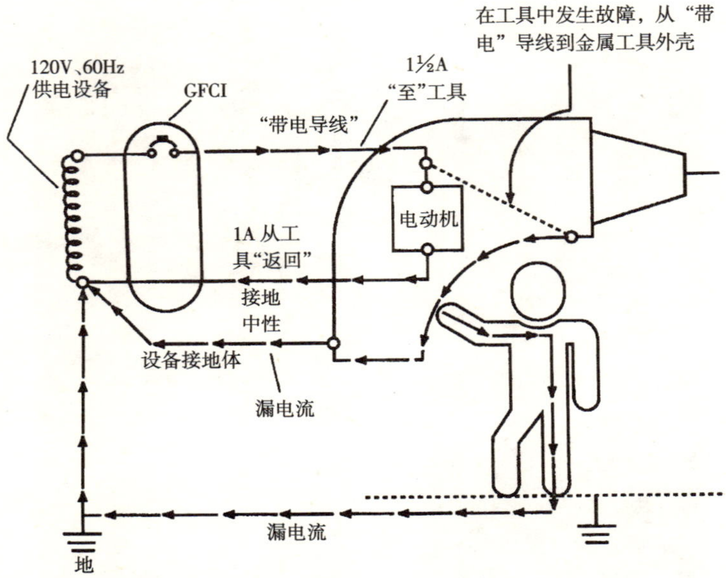

图 2.2 GFCI 监测流入"带电"导线和流出接地中性导线的电流的差异。其间的差（在这种情况下是½A）会通过任何可能的路径流回，例如设备接地导线，以及拿着工具的人——如果这个人接触到接地物体的话

第 3 章 室外架设线路

与室内安装相比，在室外架设电线并不困难，也不难理解，但二者的步骤和要求有所不同。当进行室外架线时，首先要注意的是保护线路。大量的室外线路都被埋起来加以保护，而一些线路则架空安装。无论是架空还是埋地，都需要遵守地方标准的要求。

室外架空线的用途是什么？它可以用于多种需要，常见的室外线路应用包括：

- 安全照明
- 通道照明
- 场所照明
- 泛光照明
- 平台照明
- 游泳池照明
- 标志
- 井泵
- 污水泵
- 传感器
- 电动门
- 室外插座
- 室外建筑的电气设施，如阳台和仓库

架空线

户外施工中，将电缆由一点引至另一点的常见方式是架空线。通常电缆的架空比埋地敷设便宜些，但大多数承包商认为埋地敷设更安全。

如果你架空安装室外电缆，就必须要知道高度要求。例如，如果要在人行道或站台上方安装电缆，而且在电缆对地最大电压为150V时，电缆距人行道或站台的高度至少在10ft以上。根据电缆的最大电压和使用类型，高度会相应增加。

如果在房屋、公路或非商业交通道路的上方安装对地最大电压为300V的电缆，电缆距地最小高度为12ft（图3.1、图3.2）

图3.1 典型的住宅架空配电接线

安装在室外的载压300~600V的电缆，当其在公共街道、小巷和没有卡车通过的道路上方时，需要对地净距为15ft。

当载压600V的电缆必须穿过公共街道、小巷、有卡车通过的道路和非住宅区公路上方时，电缆对地最小净距为18ft。

当决定是采用架空还是埋地敷设时，除了架空线的最小净距以外，还必须考虑到其他的潜在危险。例如，树枝会不会落在悬挂的电缆上？要多久修剪一次树才能防止碰到架空电缆？在冰冻或暴风中，架空电缆被损害的可能性有多大？当你把长期维护的要求考虑在内时，架空线的初期投资少就可能不划算了。

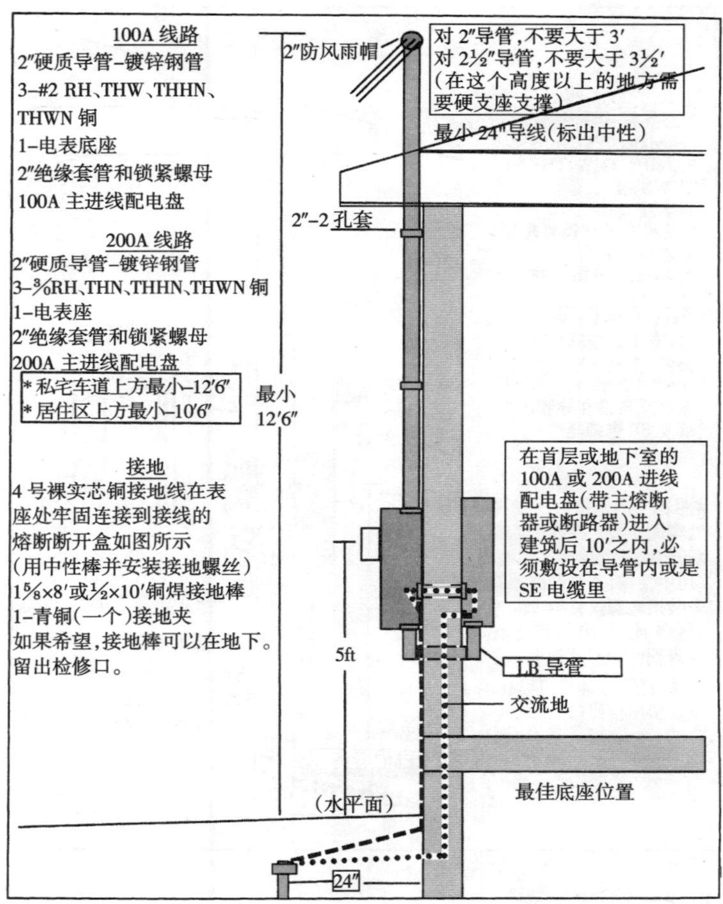

图 3.2　架空导管立柱设施

埋地敷设

埋地敷设室外线路是个好主意。这种方法可能比架空线昂贵，但是埋地电缆可免于冰、风、树枝的破坏（图 3.3）。埋地电缆有被误挖的危险，但如果对电缆的路径进行记录并加以标记，这种危险就几乎不存在。

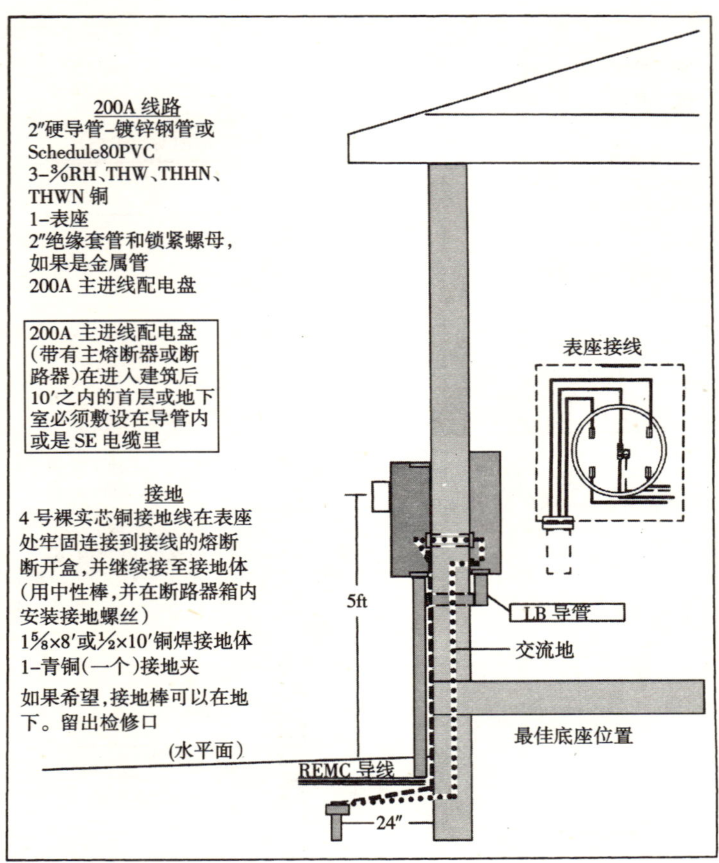

图 3.3 居住区地下线路

对安装埋地电缆的材料和步骤有三种基本选择。直埋（UF）电缆是安装埋地电缆的较快速的方法。如果你选择穿管敷设电缆，你可以用硬的非金属管，像 PVC 管，或硬金属管和中间金属管（IMC）。

直埋电缆

直埋（UF）电缆与 NM 电缆在外观上相似。然而，UF 电缆在护套上有清晰的标志。在直埋电缆之前，确认用的是 UF 电缆。UF 电缆的护套由塑料制成，护套为 UF 电缆提供允许直埋的保护层而不需要穿管。但是，如果 UF 电缆在地面上敷设，就必须要穿管。

小结

每个有经验的专家在挖沟之前，都应该知道要求和检测地下设施。这差不多已经是一个简单的常识，但仍然有承包商忘记确认地下导线、管道和设施的存在。许多地区对那些由于没有提出开挖前确认存在障碍的请求而对地下设备造成的损坏实行硬性罚款。在你开挖前，要找当地合适的人为挖土作业清障。

UF 需要埋多深？深度要求取决于 UF 电缆安装地点的类型。例如，如果直埋在只有行人通过的土地里，直埋的最小深度是 24in。如果 UF 电缆埋在至少 2in 的混凝土下面，最小深度是 18in。如果电缆埋在干道、高速公路、道路、小巷、机动车道或停车场下面，最小深度需要 24in。当埋在一户或两户的居住区机动车道路下面时，最小埋深是 18in。

小结

在所有电气材料上都要有承保人实验室（UL）的额定符号。不要安装没有 UL 额定值的产品。在安装列表产品时必须保证遵循 UL 指导。不遵循这一做法是对国家电气规范第 110 款的直接违反。

PVC 导管

当 UF 电缆安装在 PVC 导管内并埋地敷设时，最小埋深更少。例如，这种安装类型埋在只有行人通过的土地中时，最小埋深为 18in。这比没有导管的情况浅 6in。当埋在最小厚度 2in 的混凝土地面下时，最小埋深是 12in。这又比没有导管的情况少了 6in。安装在街道、高速公路、道路、小巷、机动车道、停车场的下面时，最少埋深为 24in。这与没有导管时的强制要求相同。一户或两户的居住区机动车道路下的最小埋深是 18in。这与没有导管时的要求相同。

硬管和 IMC 管

在某些情况下，硬管和 IMC 管的使用更减少了埋深。埋在只有行人通过的土地中时，最小埋深为6in。当埋在最小厚度为2in的混凝土地面下时，最小埋深是6in。敷设在街道、高速公路、道路、小巷、机动车道和停车场的下面时，最少埋深仍需24in。一户或两户的居住区机动车道路下的最小埋深是18in。

要点：

除非满足特定条件，否则不允许在灰渣填埋物内采用硬金属管。如果灰渣填埋物长期受潮，除非导管各个方向都有一层非灰渣混凝土保护，否则就不能使用硬质金属导管。

室外元件

电气系统的室外元部件至少必须是防风雨的。在某些情况下，元件还必须是防水的。显然，水电不能和谐共存。有人弄不清防雨和防水之间的区别。典型的室外插座是防风雨的。在盖子盖上时，这些插座是安全的，但它们不防水，如果盖子不盖上就会有危险。真正防水的盒子用防水垫圈密封并能承受雨水浸泡甚至一时的浸透。安装时应选择合适的盒子和盖子（图3.4、图3.5）。

插座

室外插座需要安装在GFCI电路中。你可以安装GFI插座，但这些插座在潮湿条件中性能不稳定。情况虽然如此，但在不需要时可以利用保险装置将其撤除不用。一些电气工程师将会在配

盒子尺寸 in	最多容纳导线数量		
	No 14	No12	No10
3¼	4	4	3
4	6	6	4
11/44正方形	9	7	6
4 11/16	8	6	6

图3.4A 用于浅盒子的导线表（少于1½in深）

盒子尺寸 in	最多容纳导线数量			
	No 14	No12	No10	No8
1½ × 3¼ 八边形	5	5	4	0
1½ × 4 八边形	8	7	6	5
1½ ×4 八方形	11	9	7	5
1½ ×4 1/16正方形	16	12	10	8
2⅛ ×4 1/16正方形	20	16	12	10
1¾ ×2¾ × 2	5	4	4	4
1¾ ×2¾ × 2½	6	6	5	0
1¾ ×2¾ × 3	7	7	6	0

图 3.4B　用于深盒子的导线表

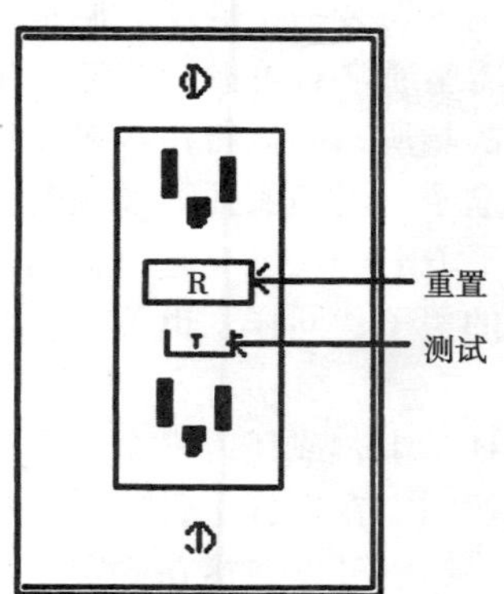

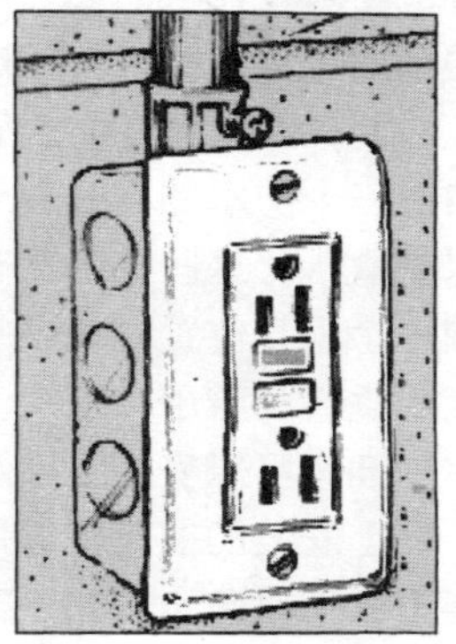

图 3.5　GFCI 插座

电盘中选择 GFI 断路器，但我们还是倾向于使用 GFI 插座。这样一来，跳了闸的 GFI 可以在使用的时候被重合闸，而用不着在房间内的配电盘里寻找跳闸的断路器。

小结

室外使用的电路的最低要求是什么？总是需要查询当地的规范要求，但在一般情况下，一个 20A 的电路就能满足要求了。然而，电路必须定为接地故障断路器保护的电路(GFI)。照明应从单独的电路上安装。

小结

要注意不要在一个盒子内装太多的连接器而使其超过负荷。如果你这样做，你可能会损害导线上的绝缘。盒子里塞了过多的导线也可能损坏开关或插座。另外还有在一个盒子里允许装多少导线的规范性要求。遵守规范的规定可以避免电气系统发生短路。确定的连接盒的尺寸通常要对应于每条导线的尺寸按立方英寸算出的一定体积。例如，一条12号的AWG导线在盒子内需要2.25in^3的体积。因此，一个4in^2的盒子为1.5in深，它的体积为21in^3，额定容量为9根12号导线。

规范要求在住宅前面和后面至少安装一个插座。插座需要在78in的精加工等级范围内。这些插座通常有可掀起的装有垫圈的盖子。然而，如果用在无人管理的场所，如运行污水泵，插座就必须装配一个防水并且有盖子的盒子，当插头插入插座时，盖子可以保护盒子。这些盖子既有水平方向的，也有垂直方向的。决不要在一个垂直位置上使用水平的盖子；同样，也不要在水平位置上使用垂直的盖子。

室外插座可以安装在墙上、杆子上，或任何安全、允许的位置上。杆上安装的插座能够用螺丝固定在木杆上，这个木杆应该经过压力处理以防止腐烂，或者它们也可以连接在固定于混凝土中的½in的导管上。导管必须是镀锌硬质金属管。在导管周围成型的一桶混凝土可起到锚的作用，桶的埋深依管辖范围的不同而不同，因此要查询当地规范对于许可深度的要求。

开关

室外开关必须装在防风雨的盒子里，并且需要装有防风雨的盖子。有许多盖子可用于单联、双联和三联的盒子，这些盒子用肘节杆来操作。你也可以找到插座开关组合设备的盖子。

导管

有三种类型的导管可用于室外线路：经常用的是硬质导管，中间型金属管（IMC）也常用，然后是 PVC 非金属管。这种类型的导管有 Schedule 40PVC 和 Schedule 80PVC 两种形式。在大多数场合允许使用 PVC 管，但不是所有场所都可以应用。使用的接头和配件必须满足规范要求。

导管引出住宅墙

导管引出住宅墙需要专用的 L 形接头，这种接头叫做 LB 导管体。有用于安装 UF 电缆的 90°的配件，这种设备包括室内电缆和室外电缆间的接头。配件允许过渡并且将 UF 电缆引导至地下场所。LB 导管体装有垫圈封住电缆接头以预防天气变化。LB 导管体背面有一个可以打开的盖子（图 3.6）。在特殊应用中，LB 不能打开。有一种型号的开口在右侧，叫 LR（图 3.7）。还有开口在左侧的，叫 LL（图 3.8）。

图 3.6　LB 导管

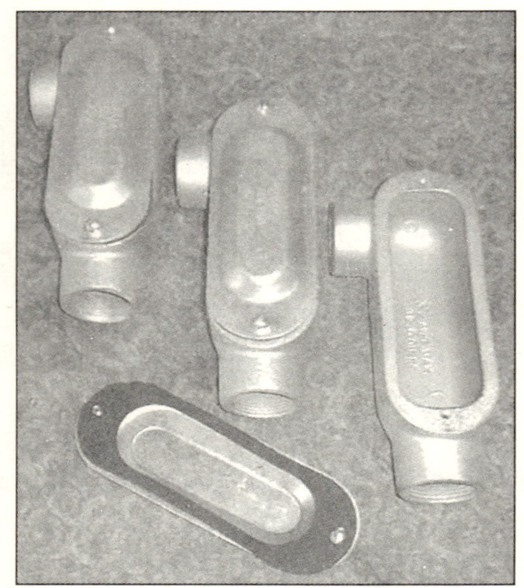

图 3.7 LR 导管

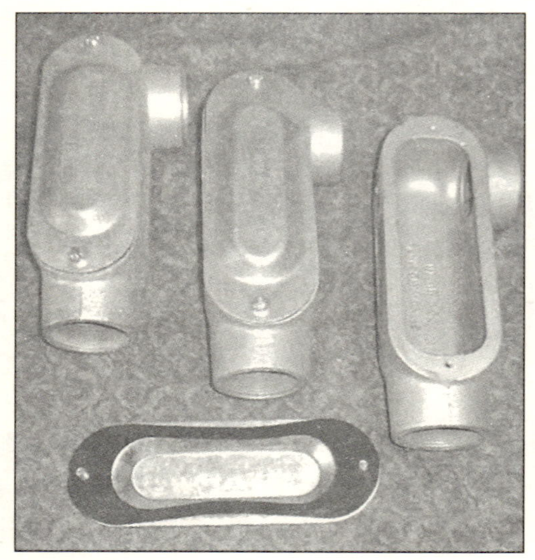

图 3.8 LL 导管

室外灯

室外灯包括各种样式、尺寸和形状。规范要求所有室外入口至住宅处都要有室外照明灯。这些灯必须由开关控制。在地面以上的所有出入口、附属的车库和有电源供应的独立车库都要求有灯。当然，还有许多其他场所可能需要室外灯。下面是这些用途的例子：

- 泳池照明
- 装饰照明
- 水池照明
- 平台照明
- 人行道照明
- 安全照明
- 场地照明
- 泛光照明
- 花园照明
- 特征照明
- 车道照明
- 游戏场地照明
- 聚会照明

室外最常用的两种灯是反光器型（R－型）和抛物面镀铝反射器（PAR）灯（图3.9a、b）这两种灯使用寿命长，都有内反射面，能抵御风雨。在这两种类型的灯中，PAR灯比某些R型灯

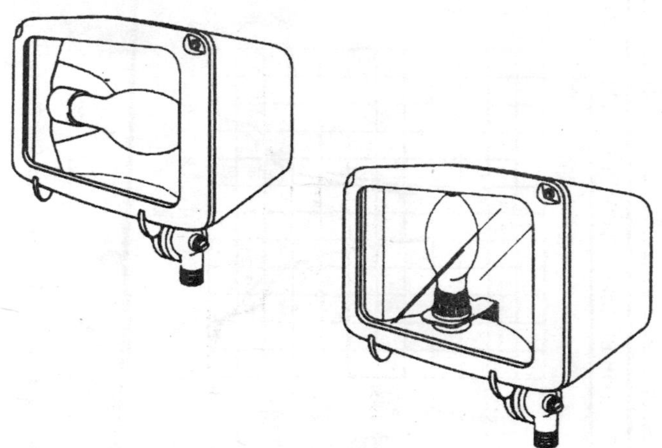

图3.9a　使用抛物面镀铝反射器的金属卤化物室外泛光灯（由Lithonia Lighting提供）

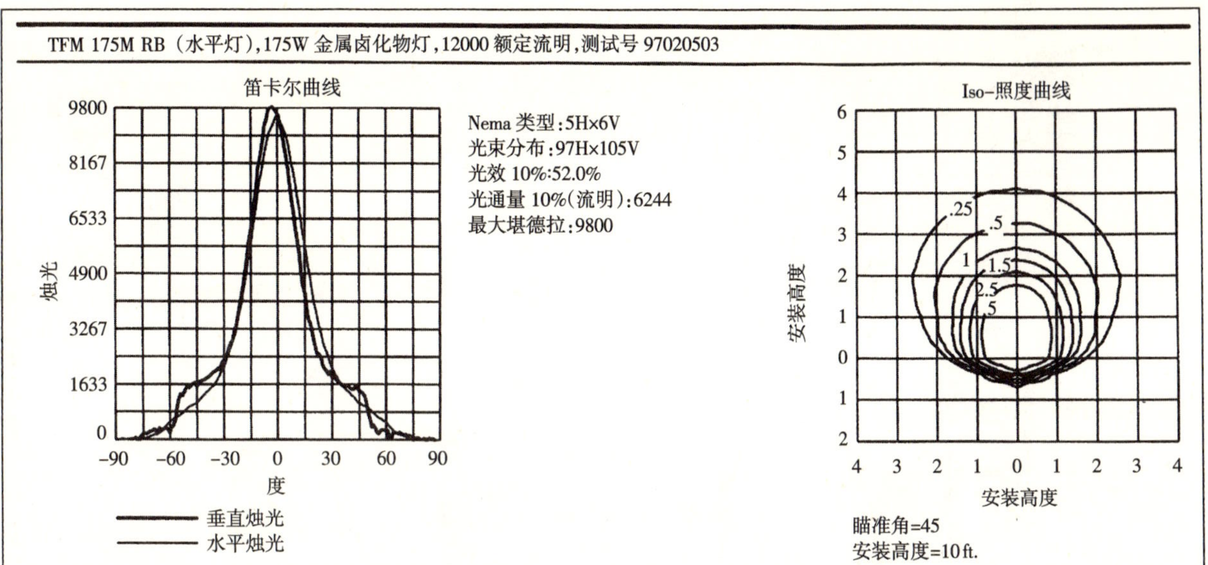

图 3.9b 有抛物面镀铝反射器的金属卤化物室外泛光灯的光照数据（由 Lithonia Lighting 提供）

更适于户外应用。如果你准备使用 R 型灯具，要核实一下，看看它们是否适合于你想要的用途。这些型号的室外灯中有垫圈，可以确保装置抵御风雨。

许多型号的室外灯的工作电压为 120V，但也有一些灯具运行在低压电路中。如果使用低压线，需要把 120V 电压转化为 12V 的变压器。人行道照明是可能用到低压线的绝好例子。

自动灯

自动灯可由感应器或定时器控制。运动感应器的泛光灯和场地灯可以用来防盗，夜间开车进入机动车路上时也很方便。如果室外照明与家庭自动化系统相连，这部分的因素就可以解决；如果不是，就必须在感应器与定时器之间做出选择。

运动感应灯是探测到运动时才开的灯。大多数感应器是灯座的一个组成部分。光电池可以在白天把灯关上。大多数运动感应灯可以由程序设定维持在一定时间内发亮。典型的手动开关也能用于控制一个灯。其他感应器能在室外的光线水平下降到一定程度时点亮灯，而在有充足的自然光时关闭灯。这种类型的系统通常被用于机动车道和人行道照明。

传统定时器开关用于控制室外灯。一般认为定时器不应该用来控制那些功率额定值超过定时器满负荷额定值的灯。定时器也能被用于控制多电路照明接触器。一些定时器没有防止超负荷功能。对预定程序照明最好的选择是自动住宅系统。

配电输出

从住宅中引出电源给外面的电气设备供电通常并不困难。电路由配电盘引出。而理想的情况是，电缆将通过住宅的带状板引出。在引出点会用到一个 LB 配件，引出孔的中心至少要比精加工等级高出 12in，并且距地面高度不超过 78in。

室内线路连接至住宅墙体内的接线盒中，这就是 UF 电缆连接到室内线路的地方。导管连接管像套管一样穿过住宅的墙，接在LB接头上。硬质导管向下引入沟内，需要装配一个硬质管曲线弯头。然后敷设UF电缆，并且在电缆进入弯头的地方电缆要留出余量。这就是引出电缆到室外要做的所有事情。

敷设室外灯具的电缆与常用布线差不多，当然要考虑一些特殊事情，例如防风雨。总的说来，这不是一项特别困难的工作。

第 4 章 新建筑

一些电气工程师擅长于做新建筑，这种工作与改造和供电工程有很大的不同。一些人宁愿做一类工作而不愿意做另一类工作。大多数电气工程师认为新建筑工程在大多数情况下比改建更容易些，而另外一些电气工程师则发现常规的建筑工程往往比较令人厌烦。您更喜欢哪一类呢？

我做过改造工程、维修和新建筑，每种工作中都有我喜欢的部分。改造工程具有挑战性，而且通常会有很高的报酬；维修可以使你从一个工作移到另一个工作，因此你不会对日复一日做相同的工作感到厌烦；新建筑干净，而且通常简单。它们都有各自的优缺点。

每类工作都有一定的规律。如果做商业工程，你就要遵循详细的布线图和生产流程。然而，住宅工程通常会给电气工程师施加大量的计划责任。在任何一类工程中，都必须有组织、有计划。这会在很大程度上决定工程的进度和质量。

如果你到一所已经建造好，并且在水暖承包商工作前已拉好电线的房子，你可能会遇到大麻烦。电线可以在很多地方和用很多种方式敷设。管道系统则没有那么灵活，而且需要一定的区域来安装。如果你已经在管道槽里装了导线，就要移动这些导线。如果你在管道承包商之前进场，同样的问题就会出现。因此，你必须在施工时与其他承包商很好地进行协作。

作为电气工程师，你很可能是施工现场的第一批承包商之一。场地承包商将会在你之前到达工地，他们清理树、铺车行道和挖地基；钻井承包商可能比你先开始工作，但是很可能需要你先行安装上临时电线杆。一些工作由发电机带动，但是通常要安装临时电线杆，以便为工人的工具供电。

会议

在开始施工前，你应该与总承包商和当地公用事业公司的代表开会。你需要了解一些基本信息，如配电盘在哪儿，进线是架空还是埋地，临时电线杆应该设置在哪儿。虽然蓝图会显示哪里需要配电盘，但你仍然需要与建造商和公用事业公司代表在现场开个会，以确定规划的地方是可行的。

一旦你知道了供电线是架空安装还是埋地安装的，你就能够为从杆上引入的埋地供电线路，或者为有杆或没有杆的架空线计划材料了。虽然你在工程投标前询问供电安装是架空的还是埋地的是个很好的机会，但在制定投标说明书之前就要确定这一信息。把所有事情安排好之后，你就能开始你的初步工作了。

许可

在你开始工作前，需要从当地规范执行办公室获得电气许可。这通常需要提交两套图纸和说明。一旦规范办公室批准这些文件，你将从规范办公室获得一套盖了章的批准文件。大多数管辖区都要求你保留一套获得批准的关于工程的计划和说明。你同时也会得到一份许可证。

小结

许多管辖区域要求将许可证张贴起来，以便从通过工程用地的道路上能看到许可证。

临时线路

安装临时线路对那些使用电动工具的人很有帮助。大多数电气工程师不在现场架设临时电线杆，而在需要临时电线杆时才将它们移到工地。一些电气工程师还在现场竖立电线杆。建议供电线路额定值至少为50A、240V，临时配电盘至少是220A的GFI保护的插座。你也应该计划装一对240V的插座，给那些像砂浆搅拌机、木锯、电焊机和大型空气压缩机这类特殊设备供电。无论哪一种方式，在使用前都要对电线杆进行检查和批准。

订购材料

为工程订购材料是使工作获得成功的一个重要部分。如果你没有使用合适的材料施工，就会把很多时间浪费在往来于供应处的路上。在工程投标时，你可能已经从蓝图上对材料做了估计，但在订购材料前还要对建造好的房子普查一下。通常对蓝图的材料估计会有所变化，住宅施工尤其如此。

你可能会想，全面检查材料是浪费时间。事实并非如此，甚至你还可以使全面检查更有成果。你必须在某个地方标注安装位置，也可以在二次检查材料需求时来做这件事。这样一来，当你开始初安装时，标注就已经做好了，并且你和你的助手也马上可以工作了。因此尽管你订的材料仍然比所需要的多一些，通过在此处标注位置，你的估计就能确保完全正确了。抛下工程去跑材料很浪费时间，这会使很多承包商受到损害。当你为工程成批购买材料时，会得到比分别购买更好的价格。如果你短缺了某种特殊材料，它通常比大量购买材料还要贵。因此，多订购一些材料是明智的，剩下的任何材料最终都用得上。

进度

从总承包商那里获取一份你的全部工作的进度表。你需要在地下室层浇筑前于地面中安装导管吗？当住宅已经可以开始初安装时，你会先在工地工作吗？什么时候安装配电盘和计量表插座？如果你要把临时电线杆租给承包商，承包商可能想要你尽快安装配电盘和计量插座。你什么时候架设室外线？你要多长时间才能把工作准备就绪和安装好设备？

好的建造商可以给你一份进度表，但这个进度可能会变化。尽管如此，你还是要尽力去了解和维持可行的进度。如果可能的话，最好比进度提前一步。电气工程师通常是最后一个完成工作的人，因为墙的覆盖和表面固定装置必须在所有其他工作完成后再做。如果工程进度拖后完成你就会受责备，即使是在直到其他专业的工作完成后你才能完成的情况下也是如此。因此，能够快速完成而又不遗留任何重要的工作，将会给你减少很多麻烦。

地下室和楼板布线

那些被混凝土覆盖的地下室和楼板布线要先进行。如果你要在楼板下布管，就必须在楼板浇筑前完成工作并检查好。你可能与管道承包商，也可能与供暖承包商争空间。

注意！

不要在潮湿场所使用 AC 型铠装电缆。如果你要在潮湿场所用铠装电缆，那就使用 MC 型电缆。

注意！

不要将 AC 型铠装电缆直埋。可以用标有用于直埋的 MC 型铠装电缆替代。

请与建造商协调你的地下工程的路径和计划。

室外布线

室外布线可以包括各种东西，从潜水泵到人行道照明。你想要在最后美化施工前完成所有的壕沟工程，这是你必须与建造商协调工作、制定进度的另一种情况。当你安装地下线路时，要清楚地标出你的路径，以防止任何其他工人破坏你的工作。最有效的方法是在埋有电气线路的上面放置红色警示带，管线通常是在完工面下 6 ~ 12in 处。

在计划你的壕沟工作时，要考虑管道承包商需要安装污水管和供水管。跟建造商或管道承包商谈谈，以避免冲突。你也必须考虑对下水道瓦管、灌溉系统等的需要。在建筑物周围钉入接地棒时千万要小心，务必确保你很清楚任何地下管道或排水瓦管。

小结

当要补充现有的系统或安装一个新系统时，应该建立一份负荷清单。它是一个工作表，详细列出整个电气系统中将会用到的各种类型的电气设备。用功率除以电压，会得到不同电路所需要的安培数。依据可靠的负荷表工作，会减少安装不合格线路系统的危险。这份负荷表应该在工作开始前计算。为将来的扩展留出 15% ~25% 的余量。

注意！

不要企图节约小钱却浪费大钱。用锹挖沟通常不难，但不要自己挖。计算一下你作为电气工程师的时间成本和一个壮工的成本，看看哪种工作方式的获利更高。应考虑用挖沟机，你可以租用。当工作完成时，沟不仅会更窄、更不显眼，而且还会更便宜。

初安装

初安装没什么挑战性，然而，你必须注意你在做的工作。另外在工作中遇到一些不能按常规施工的情况也需要你加以考虑。在暖通空调系统（HVAC）和管道承包商完成他们的初安装后，就轮到你了。如果你的工作计划得很好，一个典型住宅的初安装就会进行得很快。

大多数电气工程师让他们的助手去钻孔，而他们则做更多的规划工作或开始初装布线。在可能的条件下，应确保让孔位于木质框架构件的中心附近。除非迫不得已，不要在托梁上切割和开槽。工程中整洁很重要，所以需要仔细安排你的走线路径。在支柱上钻的孔要位于同一水平高度，这样才会使拉电缆很容易，也会使工程在总承包商和房主眼里显得特别专业。

初安装的大部分工作是安装盒子和拉线，训练有素的电气工程师会发现这类工作是近乎机械的。由于做的次数太多了，以至于他们在做的时候实际上根本不必去想。这也是为什么一些电气工程师不喜欢新工作的一个原因。

小结

在初装电气系统时，盒子外面应该预留多少线？根据一般的经验，需要在盒子外留 6 ~ 8in。有经验的电气工程师经常说，“不能没有预留线。”

要点：

当你在裸墙面上初装盒子时，必须留出墙壁覆盖层的深度。干砌墙是最普通的墙面覆盖类型。安装盒子时，你可以带一块干砌墙作为指导。一些盒子有标准的安装线，在安装盒子时你可以用这些线作为一个参考点。在任何情况下，应记住严格做初安装测量，对经验不足的工人还需要检查两次。

浴室通风扇和嵌入式暖气的外壳要在初装时安装好，浴室风扇的通风部件应该在初装阶段运送到。炉灶的排烟装置也要在初装阶段安装。需要通风或嵌入外壳的用具或设备基本上都必须在框架检查完成前做好初装。

当所有电气部分，像插座电路、照明电路、热水器和暖通空调系统安装完成后，你就要准备好检测。你必须在其封闭之前做初装检查工作。由于电气承包商通常是初装阶段工程施工最后的机械承包商，因此可能有来自建造商的压力要你完成你的检查，以便安装保温材料。应在完工以及核完初安装后立即要求检查。

小结

在初装吊扇盒子时，必须确定盒子和支杆的荷载重量。如果你不知道吊扇有多重，就去查查。吊扇运转时要颤动和移动，因此盒子和支杆应定为能支撑所用设备的等级。应无例外地使用多用途的螺栓把风扇支座尽量固定到一个重框架构件上，比如楼板纵梁、横梁、椽子或者铁箍上。

小结

非金属铠装电缆应该用钉子固定在一个牢固的支撑物上，最小间距大约为54in。每个电缆盒内的电缆应该在6～12in的间距内固定，我建议为6in。请记住经常查阅地方规范，看看具体支撑间距的规定。螺栓和钉子不要碰到导线。国家规范规定距离框架构件的表面为1½in，我建议如果可能的话，选择2in或者更多。

要点：

当使用金属螺栓时，应该在拉线穿过螺栓前安装套管。由于螺栓是金属的，孔周围的毛边会割破并危害导线的绝缘层。

修整

工程的修整工作很费时间，但通常并不复杂。安装开关和插座这些设备相当简单，但费时间。在配电盒里安装开关很危险，但对有执照的电气工程师并不困难。为设备布线和固定装置需要时间，而且偶尔还会出问题，有时装置会受到损坏，这将减慢工作。在修整人员进工地前检查装置虽然是个好主意，但并不一定总能做到。

室外灯的接线不是大事。景观照明、人行道照明、车道照明和其他外部修整是完成施工的最后一步。

保持秩序

工作有序是成功和盈利工程的关键因素。为你的工作制订计划并按计划工作。你可以确信一些事情会出错，这就需要你调整进度并将会影响其他工作。好的管理和安全布线一样重要，不要走捷径匆忙施工，而要为你自己确定并达到这些目标，以保证事业的长期性和富有成果。

小结

塑料电气盒是保护室内线路最常使用的。它们常用于 NM 电缆，并不适用于重的装置和风扇。它们可用于支持不超过 6lb 重的壁装装置和顶棚装置。

第 5 章 安 装

最有经验的电气工程师也能使用新的提示、窍门和技术，以增加他们的专业能力。在课堂和工地可以学到常规布线，但是去哪里学内部窍门呢？如果你足够幸运，能与愿意教你的专业人士一起工作的话，你将能从专家那里获取知识。现场训练和面对面交流是扩展你的技术的理想方式，但书也是有着巨大价值信息的一个来源，这些信息不仅买得起，而且易于获得。

由于我们已经假定你是一名有执照的电气工程师，我们就不会再讲电路和布线上的基础知识，以免使你厌烦。取而代之的是，我们会给你一些使你能从中学有所得或者能更新记忆的技巧。你可能听说过有句老话这么讲：“他忘记的比你知道的还多。”此话有几分真理，人们的确容易忘记那些不常使用的专业技术。重温专业基本知识没有坏处。所以，就让我们从现在开始吧。

确定电路容量

无论改造一栋建筑还是在一个新建筑上施工，确定电路容量都是必要的。一个 15A 的熔断器或断路器能接 14 号线规的导线。如果在电路上使用一个 20A 的熔断器或者断路器，电缆应该是 12 号线规的，而 30A 的熔断器或断路器中应该适用 10 号线规的导线。当你在计划施工时，必须确定要安装的电路有足够的承受负荷的能力。在安装电缆前别弄错电路大小。作为提示，你可以通过用设备功率额定值除以电压的方法来确定电流值。电路总电流负荷不应超过断路器或熔断器额定值的80%（图5.1～图5.4）。

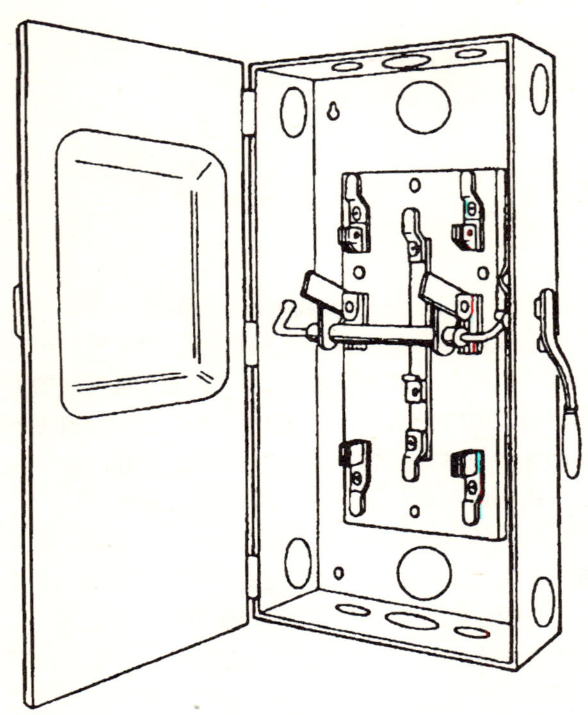

图5.1 配电开关箱

平均设备额定值

√ 顶楼风扇　400W
√ 搅拌器　400～1000W
√ 烤炉　1400～1500W
√ 开罐器　150W
√ 中央空调　2500～6000W
√ 时钟　2～3W
√ 干衣机　4000～5600W

图 5.2　断路器

图 5.3　单极断路器

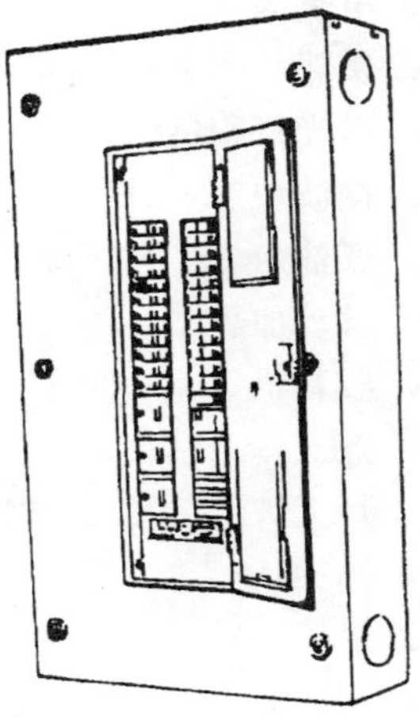

图 5.4　有多个断路器的配电盘

√ 洗衣机 500～1000W
√ 计算机和显示器 565W
√ 咖啡机 600～1500W
√ 克罗克（Crock）电锅 100W
√ 深油锅 1200～1600W
√ 除湿机 500W
√ 洗碗机 1000～1500W
√ 电热毯 150～500W
√ 电热水器 2000～5500W
√ 排气扇 75～200W
√ 地板抛光机 300W
√ 食品冰箱 300～600W
√ 食物混合器 150～250W
√ 无霜冷柜 400～600W
√ 电煎锅 1000～1200W
√ 燃气炉 800W
√ 垃圾处理机 500～900W
√ 干发器 400～1500W
√ 电热锅 600～1000W
√ 熨斗 600～1200W
√ 激光打印机 1000W
√ 微波炉 1000～1500W
√ 燃油炉 600～1200W
√ 移动加热器 1000～1500W
√ 收音机 40～150W
√ 灶 4000～8000W
√ 灶上炉子 3500～5000W
√ 冰柜 150～300W
√ 烘炉 1200～1650W
√ 房间空调 800～2500W
√ 缝纫机 60～90W

- √ 立体声音响　　50～140W
- √ 电视　　50～450W
- √ 烤面包炉　　500～1450W
- √ 蛋奶烘饼炉　　600～1200W

小结

可以用一个简单的公式来确定电路的电流值。参考电路中将会使用到的设备额定数据。例如，你可能会看到，冰柜的额定功率是500W，烤面包机可能要1050W。把电路中会用到的所有设备的功率值加在一起，然后用120（这代表电路的电压值）去除，结果就是电路所负荷的电流值。W（瓦特）现在称为V－A，因为它是V和A的乘积。

选择合适的盒子

为电气设备选择合适的盒子比你想像的复杂一点儿。这里有许多选择，有些应用需要专用类型的盒子。记住这一点，简要总结一下可能会用到的盒子（图5.5～图5.11）。

图5.5　单组塑料电气盒子

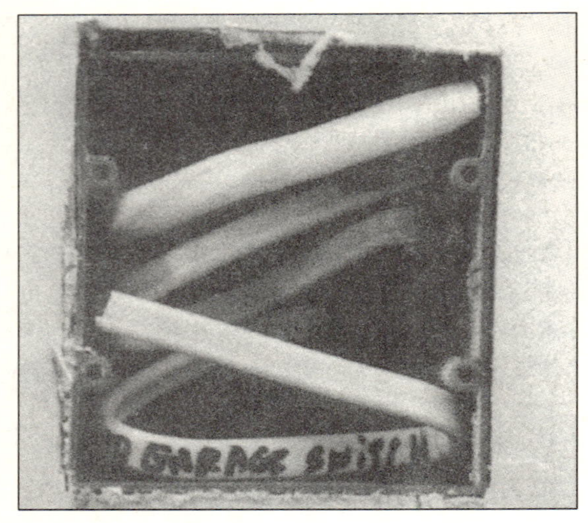

图 5.6 两组塑料电气盒子

导管的尺寸 in	硬质金属管的最大 支撑间距 ft
½	10
¾	10
1	12
1¼	14
1½	14
2	16
2½	16
3	20

图 5.7 硬质导管敷设的支撑

标准盒子

在电气行业真有标准盒子吗？不完全是，但有深度不同和钉子连在钉子槽中的塑料盒子，到目前为止它是用在住宅中最通用的开关盒或插座盒子。这些盒子大多数深度为 3½in。方便且实用的盒子有单组、双组、四组的规格。双组或四组的塑料盒子需要内部电缆夹。

导管的尺寸 in	无负荷护套 的导线 in	有负荷护套 的导线 in
½	4	6
¾	5	8
1	6	11
1¼	8	14
1½	10	16
2	12	21
2½	15	25
3	18	31
3½	21	36
4	24	40
5	30	50
6	36	61

图 5.8　导管弯曲半径

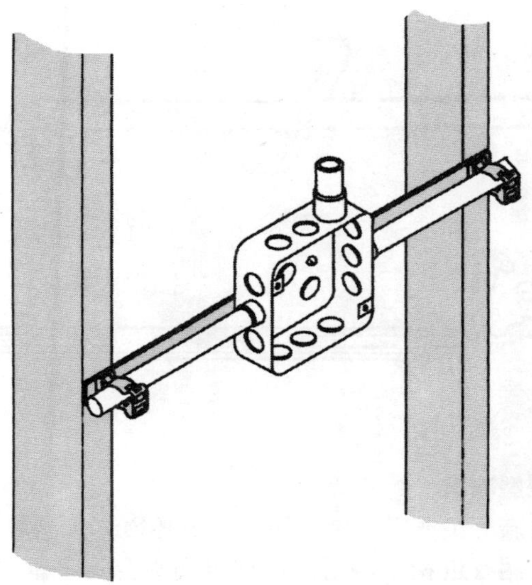

图 5.9　盒子和导管安装夹子

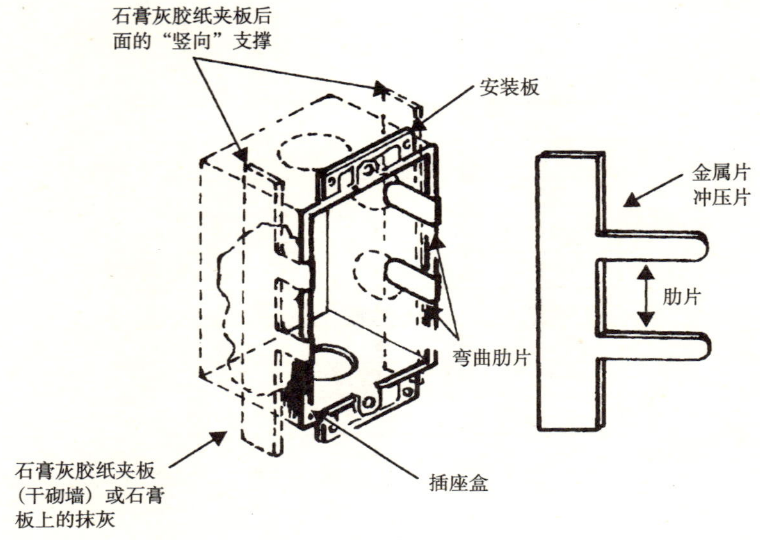

图 5.10 专利电气盒子支撑

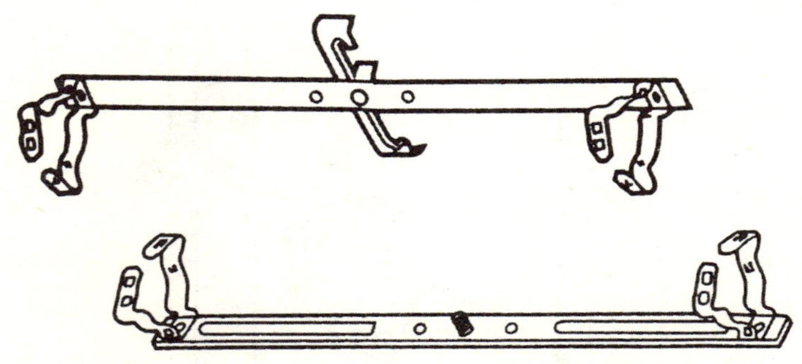

图 5.11 吊杆

改进型塑料盒

在需要新开关或者插座，并且盒子必须装入已修整的墙面中时，通常使用改进型塑料盒。内部电缆夹与这些盒子一起使用。也有用于灯具的改进型塑料盒。这些盒子可装进现有的墙面和顶棚内。

灯用塑料盒

用于灯的塑料盒也非常普遍。这些盒子都有金属支架，金属支架将会扩展椽子或者梁的间距，以便照顾到灯具中心点的确定。

灯用金属盒

灯用金属盒是重载型的。在安装吊扇和重型灯具时这些盒子很有用。像塑料盒子一样，金属盒子可以通过沿支架板滑动来确定一个装置的中心。标准金属盒子设计用于支撑吊装灯具和风扇，它们的吊装负荷通常被限制在50lb。超过50lb的负荷必须从建筑结构上支撑（图5.12）。

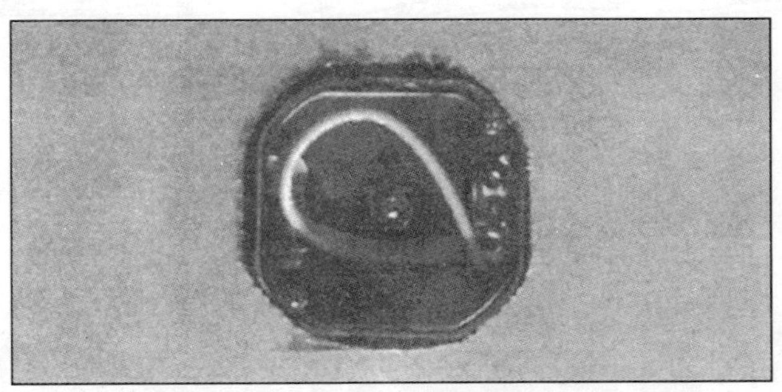

图5.12 金属八角形吊顶盒

金属插座和开关盒

金属插座和开关盒与室内明线一起使用。它们通常与金属导管一起使用。由于盒子是金属的，它们必须接地（图5.13和图5.14）。

小结

金属电气盒用于室内明线敷设，与金属导管一起使用，用于有保护的室内线路和NM电缆。铸铝电气盒用于室外布线并且能够与金属和非金属管子一起使用。PVC塑料盒子用于室外布线和室内布明线效果很好，并且能够和PVC塑料导管一起使用。

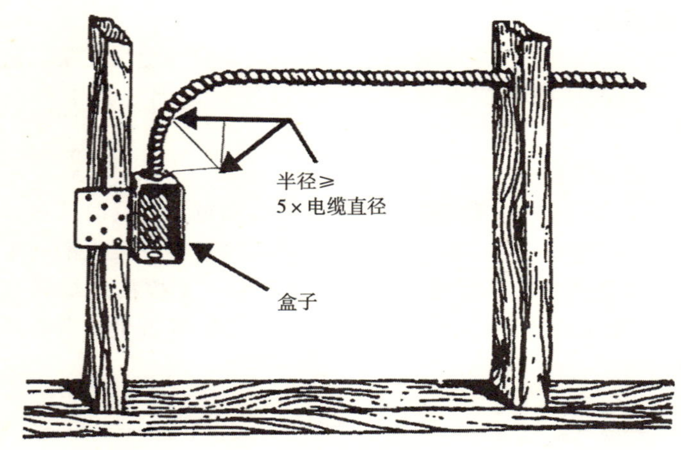

图 5.13 打弯与插座盒相连接的铠装电缆

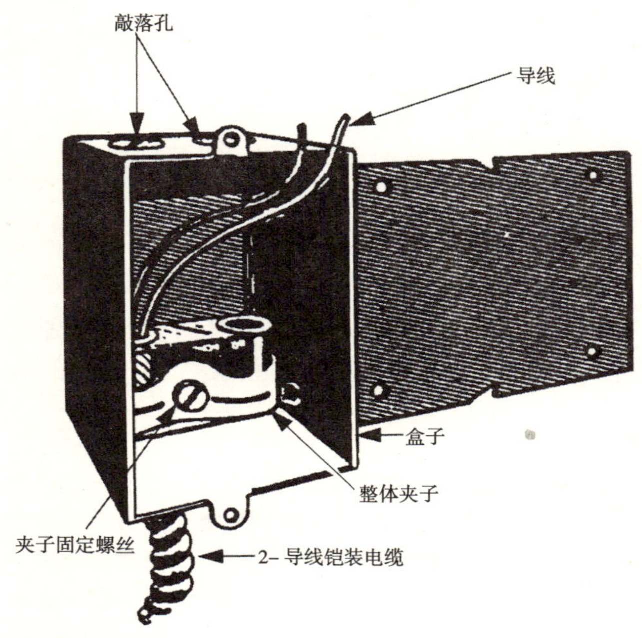

图 5.14 电缆与内部带夹子的盒子相连接

铸铝盒

室外装置与金属导管相连时需要铸铝盒。铸铝盒接合处有密封和带螺纹的开口，可用于防潮。有许多类型的防水盖板可用于这些盒子。你可以找到用于双头插座、GFI 插座和开关的盖板。在铸铝盒上作业时，要用薄的防氧化合成防护膜覆到所有螺纹部件上。

盒子布置

用于插座和开关的盒子布置可以变化，但有一些通用的经验方法用来确定不同类型盒子的位置。开关盒通常的安装位置是距地面 48 ~ 50in。当按无障碍标准布线时，开关盒子距地面不能高于 48in。插座盒通常安装在装修后的地面以上 12 ~ 18in。插座盒按无障碍标准应该在地面以上 18in。在洗衣间的插座盒子的高度通常应该距离地面 42in。用于墙上托架和壁灯台的插座盒应该安装在距地面 5½ ~ 6½ft 处。

当在新建筑内安装盒子时，要把盒子的前边露出来，以便为墙的覆盖面留出余地。盒子嵌入装修墙面内不能超过¼in。如果有易燃材料，电气盒子的安装应该与材料齐平。所有的盒子应该安装牢固，除此之外，嵌入式盒子周边被削掉的墙体材料不应超过⅛in。

小结

如果你计划使用 PVC 塑料导管，可以用塑料盒子或者金属盒子。绿色接地线应该一直敷设在导管内，金属盒子必须与绿色接地线相连。

明装线路

当改造或在现有建筑施工时，你可能需要安装明线。这要使用明装盒子和线槽来封住导线。如果使用塑料线槽，必须与电缆一同敷设独立的接地线。与正确接线并接地的电气盒子相连的金属线槽是接地的，因此不必与电缆一同敷设独立的接地线。聪明的电气工程师总是与电路一同敷设接地线。你不可能知道线槽什么时候断开或松开，这种情况将会导致线槽系统的接地路径也断开。装有独立接地导线，你就可以一直确保在发生接地故障的情况下有可靠的接地路径（图 5. 15 ~ 图 5. 17）。

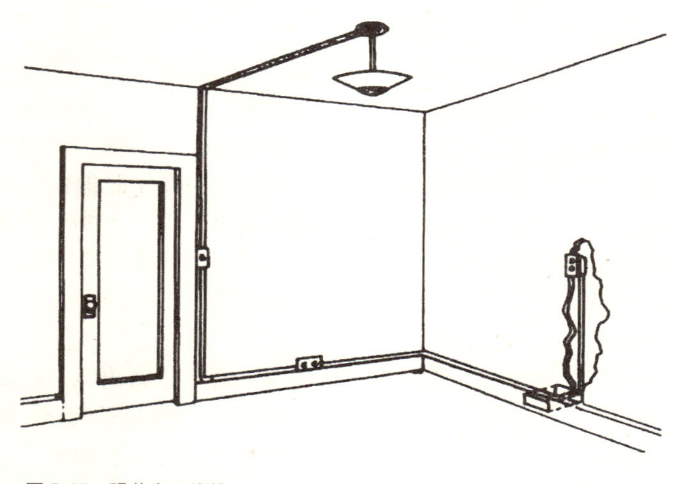

图 5. 15 明装金属线槽

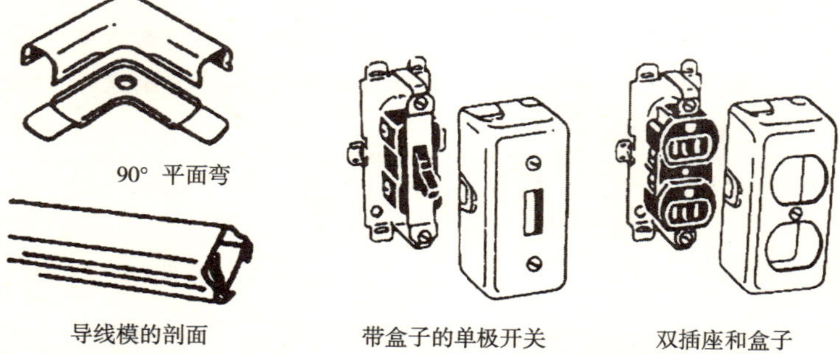

图 5. 16 金属线槽连接器

图 5. 17 明装线槽插座和开关

钉板

在框架构件受钉表面的、内有电缆的孔在 1 ¼in 以内时需要钉板。最有效的钉板类型是将尖锐的钉尖点作为板的整体的一部分。这样就能够使你很容易将钉板就位，并把钉尖钉入框架构件（图 5.18）。

图 5.18 用于防止钉子和螺丝伤到易伤物的保护板

小结

在厨房操作台台面上方的插座间距必须不超过 4ft。任何截面超过 12in 宽的厨房操作台台面的上方都需要安装一个插座。当操作台被设备分开时，该操作台区域就要按独立的操作台考虑。浴室的所有插座都需要 GFI 保护。厨房内的插座在距离水槽 6ft 以内的都需要 GFI 保护。

阁楼

在阁楼中敷设电缆时，你必须保护距任何阁楼出入口 6in 之内的任何导线。大多数电气工程师都沿阁楼的梁安装一块宽板，并且把电线牢牢固定到板子上。这会使布线保持整洁并且在同一位置。

狭小空隙内的安装

由于工作空间有限，在小空隙内的安装着实令人痛苦。在小空隙内的地板梁底部安装线路板是很常见的，它给钉电缆提供了很好的表面。像在阁楼内安装时一样，这种方法可以保持走线的整洁以及在同一位置。大型电缆可以直接钉在地板的梁上。电缆不能松垂。另一个在小空隙内安装电缆的可靠方法就是在地板的纵梁上钻一串孔，然后把电缆穿过孔。孔必须位于纵梁宽度的中心，而且钻孔的数量总是比你预期的要多，这样一来，如果安装更多的导线，你就不必重新钻孔了。

小结

在确定阁楼风扇的大小时，要将阁楼的平方英尺数乘以 0.7。如果屋顶是深颜色的，要将数值增加 15%。这将会告诉你风扇每分钟要抽多少立方英尺（CFM）的风。

既有空间布线

在既有空间布线比在新建筑的开敞墙面上布线困难得多。改造工作可以检验任何行业内任何工人的技术，在既有建筑内增加灯、开关、插座和其他电气设备需要一些聪明才智。然而，有些行业窍门可以使工作变得更容易一些。

如果你施工的工程中有可进人的阁楼和地下室或者小空隙，你应该能够很容易穿过墙找到电线。但很可能会在立柱间遇到防火封堵挡住你的路。如果有防火封堵，你就麻烦了。让我们开始假定墙里没有封堵，在这种情况下，你必须要有下面完工的活动空间，并找到承梁板。在狭小空隙或是未完工的地下室，你可能会看见成行的钉子，这表明存在底板。如果看到这类迹象，就从已知点测量，例如一面外墙，直到预定的墙的位置。然后你可以上楼并测量，看看墙是否位于预想的位置。

如果你从下面难以确定底板的位置，还会有另一种选择。移开预想敷设导线的沿墙的踢脚板。用小钻头在底板边缘所在的地方钻个孔穿过地板，通过孔插入一小段导线或其他小而薄的物体，以便当你到达下面的未完工区域时容易找到孔的位置。一旦找到孔，你就可以从它开始测量以便找到底板中心。现在要做的就是往上钻孔穿过底板。当你把踢脚板装回去时，你做的识别墙位的小孔会被挡住。有时不值得移开踢脚板，不用移开踢脚板确定墙位置的方法是在地板上紧贴想钻孔的位置钉个钉子。当钉子差不多全没入时，用放线工的钳子切掉钉子头。你在小间隙里确定它的位置以后，钉子可以从下面拉出来。这可以给你一个可靠的参考点，以便从它开始测量。

如果你仅仅安装一个插座，难做的工作基本上就算完成了。可以在干砌墙里用一个锁眼锯钻个洞来安装盒子，而且导线应该是可以安装的。如果你要用导线连接开关，必须用穿线带将导线引到盒子的位置。

当你需要穿墙进入阁楼时，你就必须进到阁楼里并找到顶部的承梁板。通过从一个已完工地方（例如一面外墙）的已知点来测量，应该能够在阁楼里毫不费力地找到一面墙。在找到墙后，需要做更多的测量来确定你在顶承梁板上钻的孔对准下面孔所处的柱子上的槽。记住，最好是测量两次，再钻一次孔，而不是测量一次钻两次。向上钻透地板或向下钻透顶棚的多余的孔会使顾客感觉很不满意。一旦在同一柱间当有了两个孔，你就可以用穿线带将导线拉过槽。

水平走线

你知道怎样在不损害现有墙面的情况下垂直走线，但是你知道怎样水平走线才不损坏墙面或使用线槽吗？这个过程相当简单。

要点:

在估计工程需要的导线数量时，你必须计算导线的敷设距离。在将会遇到的每个连接处增加 1ft 导线，然后在你预期需要的导线总量中增加 20%。例如，如果你要从一个现有的插座敷设导线至两个新插座，距离是 20ft，你将有 20ft 导线用于敷设，5ft 导线用于连接，这将是 25ft 导线。然后在数值上增加 20%，就是 5ft，结果总共需要导线 30ft。

要点:

在装修好的范围内安装导线时，也许能够通过移开踢脚板的装饰获得布线路径。用多用刀将装饰的顶边从墙上分开。这样做好之后，就用一个撬棒移开踢脚板，现在你就能切割装饰后面的干砌墙了。这样就有一条敷设导线的水平路径。在柱子上钻孔、装线并经过检查得到认可后，就可以把踢脚板装回去，把你的工作成果掩藏起来。这个步骤可以减少对装修好的现场的损坏。

移开墙面上的踢脚板装饰，就可以让你在装修好的范围内水平施工而不损坏现有墙面。在移开踢脚板之前，用一支铅笔沿装饰线顶边画一条细而轻的线。然后用多用刀使装饰线更容易脱开。把刀边插在装饰线后面并沿装饰线拉刀，将其从干砌墙上分开。然后，移开踢脚板，往下测量，朝地板的方向大约½in，再画条粉笔线，以便有一条水平线来敷设，这条水平线大约位于沿装饰线顶部画的线下面½in 的地方。

在画线以后，你就能切掉粉笔线下面的干砌墙。你或者可以把一部分切开，将粉笔线上面和地板附近的干砌墙留下来，或者可以把下面的部分全部切开。如果你切下整个下半部分，就要把切下的部分保存好，以便在完成布线工作并检查完后可以将它们复原。

一旦你切开干砌墙后，就会把柱子暴露出来。这样，你就可以或者开槽或者在柱上钻孔来安装电缆。如果从柱表面到电缆少于 1¼in，就必须在每个柱子上安装钉板来保护导线。当你完成这些工作后，可以把踢脚板背朝上放着。此外还很可能需要一些钉子头上的修整以及油漆工作，但使用这种方法对装修好的现场的损坏程度是最小的。

开孔

开孔是改造工作中不可避免的一部分。迟早你会发现，自己只能在墙上或顶棚上开孔，这有助于保持孔的最小化。尽量让孔在一个柱或梁的间距内，这样会使修复孔的人易于操作，甚至可以修复框架部件，以确保复原干砌墙时能够严丝合缝。

如果你能做到的话，应尽量避免开孔。如果做水平布线，你可以用一个弯曲钻头修整需要的孔。通常需要带丝把导线从一个孔拉到另一个孔。

过路盒

过路盒一端接的电缆从前一个插座引来，而另一根电缆则引到另一个插座。通常两根电缆直接连接到插座的螺丝连接器上，这是安全、合法的。但还有一种更好的方法来做：将两根电缆的带电导线用跳线接上，并将它们用接线螺母固定好。将带电导线与插座的连接点相连。对中线也用同样的方法。这样接线时，穿过插座的电力线只是为插到插座上的设备供电的电力线。如果由于某种原因去掉了插座，电路还可以继续工作。如果要把作为基本连接器的插座与两根电缆连接起来，并且把插座去掉，电路就不能工作了。这一步骤需要花费很长时间，而且许多电气工程师不会为可能去掉一个插座而花时间给插座接线。你也不必这样做，但这的确是为设备接线的一个好方法。

注意！

拉线时不要用肥皂、清洁剂、油或油脂做润滑剂。有拉线用的特殊润滑剂。用未经许可的润滑剂会导致导线的绝缘损坏。

要点：

在切割线槽时，应该在断开材料之前截断衬背和盖板。然而，如果线槽衬背经过设备的下面而且没有被断开，你就必须避免先截断衬背和盖板。

插入端子

许多插座既装备有螺丝型的连接器又装备有插入端子。插入孔可以接受 14 号线规的铜线。利用这些省时的插座虽然容易使人感兴趣，但你也可能会给自己造成麻烦，现在就有许多关于插入连接不牢固的故事。依你自己的判断吧，在施工中节约几分钟可能会在以后花费你几个小时的工作。因此我强烈建议你把导线固定在螺栓连接器下面，并且决不使用插入端子。

分电路出线口

分电路出线口有一个金属接片将两个螺丝连接器连接在一起。如果你去除连接两个铜接触点的接片，就会造成分电路。一个分电路双出线口能让两个设备插入到插座里，即使两个设备的负荷超过一个标准出线口的负荷量也没有问题。这就是建立分电路的原因。由于电路是分开的，出线口为两个电路供电，因此可以在插座上使用更高电流的负荷。为分开接线的插座供电的两条电路必须连到一个双极断路器上。在多出线盒系统中的中性导线必须用软辫线引出。不要试图将所有的中性导线都接到插座端子螺丝上。

嵌入式灯箱

嵌入式灯箱有两种形式。如果要在阁楼中或其他一些接触到保温材料的地方安装这类装置，你就必须确认使用绝热吊顶（IC）灯箱。非绝热吊顶（NIC）灯箱在灯罩和绝缘之间必须有最小3in的净空。不要忘记确认使用灯箱是否合适。由于灯箱周围的绝热层最终会被烧掉，因此一律使用IC嵌入式灯箱不失为一个好主意。

洗碗机

洗碗机可以与电气系统用电缆直接连接，它们需要自己的电路。不要忘记在用电设备下面多留出一段电缆。电气接线与电气设备接线盒紧紧相连的情况并不常见。如果洗碗机从柜子下的位置拉出来，虽然足够安全，但很不方便。在设备下面多留几英尺的电缆，如果需要的话，富余电缆就可让洗碗机拉出来使用，这样比必须断开电线移动洗碗机要方便。

吊扇

用于吊扇的电气盒子必须固定好以支撑电扇的重量。当电扇重量少于35lb时，通常只用装置盒子固定电扇就可以了，但要查清楚地方标准。重些的电扇必须由一个电气盒子独立支撑。最合理的支撑方式是用横跨椽子或托梁的一根支撑杆来承受电扇的重量。

确定整所房子的电扇大小

确定整个房间的电扇大小并不难。第一步是查明使用电扇的房子的总平方英尺数。一旦你知道了，就用总平方英尺数乘以顶高得到结构的总立方英尺数。在一所常规住宅里，顶高可以按8ft计算。如果计算的地板面积是3000ft^2，就要为24000ft^{3}的空间通风。

如果知道通风的立方英尺数，就用那个数值除以你要在每分钟换气的数量。假定你要每20min全部换气。这种情况下，要用24000除以20得到每分钟1200ft^3（CFM）。现在你要做的就是检查一个风扇尺寸表来看需要什么尺寸的风扇。我们说的这个特定工程需要一个48in的风扇。

风扇尺寸数据

24in 风扇	3500 ~ 5500 CFM
30in 风扇	4500 ~ 8500 CFM
36in 风扇	8000 ~ 12000 CFM
42in 风扇	10000 ~ 15000 CFM
48in 风扇	12000 ~ 20000 CFM

金属导管

虽然加工金属导管会减慢工程的进度，但有时却是必需的。当你为了切割导管进行测量时，一定记住导管会接入配件大约1in。要用钢锯切割导管。你可能想过用截管器切管子，但这种做法一般不会被采用的，为什么？因为截管器会把切口切斜，并且会把导管内沿切得很尖利。

切好导管后要修整切口去掉毛刺。大多数电气工程师使用改锥上的导管来修整附件。把导管放置就位后，必须紧好定位螺钉卡住管子。如果你不是安装地线，导管和配件之间必须紧密连接。要在导管上以不超过 6ft 的间距安装固定器。导管要在与导管相连的每个盒子的 2ft 内固定。

随着导管的直径变大，固定器必须相距更近些，查一下当地规范要求的间距。当导管在进入盒子之前要转三个以上的弯时，你必须在每第四个转弯处安装一个牵引弯头。不要在牵引弯头处做导线接头。弯头仅仅是为了拉导线方便。

弯金属管

弯金属管不难，但掌握技术需要时间和实践。新手常常把管弄皱，这是对时间和金钱的浪费。弄皱的导管不能再使用。你可以使用配件来避免弯导管，但这会使大型工程费用升高。而弯管工具和一些经验会减少大型工程的费用。

弯小管最困难的部分是在你想弯的地方弯。假定你要从一个盒子沿墙敷设导管，转90°弯然后进到另外一个盒子，你就必须仔细测量转弯。从导管安装的一个盒子固定的位置量起，直到导管将要沿着其敷设并转弯的墙为止。取从盒子到墙的距离，并减去转弯的距离。

导管转弯距离

√ ½in 的导管需要5in 的一段用于转90°弯。
√ ¾in 的导管需要6in 的一段用于转90°弯。
√ 1in 的导管需要8in 的一段用于转90°弯。

假定从导管配件到墙有55in，施工用½in 导管。当你减去5in 的转弯距离时，需要50in 的一段导管以便使其弯在合适的位置。只要在导管上把弯管工具装好，你就必须把它撬起来弯管。你的用力要缓慢、稳定。急剧用力拉工具会导致摺皱，这种做法是不可取的。

在金属导管上弯偏移弯是需要技巧的。你可以利用管子上的条纹来做偏移弯。做出一个15°的弯。把导管翻转过来，弯管机从导管尾部移远几英寸，并拉直至第一个弯之外的那一段与地板平行。最初你会发现这样做有困难，但有经验的电气工程师可以又快又不费劲儿地来做弯（图5.19～图5.25）。

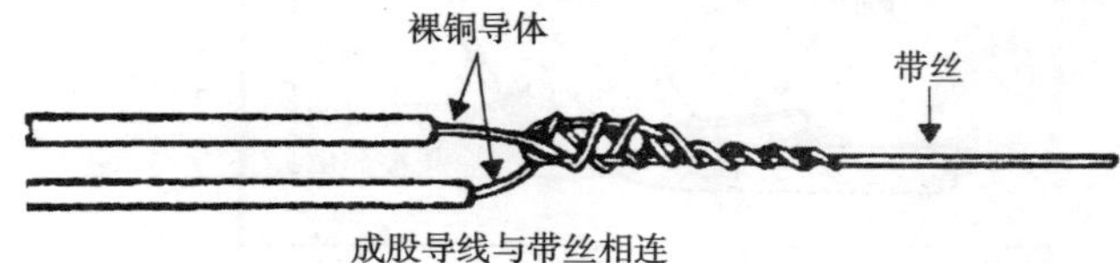

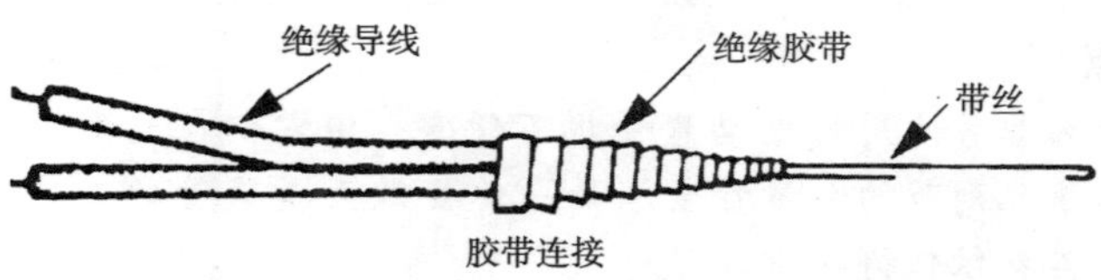

图5.19　与带丝连接，以便把导线拉过导管

要点

如果你在安装导管，并要转四个以上的弯，那你就应安装接线盒。使用接线盒便于拉线。

怎样弯一段短管

短管是最通用的弯管。注意弯管机标有弯管机端头弧度的“收紧度”。

示例：

考虑做一个14″短管，用¾″EMT导管。

步骤一：IDEAL弯管机标明短管6″至↑。只从完成的短管高度里减去收紧度或6″。在这个例子里，14″－6″＝8″。

步骤二：从导管尾端标出8″。

步骤三：把弯管机上的箭头与导管上的标记对齐并弯到90°。

记住：脚的重压对于把EMT导管控制在弯管机的管槽里以及防止导管扭结是有危险的。

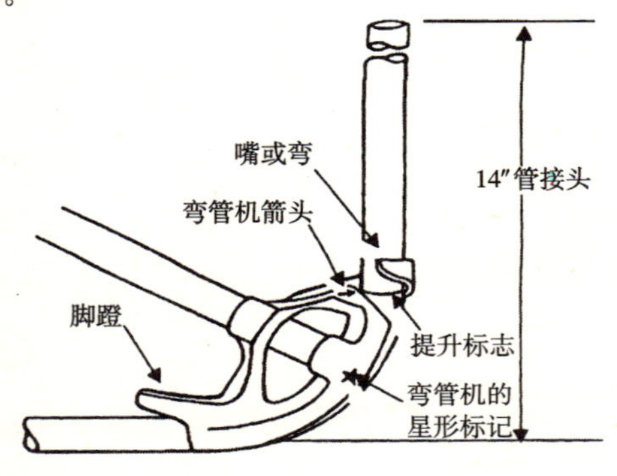

图5.20 弯管技术（由Ideal Industries，Inc. 提供）

要点：

为导管使用的电动弯管机不便宜，但它们在大型工程中能为承包商节约大量资金。如果你要做大量弯管的工作，这些工具就很值得注意。

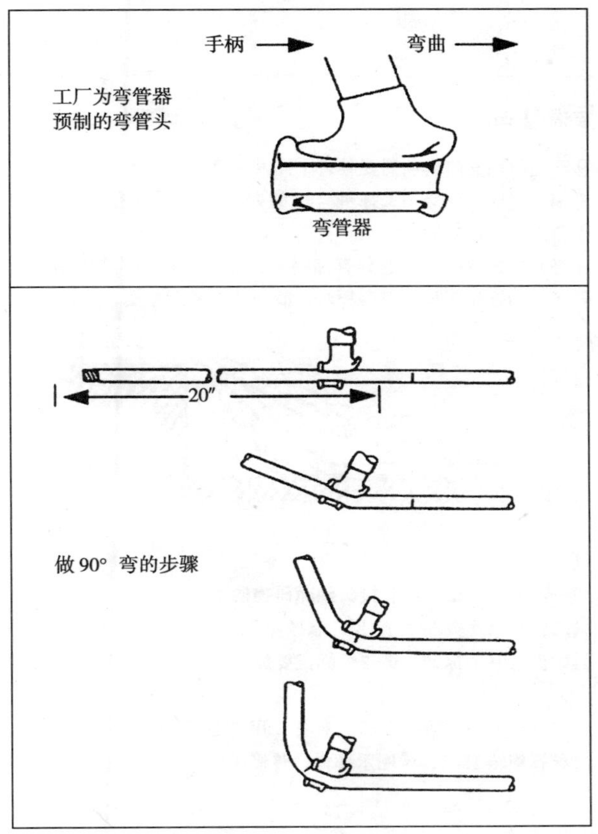

图5.21　用工厂预制弯管器施工的弯管技术

要点：

THHN（90℃小直径通用，600V建筑导线）通常与导管一起使用。THHN导线的绝缘层是尼龙，并且比其他类型的塑料绝缘层要薄。这可以使在一根导管中敷设更多的导线。

怎样做偏移弯

偏移弯通常用在障碍物需要导管平面发生改变的地方。

在做偏移弯前，你必须选择最合适的偏移角度。记住，小角度的弯拉线容易，大角度弯节约空间。

你还必须考虑弯路造成的导管缩减。记住在远离障碍物施工时忽略这种缩减，但一旦确定施工靠近障碍物时，就必须要考虑缩减。

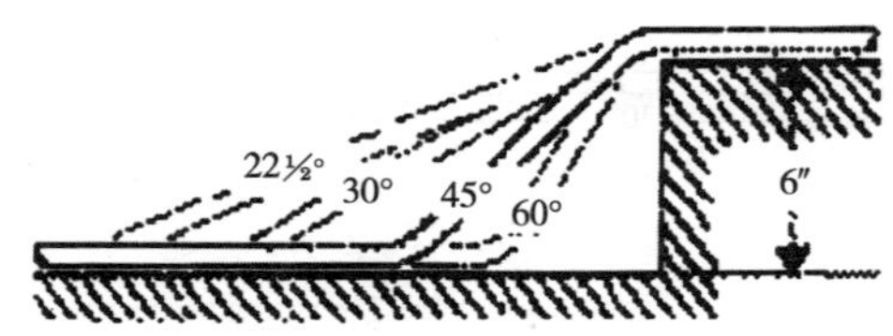

示例：

步骤一：测量从最近的管接头到障碍物的距离。

步骤二：从第 5 页的表查出“缩减量”，把这个量增加到测量到的距离中，并且做出第一个标记。第二个标记要放在“弯之间的距离”（参见第 5 页的表）上。

步骤三：让箭头与第一个标记对齐，用度数表弯到选择的角度。将导管滑下并将导管旋转 180°，像图示那样，将箭头对齐并弯管。

图 5.22 弯管技术（由 Ideal Industries，Inc. 提供）

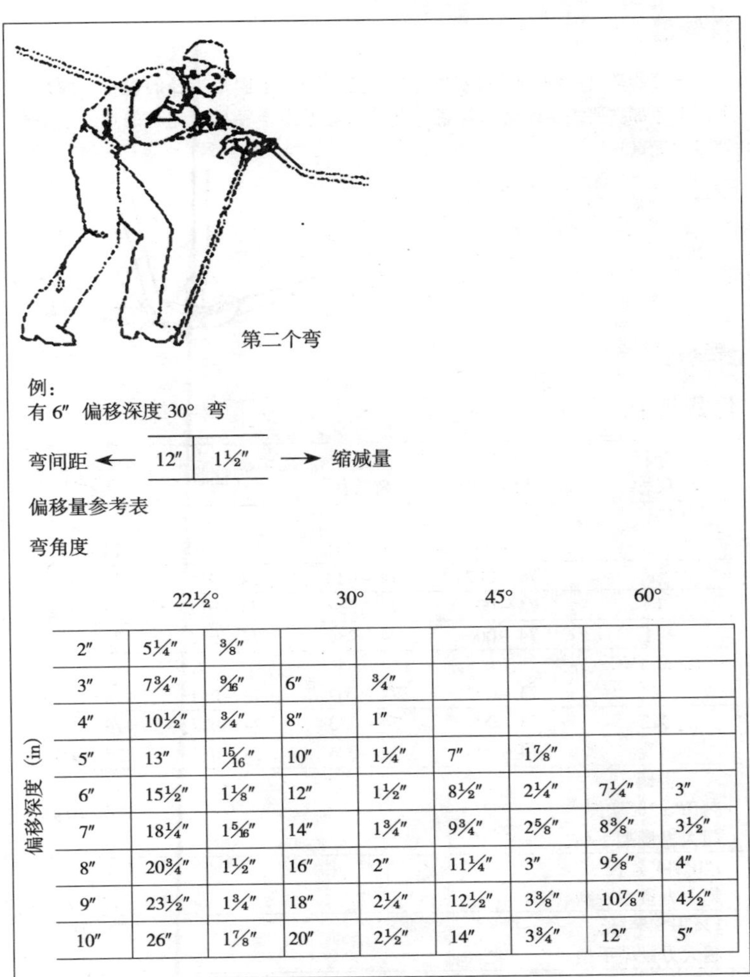

偏移深度（in）	22½°		30°		45°		60°	
2″	5¼″	⅜″						
3″	7¾″	9/16″	6″	¾″				
4″	10½″	¾″	8″	1″				
5″	13″	15/16″	10″	1¼″	7″	1⅞″		
6″	15½″	1⅛″	12″	1½″	8½″	2¼″	7¼″	3″
7″	18¼″	1 5/16″	14″	1¾″	9¾″	2⅝″	8⅜″	3½″
8″	20¾″	1½″	16″	2″	11¼″	3″	9⅝″	4″
9″	23½″	1¾″	18″	2¼″	12½″	3⅜″	10⅞″	4½″
10″	26″	1⅞″	20″	2½″	14″	3¾″	12″	5″

图5.23 弯管参考表（由Ideal Industries，Inc. 提供）

小心！

确认所有弯在同一平面内对齐。

弯管器

弯管器需要一种不同的方法打弯。它不是一个固定半径的设备，而是一个每个弯都需要多次运动的设备。弯管器能做出半径尽可能小的弯，这是弯管器的优点。

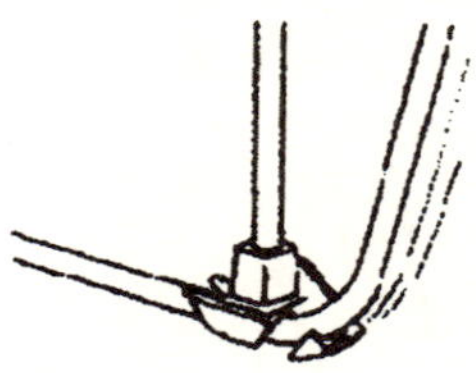

订货信息

导管尺寸	延性铁弯管机	铝弯管机	弯管器	手柄
EMT				
½″	74-001	74-031	74-010	74-019
¾″	74-002	74-032	74-011	74-019
1″	74-003	74-033	74-012	74-020
1¼″	74-006	74-036	74-013	74-021
Rigid/IMC				
½″	74-002	74-002	74-011	74-019
¾″	74-003	74-033	74-012	74-020
1″	74-006	74-036	74-013	74-021
手柄				
¾″IPS 38″延长超大力量型手柄				74-019
1″IPS44″延长超大力量型手柄				74-020
1¼″IPS 54″长超大力量型手柄				74-021

IDEAL 弯管机给你带来工程学的设计、指示刻度和耐用性，使你能轻松自信地完成弯管工作。

图 5.24 弯管技术和参照表（由 Ideal Industries，Inc. 提供）

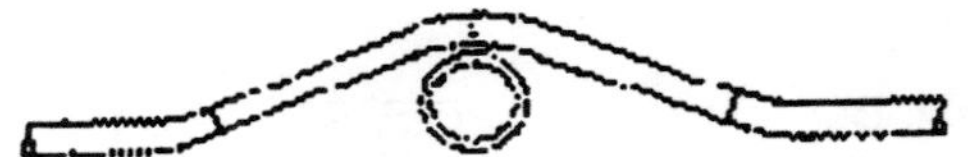

示例：

步骤一：你在距离最近的接头4ft处遇到一根3″O. D管。下面表中的公式表明，就障碍物外径的每英寸而言，对于每英寸障碍物的高度，你必须把中心标记往前移动3/16″，并且每英寸障碍物的高度要从中心标记向外2½″做外圈标记。

步骤二：下面的表给出了实际标记区间。在这个例子中，中心标记从9/16″前移至48 9/16″。外圈标记距中心标记7½″，或者41 1/16″和56 1/16″。要在这些点上对你的导管做出标记。

如果障碍物是	将你的中心标注前移	将中心标注外移
1″	3/16″	2½″
2″	3/8″	5″
3″	9/16″	7½″
4″	3/4″	10″
5″	15/16″	12½″
6″	1 1/8″	15″

步骤三：

(A) 将中心标记与轮缘上的刻度对齐并弯到45°。

(B) 不要把导管从转弯机上移开。将转弯机滑到下一个标记，并与箭头对齐。如图所示弯到22½°。

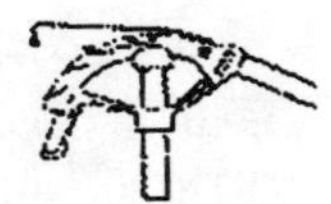

(C) 把导管移开并翻转导管，并且找到剩下的一处标记对准箭头。如图所示弯到22½°。

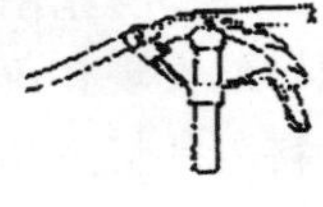

图5.25 弯管的技术和参考表（由Ideal Industries，Inc. 提供）

金属管接头

金属管接头需要一些特殊的装置来安装电缆。在金属管接头上有预先设计的孔用来穿电线。但是，你不能只是把导线穿过孔，在穿导线前需要安装塑料套管，没有套管，电缆上的护套会被损坏。套管分成两片并咬合在一起。你可以说安装它们就是摁上。套管必须把要安装的电缆完全裹住。

辅助配电盘

当你有很多进线电缆，但在现有配电盘中没有足够的断路器空间时，辅助配电盘会很有帮助。通常辅助配电盘安装在一个主配电盘旁边，但有时安装在远一些的地方。例如，如果你正在做一个阁楼改造工程，你会把辅助配电盘装在阁楼里吗?

主配电盘必须安装一个双极馈电断路器，以便将电配送到辅助配电盘。如果遇到的配电箱没有足够的空间安装这个断路器，可以使用细长的断路器，并将一些现有的120V断路器重新与这些断路器接线。大型辅助配电盘能安装20个单极断路器。

提示记录

提示自己做记录。当你遇到特殊情况并解决了问题时，记录下遇到的事情以及你是如何解决问题的。当然，记住所有的事情是有困难的，但如果记住在解决问题和安装中的做法，你就能积累自己的参考指南。这看起来也许有点儿傻，但是非常有效。你会惊讶地发现在仅仅一年的时间里可以积累多少数据。整理好记录资料以备将来参考。记录资料虽然会花些时间，但却可以为你以后的工作节约更多的时间。

第 6 章 家庭自动化

家庭自动化的普及率正在稳步增长，人们对智能住宅的需求亦在与日俱增。如今的在建工程大部分是在新建筑中。如果你的工作能与建筑施工同时进行，智能住房的布线会容易得多。进入已建成住宅为自动化进行硬布线费时又费钱。即使这样，人们也愿意做出牺牲来享受高技术魔力带来的益处。

家庭自动化中什么如此了不起？便利和控制是拥有自动化住宅的两个主要优势。利用现在的技术，房子的主人通过一个单一控制器就能控制几乎所有的电气设备。这个趋势始于 20 世纪 70 年代，并且仍在不断发展。由于人们在家里增加了诸如计算机等新元素，因此，用一个单一控制操作所有家居电气和设备的愿望正在变得越来越强烈。

人们要求电气工程师来实现智能家居布线。有时在现有住宅中的自动化系统可以不用硬布线来实现。在现有住宅中安装硬线系统的成本会使过程对于房主来说变得太昂贵了。如果你无法跟上安装住宅自动化的多种选择，就可能会浪费很多钱。

结构化布线系统

什么是住宅自动化系统的中枢呢？答案是一个结构化布线系统。结构化布线系统使用宽带，可以比标准化布线系统通过更多的信息。电话、传真机和高速数字计算机的传输都需要这种布线系统。住宅自动化系统能控制的方面包括：

- 电话
- 传真机
- 计算机
- 电气设备
- 供暖设备
- 空调设备
- 管道设备
- 安全系统
- 音响系统
- 视频系统
- 家电

电力线载波

电力线载波（PLC）能够在标准电路中传输单向命令信号。用 PLC 就不需要额外的线路了。通过导线传输的数字脉冲控制指定的电路。许多系统由简单的、壁装的按键板或触摸板来控制，钥匙坠也能够用来遥控。

许多顾客喜欢遥控。如果你能想到遥控，他们为什么不能呢？你是愿意起来调换电视频道，还是喜欢坐在椅子上用遥控器调换频道呢？住宅自动化也是这个道理。

钥匙坠遥控器能使用户从他们的安乐椅上、院子里、汽车里来控制家居自动化系统，这是一大优点。我想每个住宅自动化系统的配置都应该能够遥控。

定时器

定时器已经存在很久了。人们可以用定时器做几乎所有的事情，从早晨开咖啡机到离家时控制灯都用到它。不幸的是，多年前定时器仅限于用来控制一个设备或者一个配电盘，而现在不同了，住宅自动化系统可以装有定时器，它们既可以直接操作，也可以遥控操作。单个定时器能控制多个设备。电池后备系统可以在电源故障时防止定时器对系统失控。高技术定时器提供多种可能，这在过去是无法做到的。

计算机

计算机可用来控制住宅自动化系统。有软件能在特定时间和地点控制设备，而这仅仅点一下鼠标就能做到。一些系统在设计上就是允许遥控的。从工作地点给你的家庭计算机打个电话，让房间在你从单位到家后加热到一个舒适温度，这样不是很方便吗？用现在的设备，你就可以做到。用电话能控制任何与自动化系统连接的设备。

无线传输

实现无线遥控意味着要依赖射频传输。这些传输可以从远处操作灯和电器，但距离是个因素。虽然这些装置通常在房子和庭院周围起作用，它们的范围却很有限。

用于遥控的接收器可以壁装或设置在电器插座内。既有房屋线路用于传导射频信号。当硬线自动化系统的成本在现有住宅上太贵时，这类系统就是理想的。

网络连接

大部分人在想到联网时都想到计算机，但是你也能在家里将设备联网，这是比基本的住宅自动化更新的自动化阶段。

新电器通常装有某种类型的独立控制的电子处理器。当你为一所房子联网时，各种电器以一种通信形式连接在一起，这使得电器能一起工作来满足你的需要。都有什么东西可以联网呢？差不多什么都可以，包括如下的设备：

- 计算机
- 扫描仪
- 打印机
- 传真机
- 灯
- 开关
- 安全系统
- 灌溉系统

- 电视机
- DVD 播放机
- 录像机
- 立体声音响
- 大门
- 通风孔
- 供暖系统
- 空调系统
- 管道系统
- 泵

电涌控制

电涌控制对住宅自动化系统很重要。人们很熟悉电涌抑制插座板，这种插座板常用于计算机。住宅自动化系统的电涌控制作用与此类似，但其设计不完全一样。自动化系统的电涌控制安装在配电箱内，而且不比断路器占用的空间大。电涌控制对自动化系统来说是必备的一个设备。

没有电涌控制，雷电会损坏自动化系统。自动化系统中的电涌和尖峰电压能自动开启系统，也能自动关掉系统，或者造成系统故障。不恰当控制的自动化系统是无效和危险的。不要安装没有电涌控制的系统。一个电涌控制设备可以对住宅电气系统起到完全保护作用。

协议

用于住宅自动化的常用协议有四种，其中一些比另一些贵。在人们喜欢用的协议中，X－10 协议是最便宜的。这种协议通过电力线传输。CE 总线协议的价位从便宜到适中不等。这种协议通过电力线、双绞线、同轴电缆、射频、红外线或光纤传输。显然，它比 X－10 提供了更多选择，但如果用到这些选择，可能会贵些。

LonWorks 在成本上与 CE 总线系统差不多。LonWorks 通过电力线、双绞线、射频传输，或通过第三方接收器支持的其他类型传输。智能住房协议被认为是一个顶级协议。这类系统需要通过用户接线来实现功能，它的价格从中至高不等。

X－10 技术

X－10 技术对于用住宅自动化技术改造现有住房来说是理想的。由于这种协议是通过传送点对点信号来控制电路，所以没有必要通过切开导线或安装线槽来安装系统。它基本上是为现有住房安装住宅自动化系统的惟一节省成本的方法。

X－10 协议信号通过调制 120kHz 的射频脉冲传输。这种系统接线很少。射频脉冲由一个起始码、一个住宅码、一个功能码和一个单元码组成。这些码在住宅的标准电线上传输。在 X－10 协议中有 32 组地址码。16 所房子通用一个 X－10 协议。作为规则，也要有 16 个单元码。这种组合使一个 X－10 协议可以提供高达 256 个独立地址分配给每个设备，那就是说，每所住宅可以拥有很多设备。

X－10 系统的接收器可对一个设定地址的多达六个命令中的一个做出反应。这六个命令是：

- 开
- 关
- 暗
- 亮
- 灯全开
- 灯全关

CE 总线协议

CE 总线协议使用被称作通用应用语言（CAL）的电子命令语言进行传输。语言包括设备专用命令，如快进、倒带、增大音量、降低温度，等等。与 X－10 协议不同，CE 总线使用变化的信号来改变每个射频脉冲的强度。作为其特点，CE 总线比 X－10 系统更可靠。这是由于 CE 总线需要系统能够从信号错误中恢复。CE 总线系统可以通过以下方式传输：

- 电力线
- 同轴电缆
- 射频
- 低压导线
- 5 型电缆
- 红外频率
- 光纤

LonWorks

LonWorks 协议在这个领域中占据领导地位。有资料说 LonWorks 协议是用于自动照明和机械系统的最好选择。这种协议不仅用于住宅，还在商业上用于运输、大型建筑的能源管理，以及工业设备控制。

智能住房

智能住房协议与美国住宅建造商协会（NHAB）相关。一般说来，NHAB 邀请有竞争力的生产厂家研发智能住房协议的产品和应用。这个计划的目的是统一用于所有形式的自动化系统的线路。尽管这个目标很有价值，但智能住房系统是私有的，并且需要传统线路和服务。对某些人来说，这是个不利条件。此外，使用这个系统的成本也是一个不利因素。

住宅安全

当考虑住宅自动化时，住宅安全是个主要因素。当我们讲到安全，我们不只是说那些戴着滑雪面具的坏家伙。例如，火灾就是一个严重威胁，住宅安全系统可以探测火灾，并对之作出反应。安全系统的一些功能包括：

- 阻止盗窃和抢劫
- 探测住宅入侵者
- 探测接近的车辆
- 探测烟
- 探测火
- 探测燃气泄漏
- 探测一氧化碳
- 发出紧急求助信号

将所有的安全特征纳入一个自动化系统是有意义的。你必须确认系统尽可能可靠。有了为正确系统做的适当计划，你就可以使用外部照明、内部照明、电动门、闭路电视、运动探测器、火灾探测器、窗户报警接触器和其他安全元件一起来保护住宅。

一个安全系统能拉响一个本地警报，用一个记录信息呼叫一个预先用程序设定的电话号码，或同时做这两件事。查看生产商的说明书以便了解如何一起使用不同的元件。

灯

在考虑往自动化系统中接入的住房构成部分时，显而易见灯是个很不错的选择。回家后只需按一下遥控按钮就可以打开全部的室内和室外灯，这为人们带来了诸多方便。照明控制的设计可以包括随意开关内部和外部灯，这个特征将有助于在房主离开家的情况下阻止盗窃行为的发生，它也是一项很好的安全措施。任何自动化住宅都应该将照明系统包括在自动化系统内。

要点：

如果你的顾客对安全方面提出更多要求时，可以考虑将一个室内灯连接到室外运动探测器上。如果探测器发现有移动的东西，建筑物内的灯会亮，以此来惊走盗贼。

管道

你可能不太想考虑将管道接入自动化住宅系统，但或许你还是应该接入。给排水管道和燃气管道都可以装备上，这样住宅自动化系统就可以控制截止阀。这会是个有效的安全装置。例如，你可以建立一个系统，在探测到任何显示火灾的情况时关闭所有的燃气阀门。

热水器可以连到系统中，这样一来，当房主外出或工作时，就可以关掉热水器以节约电能。游泳池、浴缸和其他与给排水相关的设备都可以纳入到系统中，甚至还有光电探测器，当探测到有人时，会打开水龙头。同类探测器在人从设备旁离开时会冲刷厕所。手动优先控制和备用电池在这些应用中很常见。

暖通空调

暖通空调系统可以接入住宅自动化系统中。如果使用计算机控制系统，点击一下鼠标就能够独立控制各个房间的温度。这种装置可以节约大量能源。可以在系统中预先用程序设定不同温度，以保证舒适度的最大化和最大程度地节约能源。这当然也为房主节省了那些没有用到的能源方面的钱。

> **要点：**
> 室内配电盘应该距离电表不超过5ft。如果不是这种情况，就需要一个室外开关。在室外开关上安装挂锁来防止搞恶作剧的人切断电源的危险是合理的。

娱乐

在一所现代住宅中的娱乐设备是综合性的，而不再只是一个收音机。现在的住宅里通常装满了各种类型的娱乐设备，自动化系统应该包括娱乐设备。接入自动化系统的设备类型可以包括：

- 录像机
- DVD 播放机
- 数字卫星系统
- 互动电视
- 标准电视
- 视频游戏
- 立体声音响

电信

电信可以接入网络，以提高生活方式。目前，电信可以包括：

- 电话
- 传真机
- 计算机
- 信息记录
- 信息检索
- 远程会议

- 视频交换
- 多线电话系统

现在有了光纤，其他电信方式都可以选用了。这需要些时间，但你能够期待看到光纤革命带动以下的发展：

- 计算机发声
- 视频图像
- 照片图像
- 数据传输
- 音乐
- 图形

室外系统

室外系统，像喷灌机，应该接入自动化住宅系统中。系统可以在预定时间开关喷灌系统，好的系统为有效利用灌溉系统提供了充足的选择。室外照明也应该包括在自动化住宅系统中，所有用电的室外设备都有可能接入到自动化系统中。

系统说明

系统规格存在着很大的不同。大多数系统安装相当简单，特别是 X－10 系统。你应该向准备采用的系统的制造商索取安装指导和说明书。阅读说明书并按说明书的要求去做。把通用的安装步骤应用于特殊系统是避免犯错误的最好方法。

第 7 章 照 明

从 20 世纪早期开始，电力照明一直是电力应用发展背后的动力。与油灯或燃气灯那种明火相比，电灯是相对安全的。是否还记得芝加哥的大火是怎么烧起来的? 对，如果奥利里（O'Leary）夫人的牛踢翻的是一个用 14 号线规导线保护的工业荧光灯管，现在的芝加哥将会有所不同。

爱迪生设计第一个实用白炽灯后不久，电气工程师们就开始在美国应用白炽灯了。他们在住宅、办公室、仓库、医院和学校安装导线和灯具。这已是很久以前的事了。后来，电气工程师不再安装或者维护灯具。实际上，过去被称为 light fixture（灯具）的现在已改叫作 luminaire（照明设备）。这个新词汇来源于 2002 年《国家电气规范（N. E. C.）》的第 100 款。为了方便我们在本书中关于照明的讨论，“luminaire”与“light fixture”两个词通用。

现在我们有一些基本类型的灯，如白炽灯、荧光灯、高强放电灯和应急灯。这些灯可以是嵌入式安装的、表面明装的、杆上安装的、移动的或者甚至埋在地下的。可由从低压到高压不同种类的电压供电。依据灯具类型，为灯供电的电源可以是交流的或者直流的。

作为一名电气工程师，顾客或雇主可能会找你为他们提供有关照明的信息。具有各种类型的照明常识和特殊领域的专业知识将会给你的顾客留下深刻印象，并使他们对你产生信任感。N. E. C. 的第 410 款包括照明设备、灯和灯座。411 款包括在 30V 或 30V 以下电压条件下进行的照明。任何情况下电气工程师必须做的第一件事是熟悉特别应用的相关规范要求。要做到这一点可以研究地方和国家规范、生产商的建议，并向规范强制执行官员或检查员核对当地的强制要求。照明设备和危险区域（分类的）相关设备包括在第500款~517款中。下面有一些关于照明规范的简述要点，它们将会在规划和施工工程时用到：

- 在正常操作条件下，带电部分不能裸露碰触。
- 在潮湿或多雨场所的灯具安装不能让水进入灯具或在灯具内积存。
- 用在潮湿或多雨场所的灯具必须列明并标示出来。
- 在壁橱内安装的白炽灯必须是完全封闭的灯具。无论有或没有封闭灯具，荧光灯都是可以的。
- 如果你想延长分支电路并连接到另外的灯具，则灯具上必须列明是贯通接线。
- 灯具的设计必须有连接点。
- 安装在吊顶内的灯具必须用螺栓、螺钉、夹子或铆钉固定到格栅上。
- 室外灯具和相关设备可以安在树上。
- 灯具的金属部分必须接地。
- 灯具电路的接地导线必须与螺钉帽端子相连。
- 距离镇流器3in内的分支电路导线额定值必须为90°C。
- 嵌入式白炽灯必须进行热保护。
- 只有IC级嵌入灯具允许与绝缘和易燃材料直接接触。非IC装置必须距离这些材料3in以上。
- 直流电路上安装的灯具必须标有直流运行。
- 住宅中的放电灯限于1000V开路。
- 照明轨道不能穿过墙或安装在潮湿或多雨的场所。
- 照明轨道必须正确接地，并且以4in或更小的间距牢固地固定在合适位置。
- 在30V或更低电压条件下工作的系统必须列出，以备预期的用途。
- 低电压灯具的支路不能超过20A。

白炽灯

托马斯·爱迪生的天才和坚韧使白炽灯或人们通常提到的灯泡于1879年研制成功。从那时起到现在，灯具的类型已经大大改进。由于灯和灯具的低费用，白炽灯在住宅线路中极其普遍。易于维护的特点更提高了这类灯的普及率。在灯的玻璃泡中有一根钨丝（图7.1）。灯泡中的空气已被抽走，替代物是氩或其他惰性气体。灯丝的一端连接到灯泡底端的中心触点上，另一端连接到螺旋壳上。当一个典型的灯泡拧入灯头中时，带电导线与中心触点相连而中性导线与螺旋壳相连。首次使用120V电源时，电路看上去似乎短路了，就好像把黑导线和白导线连接到一起一样。当然，任一位电气工程师都会告诉你，这样做将会使断路器跳闸或烧掉熔丝。当白炽灯带电时没有使断路器跳闸的原因在于，你在灯丝发热时将灯的电流限制在了额定功率值。由于功率等于电压乘以电流，一个120V、60W灯的电流是0.5A。例如：60W = 120V × 0.5A。从这个等式，你能看到为什么这种做法不会使15A或20A的断路器跳闸了。

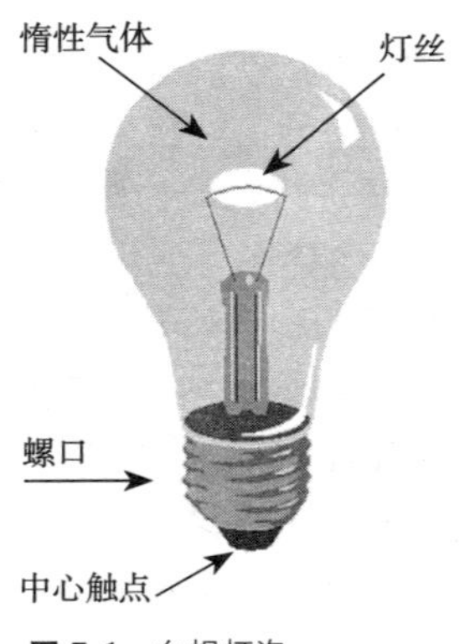

图 7.1 白炽灯泡

不知你注意过没有，通常灯泡都是在刚点亮时烧掉的？这是因为灯丝还没有完全热起来，电流冲击它就好像完全短路了一样。实际上，如果用连续测试器测试白炽灯，它的读数显示就是完全短路。在查找电路故障时，必须考虑这一点。例如，如果电路中有短路，你就要用测试器查出短路。最好的避免混淆的方法是将灯从测试电路中移走。白炽灯用一个数字来表示，这个数字是灯的直径，按1in的⅛表示。例如一个A19的灯，这是一个典型的灯泡，它的形状随意，直径是19/8 in。也就是说，灯泡直径是2⅜in。在灯的三个主要类别中（白炽灯、荧光灯和HID），白炽灯效率最低。

荧光灯

第一只荧光灯于1896年开发成功。N. E. C. 将荧光灯具定义为放电灯。荧光灯具有寿命长和高效率的优点。灯的替换对房主来说相对简单。这类灯的运行温度比其他两类灯低得多。荧光灯是一个玻璃管，每端有电极，管的内侧涂有荧光粉，并充有惰性气体，管子里还放入了少量的水银。当每端的电极弧通过管内的蒸气时，就产生了荧光（图7.2）。当蒸气中的原子越来越离子化时，电流的电阻就小了，如果不加限制，这个过程会继续下去直到灯被损坏。因此，必须限制和控制电弧的电流。这由镇流器来实现，镇流器实际上与灯串联。安装在内部的镇流器必须进行热保护并且将指定为一个P类镇流器。但是P类镇流器不能用作出口处的灯具或那些疏散时才点燃的灯具。

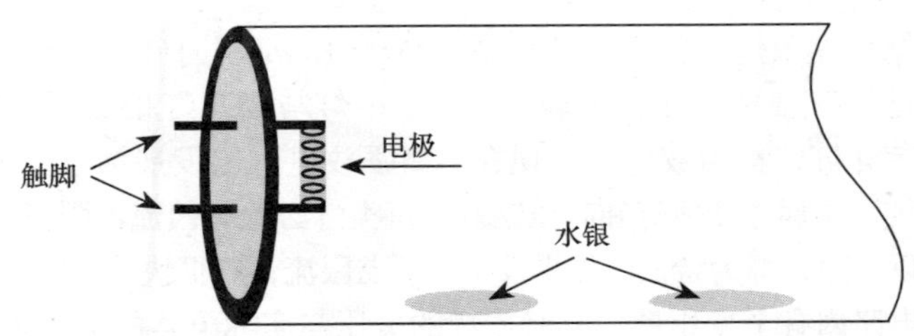

图7.2　荧光灯管的剖视图

荧光灯的最新技术是广泛使用电子镇流器。电子镇流器的功率因数可以高达0.95或更高。荧光灯在转换电能方面的效率比白炽灯大约高5倍。灯的寿命一般为10000～20000h。电子镇流器的耗能比标准电感镇流器少约25%。除此之外，电子镇流器更安静、更轻，并且消除了灯的闪烁，有很大的卖点。每个人都喜欢省钱，因此，耗能减少25%将会引起所有人的关注。以我作为承包商的多年经历来看，人们对荧光灯的两个最大苦恼是镇流器产生的折磨人的噪声以及闪烁的灯管。与旧型号电感镇流器相关的这两个特点并不是新型电子镇流器的固有特征（图7.2）。

荧光灯或更广为人知的管灯，都用一个数字来代表，这就是灯管的直径，用⅛in表示。用在灯具中的电感镇流器的旧型号灯管是T12，这意味着灯的直径是$\frac{12}{8}$ in，即1.5in。最新的电子镇流器灯具用T8灯管，这些灯管的直径是1in。

小结

荧光灯管常有水银。不要让荧光灯管破碎。查询当地主管部门寻找合适的处理办法。

在我们的业务中总是使用T8灯管替代T12灯管。你的顾客永远不会失望的。这是进入21世纪、使你的顾客满意、使能效得到保证的一步。

高强放电灯（HID）

第一盏汞灯由彼得·休伊特（Peter Hewitt）于1901年研制成功。这是高强放电灯的开端。高强放电灯与荧光灯相似，N. E. C. 也将荧光灯归类为放电灯。现在，高强放电灯已发展为三个子类：汞蒸气、金属卤化物灯和高压钠灯。每类灯必须有镇流器限流。HID灯是以负阻光源为特征。如果没有镇流器限流，灯很快就自毁了。镇流器电路内有个变压器，使所需灯的电压与实际电路的电压相匹配（图7.3～图7.13）。高强放电灯的镇流器有下面四个基本功能：

1. 使线电压与所需灯的运行电压相匹配。
2. 调整输入电压以提供合适的灯的流明输出。
3. 限制容许的灯的电流，因为所有带镇流器的灯都有负阻抗。
4. 提供所需的开路电压来启动灯。

高压钠灯

镇流器类型	可用的输入电压	启动电流 （功率因数）	%线变化 = %功率变化	镇流器损失	灯电流 波峰因素（系数）
电感线圈 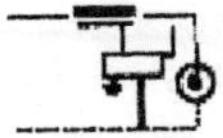	120W 50W 和150W灯	比运行时高些 （50% NPF 标准） （90% HPF 可用）	±5% = ±12%	低	1.4～1.5
高阻抗自耦变压器 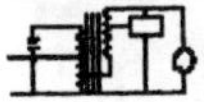	所有用于 70W、100W 和150W 灯的电压	比100W和150W的运行电流稍高些。小于70W的运行电流 （90% +HPF）	±5% = ±12%	中～高	1.5
定功率自耦变压器 （自调整抽头） 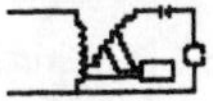	所有用于200W 250W、310W和1000W 灯的电压	比运行电流小 （90% +HPF）	±10% = ±10%	中～高	1.5
定功率（电磁调节器或调节延迟） 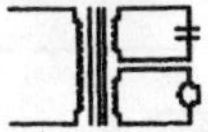	所有用于200W 和400W灯的电压	比运行电流小 （90% +HPF）	±10% = ±3%	高	1.7

图7.3 高压钠灯镇流器电路（由 Lithonia Lighting 提供）

金属卤素灯

镇流器类型	可用的输入电压	启动电流（功率因数）	%线变化 = %功率变化	镇流器损失	灯电流波峰因素（系数）
高阻抗自耦变压器(HX) 	除480V以外，所有用于70W、100W和150W灯的电压	70W的运行电流比100W稍稍高些（90% + HPF）	±5% = ±10%	中	1.5
定功率自耦变压器（峰值抽头） 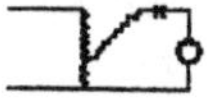	所有用于175W和更高功率的灯的电压	比运行电流低（90% + HPF）	±10% = ±10%	中	1.6~1.8
低损耗线性电感镇流器(LLRPSL—脉冲启动) 	277V只用于150~450W的灯	比运行电流高（90% + HPF）	±5% = ±10%	低	1.45
超定功率自耦变压器（SCWA－脉冲启动） 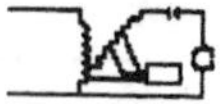	所有用于150W和更高功率灯的电压	比运行电流低（90% + HPF）	±13% = ±2%	中	1.60

图 7.4 金属卤素灯镇流器电路（由 Lithonia Lighting 提供）

汞灯

镇流器类型	可用的输入电压	启动电流（功率因数）	%线变化 = %功率变化	镇流器损失	灯电流波峰因素（系数）
电感线圈	240V 和 277V 用于 100W、175W、250W 和 400W。480V 用于 1000W 的灯。	比运行电流高些（50% NPF 标准）（90% HPF 可用）	±10% = ±5%	低	1.4~1.5
定功率自耦变压器 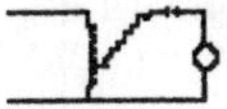	用于所有灯的所有电压	比运行电流低（90% +HPF）	±10% = ±5%	中	1.6~2.0
定功率自耦变压器（自调整抽头） 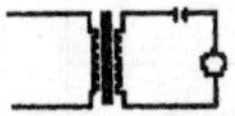	用于所有灯的所有电压	比运行电流小（90% +HPF）	±13% = ±2%	高	1.8~2.0

注：不接地配电系统可能会在故障条件下带来瞬态电流。因为高的瞬态能导致镇流器灯过早出现故障，所以不建议灯在任何不接地 480V 或其他不接地系统中运行。

图 7.5 汞灯镇流器电路（由 Lithonia Lighting 提供）

	灯		开路电压 RMS	二次短路电流安培
	瓦	ANSI 编号		
水银灯镇流器	50	H46	225–255	0.85–1.15
	75	H43	225–255	0.95–1.70
	100	H38	225–255	1.10–2.00
	175	H39	225–255	2.00–3.60
	250	H37	225–255	3.00–3.80
	400	H33	225–255	4.40–7.90
	2–400 (ILO)	2–H33	225–255	4.40–7.90
	2–400 (Series)	2–H33	475–525	4.20–5.40
	700	H35	405–455	3.90–5.85
	1000	H36	405–455	5.70–9.00
金属卤素灯镇流器	高阻抗自耦变压器(HX)			
	70	M98	230–280	0.95–1.25
	100	M90	240–275	1.35–1.70
	150	M102	235–290	2.05–2.55
	定功率自耦变压器(CWA)			
	175	M57	285–320	1.50–1.90
	250	M80	230–270	2.90–4.30
	250	M58	285–320	2.20–2.85
	400	M59	285–320	3.50–4.50
	2–400 (ILO)	2–M59	285–320	3.50–4.50
	2–400 (Series)	2–M59	600–665	3.30–4.30
	1000	M47	400–445	4.80–6.15
	1500	M48	400–445	7.40–9.60
	低损耗线性电感镇流器(LLRPSL)			
	150	M102	250–305	2.00–2.50
	175	M137	250–305	1.70–2.10
	200	M'136	250–305	1.80–2.70
	250	M138	250–305	2.40–3.00
	320	M132	250–305	3.00–3.70
	350	M131	250–305	3.40–4.40
	400	M135	250–305	3.70–4.50
	450	M144	250–305	4.20–5.20
	超定功率自耦变压器脉冲启动(SCWA)			
	150	M102	215–265	2.15–2.65
	175	M137	240–290	1.85–2.25
	200	M136	215–265	1.90–2.30
	250	M138	240–290	2.35–2.90
	320	M132	240–290	3.00–3.70
	350	M131	240–300	3.00–3.75
	400	M135	240–300	3.60–4.40
	450	M144	255–315	3.90–4.75
高压钠灯镇流器	35	S76	110–130	0.85–1.45
	50	S68	110–130	1.50–2.30
	70	S62	110–130	1.60–2.90
	100	S54	110–130	2.45–3.80
	150	S55	110–130	3.50–5.40
	150	S56	200–250	2.00–3.00
	200	S66	200–230	2.50–3.70
	250	S50	175–225	3.00–5.30
	310	S67	155–190	3.80–5.70
	400	S51	175–225	5.00–7.60
	1000	S52	420–480	5.50–8.10
低压钠灯镇流器	18	L69	300–325	0.30–0.40
	35	L70	455–505	0.52–0.78
	55	L71	455–505	0.52–0.78
	90	L72	455–525	0.80–1.20
	135	L73	645–715	0.80–1.20
	180	L74	645–715	0.80–1.20

图 7.6 HID 镇流器测试（由 Lithonia Lighting 提供）

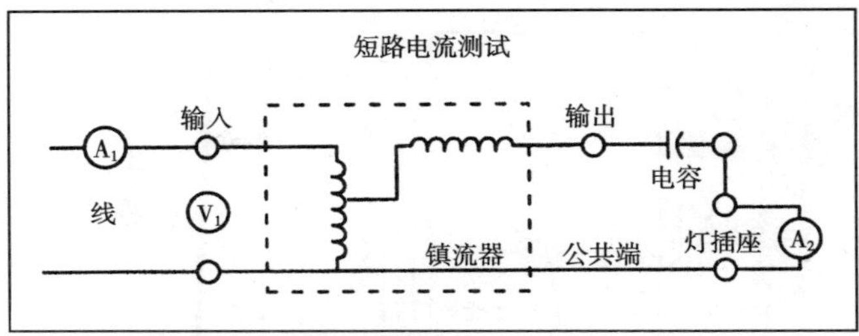

图 7.7 HID 短路电流测试（由 Lithonia Lighting 提供）

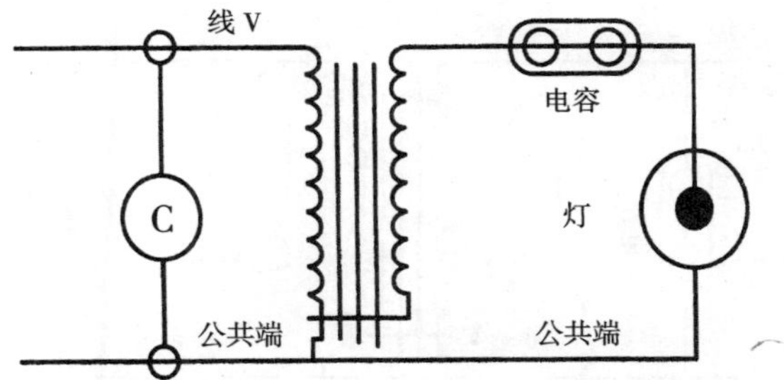

图 7.8 在公共端和相线端之间的 HID 镇流器的连续性（由 Lithonia Lighting 提供）

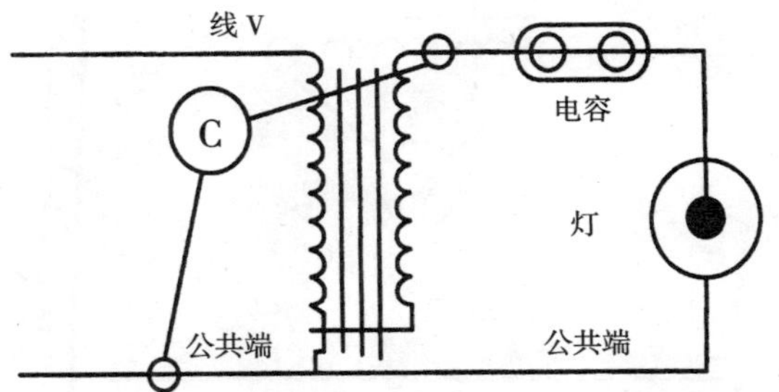

图 7.9 在公共端和电容器之间的 HID 镇流器的连续性（由 Lithonia Lighting 提供）

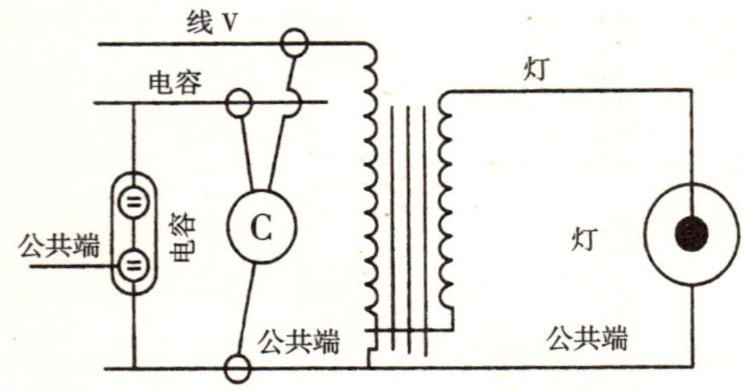

图 7.10 在公共端和电容器引线之间的 HID 镇流器的连续性（由 Lithonia Lighting 提供）

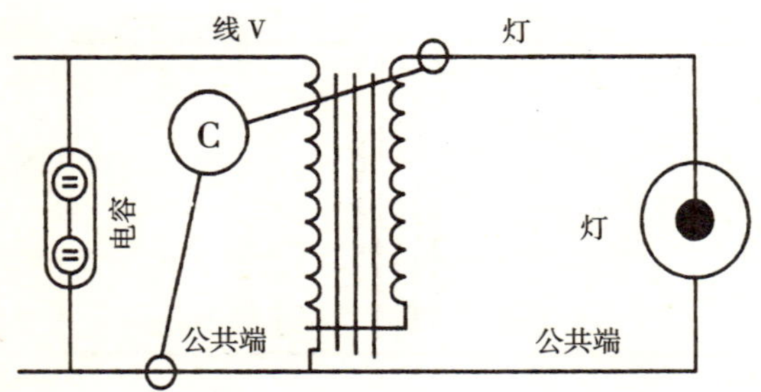

图 7.11 在公共端和灯头引线之间的 HID 镇流器的连续性（由 Lithonia Lighting 提供）

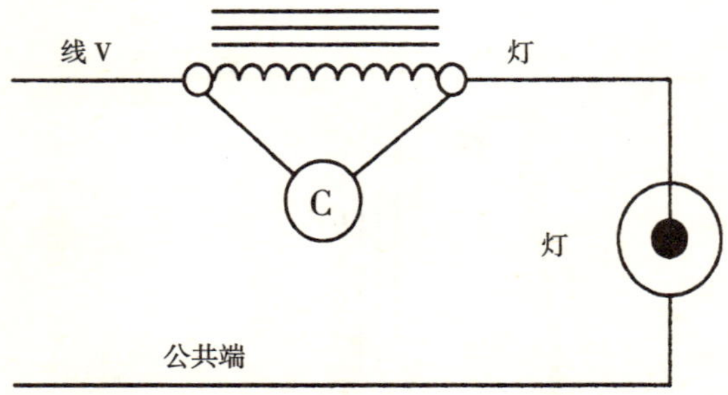

图 7.12 在电源线和灯头引线之间的 HID 镇流器的连续性（由 Lithonia Lighting 提供）

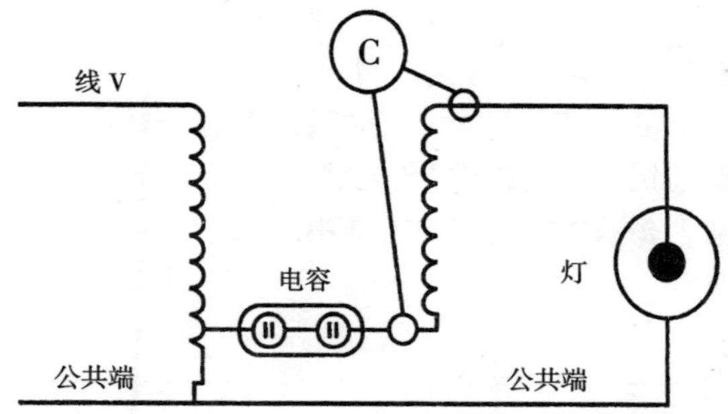

图 7.13 在电容器和灯头引线之间的 HID 镇流器的连续性（由 Lithonia Lighting 提供）

汞蒸气灯

汞蒸气灯发出蓝光，适于在室外使用。灯的平均寿命约为 1.6 万 h。汞蒸气灯可以在极度寒冷的天气条件下有效地工作，这使得它在北方能很好地适用于街道照明。但汞蒸气灯也存在危险，如果灯的外壳被破坏或被穿透，而弧管仍在继续工作的话，它会产生短波辐射（紫外线）。这会造成严重的皮肤烧伤和眼睛发炎。市场上有这样的灯：如果外壳遭到破坏，灯会自动关闭。

金属卤化物灯

就危险而言，金属卤化物灯与汞蒸气灯类似，但是也有在外壳遭破坏时能够自动熄灭的灯。金属卤化物灯产生一种洁净的白光，比汞蒸气灯更高效。灯的寿命短些，大约 6000h，并且在其寿命期内的输出衰减很大。

高压钠灯

高压钠（HPS）灯是可用的 HID 灯中能效最高的。灯的平均寿命为2.4万h。这些灯具的启动温度降到零下40℃。高压钠灯不具有汞蒸气灯和金属卤化物灯那样的危险，其惟一的缺陷是颜色。高压钠灯发出黄色的光，有时看起来甚至还有些紫色，它最适用于围绕建筑物的周边进行安全照明，但由于发出的光偏离白光，所以对大多数的室内照明不适用。

住宅照明

当说到住宅照明时，基本上都是关于如何便利的。N. E. C. 的第210款要求在特殊区域安装灯插座。关于N. E. C.，电气工程师首先必须认识到这是一本包括了对电气安装最低限度要求的书。在第90款的引言中，N. E. C. 澄清了它不是设计说明，也不是未受训人员的指导手册；澄清了它不是有效、便利的电气系统的指导书，也没有规定电气应用方面好的服务或未来的扩展。这就是为什么你作为电气工程师的角色如此重要的原因。你是一个专业技工，精通电气设备安装，知道规范，但除此之外，你还必须知道对于每项应用来说，什么是最好的。

第210款基本上告诉你的是，必须在每个居室和浴室内安装由墙开关控制的灯插座，在楼梯、过道、车库、外入口和储存空间必须装灯，在任何设备需要服务的地方也要安灯。

第210款是个例外，允许你除了在厨房或浴室之外的其他任何房间内接一个或多个带开关的插座。这种安排是为那些无论如何也不想在房间内使用顶灯的人设计的，由墙开关控制的插座打开时可以为桌灯或地灯供电。这种方法的不利方面是有人可能会通过灯的内置开关关灯，而不知道墙开关能控制插座。例如，有人会将墙开关开关数次却没有成功，然后这个人又去灯开关那里，开关多次还是不行，因为墙开关处于关断的位置。此时他很可能在黑暗中奇怪灯为什么不亮。只有当用户完全知道带开关的插座如何工作时，它才能够有效地工作。墙开关控制的顶灯通常不会让人那么迷惑。这就是为什么我们通常在房子的居室里使用顶灯的原因。

要点：

如果在未装修的地方安装接线盒，如车库、地下室或阁楼，你应该用金属盒子。塑料盒子露在外面会被损坏。

小结

如果发现灯开关上有白色的中性导线连接到开关上，千万要小心。即使在开关关掉时，灯具中也可能有电流。黑色带电导线应该连到开关上。当操作旧的电气系统时，永远不要假定灯开关断掉了带电导线，而是应在源头将电断掉。

现在我们已经很理解 N. E. C. 对住宅照明的要求是什么了，就让我们为一个新家设计照明系统吧。我们将要为一所带完全未装修地下室、具有殖民时代风格的 2 层房子设计照明。每层约 1200ft^2。我们将从地下室开始，往上至每一层，如果需要的话，可以一直到阁楼。

地下室照明

未装修地下室的照明非常简单明了。首先，向房主咨询，了解地下室的功能。在许多情况下，整个地下室不过是个大的杂用室，油箱、供暖系统、热水器、软水器和配电盘都在这里。在这种情况下，地下室一般不会经常有人光顾。实际上，去地下室的人都是去操作那里的设备，或者放一两盒东西，不然这些东西就会被扔掉了。

地下室由 6 个 100W 的白炽灯照明，6 盏灯同亮同灭。墙开关位于地下室楼梯的上面刚进门的地方，并且位于门的活动一侧。除了地下室的 6 盏灯具之外，在楼梯上还需要一个额外的灯为台阶照明。地下室的灯座布置应该尽量对称。在纸上画出平面，将区域 6 等分，2 个宽 3 个长。然后找到每部分的中心。这种布置会使照明均匀，而且不会有任何亮点或暗点。

虽然从纸上看这种布置很好，但一些灯座可能需要移开一些，以便适应地下室周围的设备、管道、烟囱或管网。在完工并将地下室灯点亮以后，应确保所有需要日常维护的设备被充分照亮。为了照亮楼梯，一个简单的白炽壁灯，如半透明罐形灯具就足够用了。

这就是简单的地下室照明。地下室照明会依据房主计划使用的方式而变得更复杂些。有时地下室被分隔开了，所有的灯同亮同灭既不实用，也不方便。可能需要一个小工作台配备独立开关的灯具，也可能需要一个储藏区域配备独立开关的灯具。在未装修的地下室拥有洗衣设备并不罕见。一些这样的区域可能更适于安装荧光灯具。这些灯具将会在它们的通用区域内受到操控。在楼梯间设置照明或在楼梯底部有至少一个或更多的灯同时受到操控是明智的。两个楼梯灯应该设计一组三位开关，一个开关在楼梯顶部，一个开关在楼梯底部。这样，房主洗衣服或在工作台工作时灯就不会总亮着。一旦他或她来到楼梯底部并打开工作场所的灯时，就可以关掉楼梯的灯了。如果地下室有一个室外入口，你想在它旁边也安个开关，这个开关应该是三位的，与里面某个地方的另一个三位开关配套，它们将控制足够的灯，以便人们可以安全通过地下室，而不会在黑暗中撞到任何东西。

小结

通过从灯具到开关盒走一条双芯电缆修改一下，拉线灯具就可以使用墙开关了。导线应该为端线布线连接。

小结

一般居住空间所需的电路，如走廊、卧室，等等，通常以平方英尺计算。依据经验，每500ft^{2}的居住空间应该安装一个15A的电路。照明应该采用单独回路配电。

既然我们已经为房主在方便的位置给地下室的灯安装了开关，我们就准备把工具拿上楼开始工作吧。

居住空间照明

拥有一个入口的房间是简单的。开关盒靠近开门的内侧并且位于开门的活动一侧。如果房间没有门，开关盒可以放在门口的任何一侧。灯开关安装的合适高度大约是48in，通常我们喜欢将灯开关安在距开关盒顶端48in的地方。但是，这个高度偶尔会碰到房间内的建筑元件，像椅子扶手、抬高的面板、砖或瓷砖。在这些情况下，房主的个人喜好将决定安装高度。

下一个要考虑的问题是在这个位置装多少开关。如果这间屋子里只有一盏灯，装一个开关就足够了；但也许房间里还有一个顶灯、壁灯台和一个吊扇。现在我们就要考虑三个或更多的开关。一般说来，你应该总是把开关（包括调光开关和速度控制开关）组合在一起，再在上面放一个多组墙盖板。如果你把调光器组合到一起，千万要小心。在正常运行的情况下，调光器会发热，而且每个调光器需要不止一组。例如，你可能需要一个三组盒子用于两个1000W的调光开关。如果一个房间有不止一个入口，那么每个入口的旁边都需要安装一个开关。

大厅和楼梯间

在大厅和楼梯间应该有墙开关，它们被方便地布置在通向这些地方的每个入口处。这所房子在楼下有个大厅，大厅中央有个顶灯。顶灯由四个开关控制一个位于楼梯底部、一个位于通向大厅的前门处、一个在大厅通向厨房的地方，还有一个在大厅通向居室的地方。这盏灯实际上从四个地方操控。必须这样，要不然住户从一个房间到另一个房间就必须穿过一片黑暗区域。这个电路中的开关由两个三位开关和两个四位开关实现。开关之间由12/3的电缆连接。许多时候，在大的过道，像这种有许多入口的大厅，开关被放在能够从两个或三个入口处方便操作的地方，例如在两个相邻的门之间。现在就让我们根据这种布置墙开关的一般方法，仔细来看看每个房间吧。

厨房灯

家里最忙的地方经常是厨房，人们不仅在那里做饭，而且像吃饭、娱乐、家庭作业、阅读和放松等许多活动都有可能在这个地方进行。厨房的照明水平应该是家里所有房间中最高的。在工作区上方的中心位置安装装饰性荧光灯具不失为一个好选择。小于100ft^{2}的厨房需要一个双管荧光灯；四管的灯具可以为高达250ft^{2}的厨房照明。大一些的厨房还需要补充照明，通常位于灶具上方的抽油烟机罩处会有一盏灯。如今许多家庭都在灶具上方安装一个微波炉/抽油烟机罩/组合照明装置。

小结

大厅或楼梯间的灯通常需要由三位墙开关控制，开关安装在每个入口处。

组合照明装置插入到位于其上墙橱柜内的专用支路插座中。灯由内置的旋转开关控制。标准炉灶的排烟罩也有内置的灯开关。

内嵌式下射灯安装在距离橱柜边缘12～18in的地方，灯与灯之间的中心间距为3～4ft是产生额外普通照明的一种极好方法。在吊柜下面安装荧光灯有助于减少阴影，并为工作区增加重点照明。这些装置运行温度低，而且是一种省钱的光源。在洗涤槽上方的开敞区域、洗涤槽的正上方安装内嵌式下射灯。这些灯具的开关就地安装，也就是说，橱柜顶部的内嵌式下射灯应该由橱柜顶部附近的开关控制，吊柜下面的照明可由墙开关或灯内部集成的扳把开关控制，厨房洗涤槽上方的灯应该由洗涤槽左侧或右侧的开关控制。

安装荧光灯具时，你应该使用带电子镇流器的灯具和T8灯管；安装内嵌式下射灯时，你应该使用IC型灯，这样你就不必担心碰触到保温层或易燃物了。在厨房里的另一个好处是用调光开关控制白炽下射灯。到了晚上，灯被设定为一种低亮度，可作为夜灯供那些起来找点心或将脏盘子送回厨房洗涤槽中的人使用。

注意！

厨房照明不要敷衍了事，厨房用灯应该很好地配置。厨房中的顶灯至少应该是两盏40W荧光灯、两盏150W白炽灯或者四盏100W白炽灯。

要点：

当为厨房布线时，应考虑为顾客提供拱顶照明。这是安装在墙吊柜上面的灯。这种灯亮的时候会使厨房看上去与众不同。

作为厨房里的另一种中心顶装设备，吊装叶轮风扇最近越来越流行。不论中心顶装设备是一个装饰性荧光灯具、一个白炽顶灯，还是一个配有灯的叶轮风扇，它都应该在房间的每个入口处得到控制。当有人走进厨房时，可以开灯；当有人离开厨房时，可以将灯关掉。如果一个人正在厨房里工作，那个特定区域的灯就可以打开，当工作完成后，可以再把灯关掉。

餐厅

餐厅照明的焦点在桌子周围。一个枝形吊灯或吊灯可以作为基本照明也可以成为住宅的焦点。嵌入式墙面照明灯能提供附加照明，也有助于创造一个大空间的幻觉。枝形吊灯的尺寸应该比桌子的最窄面小 6 ~ 12in。枝形吊灯或吊灯的底部应该在桌子上方大约 30in。可调的嵌入式灯具对准桌子，枝形吊灯帮助提供桌子上额外的照明，同时也将显示出枝形吊灯的光彩。

在门两侧的壁灯台、茶具柜或者碗架也给这个最正式的房间增加了亮色。我们建议用调光器控制所有的灯，那样就能为任何情况设定合适的照度水平了。如果餐厅的入口不止一个，必要的话，我们会在每个入口点只用三位或四位开关控制一盏灯。这可以确保为任何走进房间的人提供安全照亮的通道。其他灯大多数用于重点照明，将从一个方便的地方加以控制。

当初装餐厅枝形吊灯的线路时，在顶上安装一块 2 ×6 或 2 × 8 的板是明智的。把它在两个楼板梁之间安装平稳，然后在上面安装一个八角形盒子，将会使枝形吊灯有稳固的支撑物。记住，出线口盒子能支撑的灯具重量最多只有 50lb，而许多大型装饰枝形吊灯超过了 50lb。

小结

厨房电路的最低需求是什么？在任何时候都要查阅你们当地的规范要求，但通常需要两个20A的电路。然而，位于洗涤槽水平距离6ft范围内的插座出线口电路必须是接地故障断续器电路（GFI）。除此之外，电气灶需要一个240V电路。应该为所有主要的设备安装独立的电路，像冰箱、洗碗机、微波炉和垃圾压实机。这些电路的大小要根据使用设备的功率额定值来确定。灯要采用单独回路配电。

起居室、家庭活动室和书房

这些房间的灯用于一般照明。如果房间通常是方形的，一个中心灯具就行了。如果房间更趋于长方形，则两个顶灯能在房间内提供更均匀的照明。将房间的区域分成两个相等的部分，然后分别找到各自的中心并在那一点上安装灯具。

如果使用配有灯的吊扇，需在起居室的每个入口处放一个灯开关。电扇通常由调速开关控制，这个开关和灯开关一起位于经常出入的入口处。

注意！

安装嵌入式灯具时不要将灯外壳放在距绝缘3in的范围内。除非灯具上有标注说明允许近距离接触易燃材料，灯具外壳与任何因为灯具外壳的热度而可能燃烧或熔化的材料至少要保持3in以上的距离。

提示：

你是否知道：壁灯台应该安装在地板上方72~78in高的地方？这个高度可以避免人碰触到灯具。

这些房间的照明也能用来增加房间的气氛。嵌入式灯具或轨道灯具通过渲染墙的质地或者用强光照射艺术品而有助于使房间变得更加生动。运用视觉的工作像阅读、游戏或业余爱好，比一般的社会活动或休闲需要更多的光。这些光线要由嵌入式下射灯或吊灯来提供，这些灯更多地位于靠近房间周边或角落的地方。

轨道灯是提供工作照明的另一种好选择。这个系统能够接受多个灯具，只要把它们放到位就成了。照明轨道中的灯具可以在任何房间的功能或家具变化的时候移动、增加或摘除。还有，大多数轨道灯具完全可以调节，这样它们朝向任何方向都是可能的。

有些人在这些房间里不愿使用顶灯，可设置壁灯台来为入口照明。它们对壁炉架或大件家具也有很好的效果。移动式灯具由墙开关控制的插座供电，它是这些房间顶灯可以接受的替代物。

大厅、门厅和楼梯间

门厅带给人们的是对房间内部的第一印象，通常人们从外部观看。它是到住宅其他部分的过渡，因此要选择适合空间大小的装饰灯具。两层的门厅需要一个较大的灯具。如果从二层的高度能看到的话，还要确保你使用的灯具看上去有吸引力。

注意！

塑料接线盒很普遍，用于保护室内线路非常好。但是千万不要把塑料盒子用于重的灯具或风扇。

小结

壁灯照明是一种使房间显得大一些的好方法。间接照明通常高于视线水平，在地面以上72～78in处。这类照明所用的灯泡功率应该低一些。

为了安全通过楼梯间和大厅，这些地方必须有很好的照明。在过道使用相配的吸顶灯，在楼梯间使用小一些的链吊灯。配有灯的吊扇是两层门厅的另外一种很好的选择。风扇在夏天能够用于循环空气，在冬天能将热气吹下来。

在门厅中除了中心灯具之外，还可以在楼梯平台附近安装相配的壁灯台。壁灯台应该安装在视线以上，这样就看不到光源了。高度通常在地面以上 72 ~ 78in 的范围之间。要确保你在通往这些区域的每个入口设置墙开关。这些灯有三个、四个或更多的开关位置并不罕见。

浴室

在设计浴室照明时，关键是灯在镜子周围不要有阴影。在镜子上面安装一个灯具是浴室照明的一种好方法，但会在脸上产生阴影。补充的嵌入式下射灯安装在脸和镜子之间中心间距 1 ~ 3ft 的地方，这是一个照脸和头的较好方法。在镜子旁边增加壁灯台是保证脸上没有阴影的最好方法。如果灯具用裸灯，要用 40W 以下的灯；对于带散光玻璃的灯具你可以用高达 75W 的灯。如果用荧光灯，要确保你使用校正颜色灯。

如果在淋浴器下面安装一个嵌入式灯具，它必须是列出并许可用于这种用途的。另外，这个灯具必须由 GFI 电路保护。要做到这一点，最简便的方法是用一根引自洗手间附近的 GFI 插座侧面的负荷端子的导线来给灯开关供电。这样，一旦 GFI 跳闸，就可以在浴室中复位；然而，如果使用 GFCI 断路器，房主就必须去配电箱重新点亮淋浴器的灯。

小结

嵌入式灯能在周围区域产生大量的热，这类灯需要房间通风，它不应该封闭在保温层里。避免将易燃物放在嵌入式灯具的邻近区域。结束这种危害最明智的方法是一律使用那种设计和标明用于直接接触保温层和易燃物质的嵌入式灯具。

浴室的另外一个受欢迎的附加装置是吊顶排气扇。你必须让排气扇直接通到外面。通常这是通过一截金属软导管与安装在浴室外墙上的一个干燥机通风配套装置来实现的。排气扇的基本目的是除湿，以水蒸气形式从浴室中排出。排气扇的第二个目的是将房间中的臭气排出。浴室排气扇能以内置灯、夜灯、电热水器组合，或以三个选择中任意一个组合来购买。这个房间里位于顶棚中心的风扇和灯的组合为大多数工作提供了很好的一般照明。建议为组合的每一种专门用途使用独立的开关控制。这样，房子的主人在不必要时便可以不使用风扇；同样，如果没有必要，也可以不用灯而只用风扇。内置热水器的大型装置需要专用电路供电。在淋浴器中或浴缸上安装装置必须由 GFI 电路保护。

提示：

你是否知道：旋转弹簧开关从 1900 ~ 1920 年左右使用？然后这些开关被按钮开关所取代。按钮开关一直使用到大约 1940 年才被扳钮开关替代。

卧室

大多数卧室以同样的方式照明。在屋子的中心安装一个顶灯，这个灯由房间内门开口一侧的旁边安装的开关控制。如果你想多一点儿变化，就用调光开关。这样一来，这盏灯就可以成为夜灯，可供小孩子或常在夜间起来的人使用。

现在配有灯的吊扇在卧室里很流行，它由门旁的两组盒子控制。一组能装一个灯的开关或调光器，而另外一组能装一个风扇的开关或速度控制。我家的四个卧室就是这样布置的。我们近几年一直使用吊扇。控制灯的旋转调光器通过让灯丝慢慢升温而自然延长了灯的寿命。记得前面提到当白炽灯丝开始通电时，灯丝受到的启动冲量像完全短路一样，直到灯丝热起来并且将电流限制在灯的额定功率值为止。旋转调光器慢慢给灯丝通电，这样就延长了灯的寿命。

一些房主喜欢让主卧室的灯更浪漫一些，可用嵌入式下射灯或墙面照明灯来突出艺术品、家具或梳妆台区域，壁灯台可用作许多同类的目的。在较大的卧室中，或就此而言，在任何卧室中，为靠近床头板的一个三位开关接线是很方便的。这样做的不利之处是床的位置差不多就要永久固定在那里了。但这通常不是问题，因为卧室设计基本上是一种家具布置。

当然，虽然所有这些灯听起来都不错，但也总会有不想要吊灯或壁灯的顾客。N. E. C. 允许你为移动式灯具的连接提供开关控制的插座。在这种情况下，你究竟开关哪个插座？为什么不能让灯全都安全地开关呢？实际上，只要谈到开关一个插座时，我们所指的就只是一个双插座的一半。这要用三根导线的电缆从房间周围的一个盒子接到另一个盒子。通常，黑色导线会一直带电，而红色导线由墙开关通或断。当按这种方式为插座接线时，你必须将两个带颜色的铜端子之间的跳线接头断开。用一个尖嘴钳来回折就弄断了。黑色的连接到一个螺钉上，红色的连接到另外一个螺钉上。房间中所有的插座接线应该一致，以便所有顶端的插座都由墙开关控制。双插座的这种接线方式叫做拆分接线，插座叫做拆分接线插座。

小结

带 GFI 保护的插座，要求位于浴室中的每个洗手盆 3ft 的范围内。插座不能安装在面对橱柜台面的地方。

小结

当你为没有一盏由开关控制的固定灯的房间布线时，必须为使用灯安装一个带开关的插座。

壁橱

壁橱内的照明是可选择的。依我看，壁橱照明为户主提供了很大的便利，更不用说为房子增添了价值。壁橱照明大多数仅仅通过在壁橱内开门一侧安装墙开关就可以做到。将开关与一个位于门中央上方的带半透明灯罩的白炽灯相连。灯与存储空间的间距至少为 12in。通常，使用这种方法间距不是问题，但如果间距满足不了的话，可以使用荧光灯具，最小间距是 6in。有完全封闭式灯具的白炽灯与存储空间的最小间距是 6in。在壁橱内不允许使用没有完全封闭式灯具的白炽灯，也不允许使用吊灯和敞开的灯泡灯座。

壁橱灯的控制有一些巧妙的选择，这些选择能给你的一些顾客提供更多的方便。下面列出一些可能性：

- 用一个带指示灯的单极开关，在壁橱的外面、门的任何一侧安装这个开关。如果墙开关的信号灯亮着，房主就知道壁橱的灯也亮着。
- 把行程开关安装在门合页一侧的门框上。当门关上时，插棒被压住了，灯就没有通电；当门打开后，插棒跳出，灯就被通电。如果门一直开着，房主就会看到灯亮着并将门关上。

- 较大的、可走进人的壁橱需要更多的灯。一个4ft长、一根或两根荧光灯管的封闭套装灯具是出色的选择，它可以多年有效，而且不必维护。

阁楼

当谈到阁楼时，我是指一所房屋的屋顶下面和最上面一层的顶棚之间的区域。这种阁楼没有什么用。阁楼有开敞的桁架，地板覆盖有保温层。在正常情况下，没有人会到这个空间来。如果有人上来，也很可能是去寻找问题，可能是屋顶漏了、通风管冻了，或者是通风问题，或者有鸟、啮齿类动物、昆虫等。我喜欢在这个空间安装两三个有100W灯的白炽灯座。尽量把灯安装得高一些，但绝不能达到从一个站立位置很难换灯泡的高度。开关应该位于阁楼的入口处，以便任何到阁楼的人能在完全进入阁楼前点亮灯。这样，任何危害，比如蜂窝、蝙蝠或啮齿类动物都可以被及时发现。另一个巧妙的做法是使用带插座的一体化灯座，它可以为补充照明或在阁楼中可能需要的电动工具供电。

小结

永久性灯具通常应该设置在房屋的中间。

要点：

顶灯的安装已经没有过去那么多了。虽然一些人在使用替代顶灯的带开关的插座方面没有问题，但仍然有大量的人喜欢顶灯。即使你在许多房间里仅用一个带开关的插座就可以满足规范的要求，还是应该询问顾客要求，以确定你提供了顶灯的选择。

外部照明

N. E. C. 要求任何一个室外入口处至少要有一个由墙开关控制的灯在地平线上。当然，我们要做的会比它更好。首先，开关应该位于紧靠门开口一侧的里边。通常，这个开关会与一个或更多的其他开关组合在一起。其他的开关很可能控制门厅、大厅、厨房或起居室的灯。前门两侧可以有装饰性的壁灯。当通向外面阳台或院子的滑动玻璃门与两侧的装饰性壁灯相配时，看起来也会很雅致。通向杂用间的侧入口和门可用位于开门侧或门上方中心处的一个灯具来照明。除此之外，装饰性的柱灯可在机动车道的两侧和沿室外步行道安装。这些灯将为房子增加时尚和安全，它们可由房内的墙开关控制。你甚至可以在室外装一个开关，这样更便于从诸如人行道、花园或院子里来控制灯。

钮扣型的光电池可安装在灯柱上，这样，灯就会随着太阳的升起和落下自动亮灭。另外一种室外照明的控制形式是使用电子可编程定时器。定时器可预先设定在特定时间开关灯。控制机动车道、步行道或一般庭院照明的理想方式是定时器和光电池并用。方法是将光电池开关与定时器控制的照明电路串联。把定时器设定在下午 3 点开启，当主人不再需要灯的 1h 后关断。这一般是在晚上 11 点至凌晨 2 点间进行，主要取决于房主人的习惯。现在，请记住光电池已经与灯的电路串联。不到天黑光电池不会放电，因此，灯不会在下午 3 点，而是到天黑才点亮。这种控制系统将会结束定期重新设定定时器以适应天变长或变短的需要。

景观照明

景观照明能显著影响一所住宅的外观和功能，更不用说它提供的安全性和保护性了。在景观照明中有四个基本步骤：

1. 照什么？
2. 选择景观照明系统（12V 或 120V）。
3. 景观照明技术。
4. 景观照明规划。

步骤 1：照什么？

察看住宅和周围环境，决定你愿意照什么。可以照花、树、灌木丛、雕塑或住宅的建筑特征。确定是要重点突出这些特征还是仅仅从背景灯提供一般照明。询问顾客哪些喜爱的景观或建筑特征需要重点照明的额外亮度。

步骤2：选择景观照明系统

在你开始选择照明技术的种类之前，必须确定灯具使用的电压。有两个选择，分别是12V和120V。一般说来，25ft或更高的物体和距离光源30ft外的物体最好用120V系统供电。根据地方和国家标准以及生产商的指导，地上安装的120V灯具必须永久安装。直埋电缆必须在地面下1ft或更深的地方。在填沟前，尖锐物体和异物必须从沟中清除。在人行道和其他交通区域下面的电缆部分应该套PVC管，PVC管的两端应该有绝缘套管。电缆接头必须是防水的，并且按批准的方法来做。

> **要点：**
>
> 外部低压照明为住宅提供了很大的吸引力。忽视这种照明的情况并不罕见。通过建议使用室外低压照明，你或许能够增加工程的利润。

以12V运行的系统的电源来自一个由120V电路供电的降压变压器。变压器有一个120V的初级线圈和一个12V的次级线圈。降电压也意味着降电流。由于低压系统没有电击伤害的危险，供电电缆就没有必要埋得很深。低压电路也有缺点，供电电路根据使用的变压器而在长度和灯具数量上受到限制。其优点是易于安装和转移。在那些由于植物生长或严重积雪而必须定期移动和重新安装的地方，使用12V照明是个很好的选择。

步骤3：景观照明技术

在为通道照明时，照射的位置应落在通道或人行道的对侧，使照度均匀。在机动车道的边缘布置的灯应该距离边缘1ft。这将清楚地显示机动车道的边缘，以便更安全。台阶照明的布置要避免阴影。

上照灯像剧院的舞台脚灯一样，它们的焦点在一个特定的物体上，例如墙和树。记住，这种照明任务要求是120V的灯具，因此，在决定灯的位置和布线时要考虑到小植物的未来生长。要让灯具远离观察者的方向。这项技术将会有助于防止不想要的眩光。应该总是尽量将聚光灯藏在植物后面，以维持地面的自然外观。

入射光增强了砖、石或树皮的质感，灯具应该距离表面6～12ft，并且要让灯光顺着表面。例如，较宽的光束散布将会照到更多的墙或阳台表面。

另一项用于给显著物体突出照明的技术是在一面光照的墙上投出它们的剪影。把灯具放在建筑物周围生长的植物、灌木丛或小树的后面。这种照射外墙的技术对安保照明有帮助。

步骤4：景观照明规划

按比例画一个平面布置图很有帮助，它可以表示出房主想照什么、用什么技术，以及在每个位置用12V还是120V灯具。记住一点：光在黑暗中走得很远。在任何位置需要多少光，就用多少光，不要超过必要的程度。当用12V系统时，你必须把从变压器到末端最后一个灯具的所有灯的功率和电缆的长度加在一起。通过查电缆/功率表来找到电路需要的变压器和电缆的型号。

制定规划后，很容易选择需要或想要的其他附件。规划中应包括基础桩、杆、连接器、光电池和定时器。

住宅照明设备

灯座

顶棚插座灯座由塑料、纤维或陶瓷制成，与白炽灯一同使用，这是最基本的照明设备。它们被设计安装在一个4in的八角形盒子里，也可以安装在一个单组的墙盒子里，以这种方式安装在墙上是允许的，因为它们的重量少于6lb。有的灯座配有内置的15A插座。没有接地的灯座没有配接地端子，因为这种插座没有非载流的金属零件接地。如果你安装一个带有15A插座的灯座，接地端子必须接地。在没有接地措施的置换施工中，你应该使用带有内置的两条线的非接地插座的部件。

常用灯座的地方包括地下室、车库、阁楼、狭小空隙，以及一般所说的任何没装修的空间，这些地方需要的照明度小。重要的是要注意在壁橱里不允许使用敞开的灯泡灯座。

半透明罐形灯具

半透明罐形灯是结构简单的白炽灯座，带有完全包住灯的玻璃罩。玻璃罩在外观上与罐子相似。这些灯具用在壁橱、地下室或阁楼楼梯，或者在屋外的入口处都很好。其优势是低成本和灯具替换简便（图 7.14）。

图 7.14　半透明罐形灯具（由 Progress Lighting 提供）

吸顶灯

这些灯具在住宅内的任何房间或区域作一般照明都非常出色。它们既实用又流行，而且有白炽灯和荧光灯两种类型。白炽灯类型能容纳一个或更多的灯泡，而荧光灯类型可使用两脚和四脚紧凑型灯管以及环形灯管（图 7.15a、b、c）。

图 7.15a 吸顶灯（由 Progress Lighting 提供）

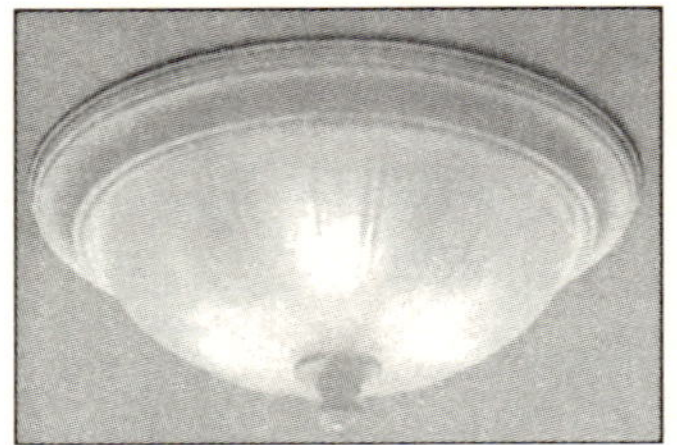

图 7.15b 吸顶灯（由 Progress Lighting 提供）

图 7.15c 吸顶灯（由 Progress Lighting 提供）

吊灯

吊灯有多种样式用于餐厅区域、厨房和早餐角。微型吊灯适合安装在早餐台和厨房中心操作台上方。吊灯应该安装在台面24~30in的地方。微型吊灯应该位于表面区域上方18~24in处。吊灯可以由绳索、链子或硬杆悬挂（图7.16a~图17.16e）。

图7.16a　吊灯的式样（由Progress Lighting提供）

图 7.16b 吊灯的式样（由 Progress Lighting 提供）

图 7.16c 吊灯的式样（由 Progress Lighting 提供）

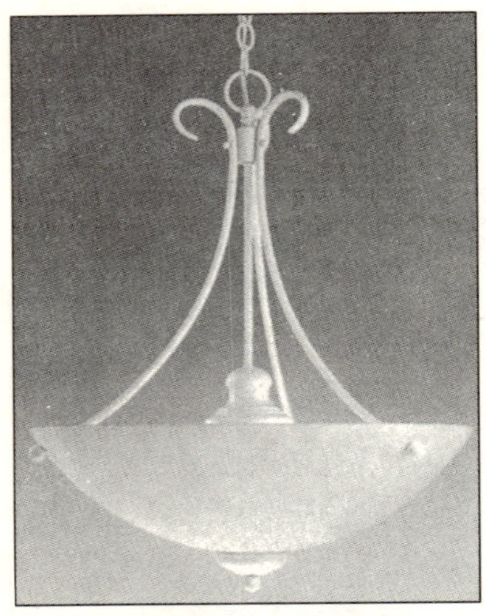

图 7.16d 吊灯的式样（由 Progress Lighting 提供）

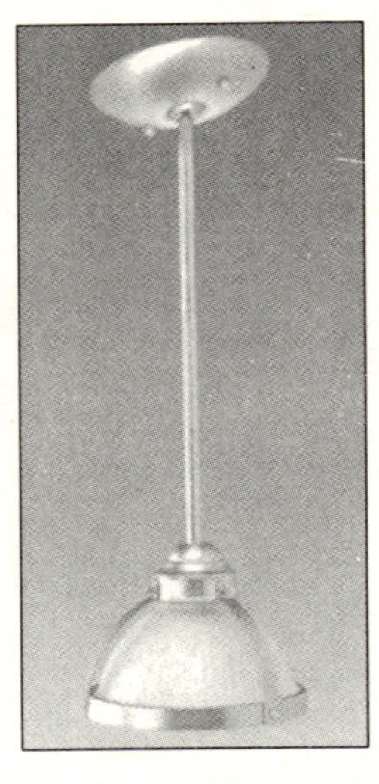

图 7.16e 吊灯的式样（由 Progress Lighting 提供）

枝形吊灯

枝形吊灯的式样几乎是无限的，它可用于住宅中的许多房间。枝形吊灯可以成对使用。成对灯具是在设计和风格上相似的照明设备，例如壁灯台和吸顶灯。吊位于桌子上的枝形吊灯应该比桌子短边的尺寸窄约 6in。在桌子上方 30in 的地方安装枝形吊灯效果最好（图 7.17a、b）。

壁灯

壁灯台起初是用来在城堡或类似的建筑物中插火炬或蜡烛的。现在，壁灯台有白炽灯、卤素灯和节能荧光灯等形式。壁灯是在墙上安装的。墙上安装的另外一种类型的灯具是墙上托架。这些灯具用于走廊、楼梯间、门厅、起居室和餐厅的一般照明或重点照明。灯具安装在地板距灯具中心 5½～6½ft 之间。这会减少通常由嵌入式下射灯给走廊带来的“洞穴效应”。重点照明则补充了最后一点修饰。一副枝形吊灯附带赠送一对壁灯台或墙上托架（图 7.18a、b）。

图 7.17a 枝形吊灯（由 Progress Lighting 提供）

图 7.17b 枝形吊灯（由 Progress Lighting 提供）

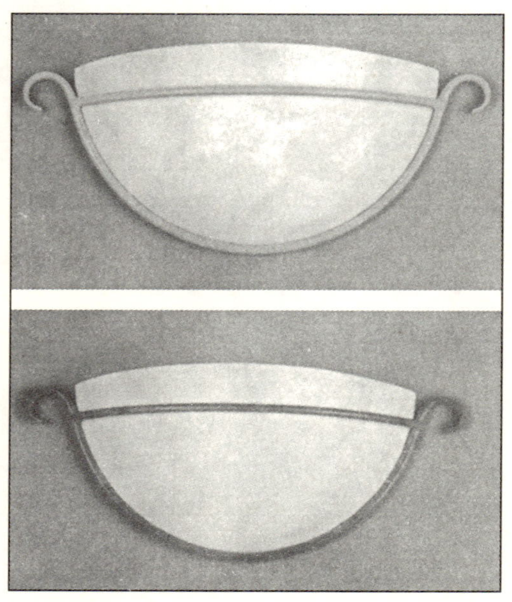

图 7.18a 壁灯（由 Progress Lighting 提供）

图 7.18b 壁灯（由 Progress Lighting 提供）

组合式荧光灯

节能型荧光灯提供的亮度是同等白炽灯的 3 倍。除此之外，荧光灯的寿命比白炽灯长 10 倍。新型颜色校正灯可使这些灯具理想地用于厨房、浴室、洗衣间、工作室和家庭活动室。装饰性的式样还可用于较正式的区域。封闭型套装灯是实用的一般用途荧光灯，可设计用于单个或连续性成排布置的顶装。它们装有白色的端帽和透明的棱形丙烯酸有机玻璃透镜（图 7.19 ~ 图 7.26）。

柜下灯

柜下灯可在需要进行工作的地方提供补充照明，例如厨房和吧台区域。白炽灯具有 120V 和 12V 两个系统。荧光灯具整洁并节能。一些型号还配有内置开关。

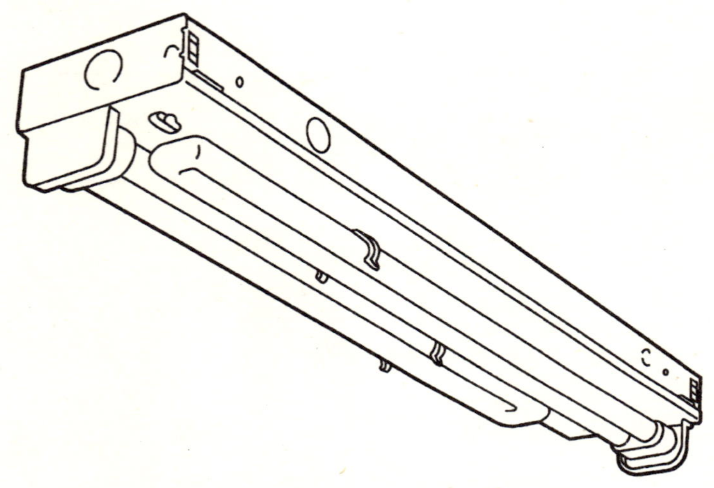

图 7.19a　紧凑型荧光灯具（由 Lithonia Lighting 提供）

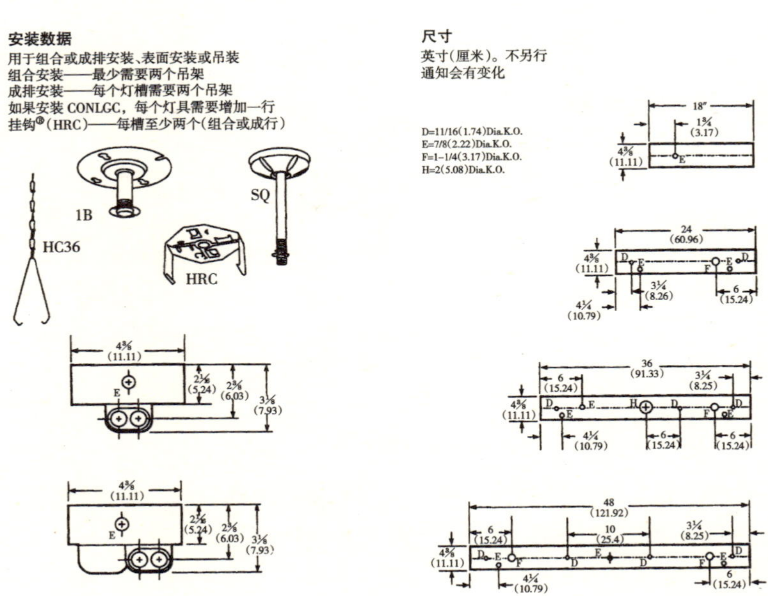

图 7.19b　紧凑型荧光灯具数据（由 Lithonia Lighting 提供）

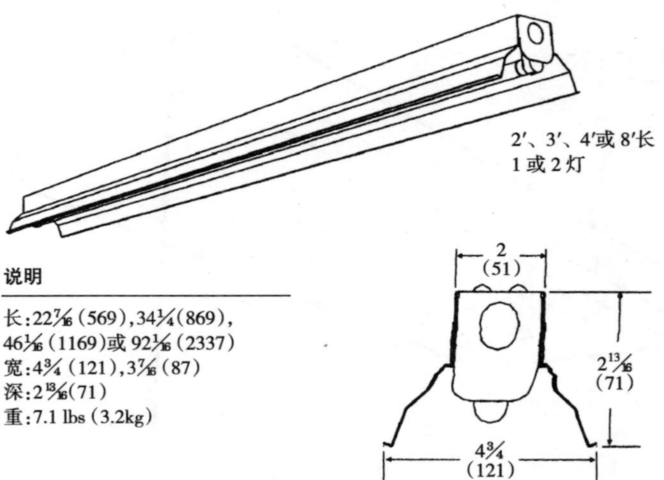

图 7.20 小截面荧光灯具(由 Lithonia Lighting 提供)

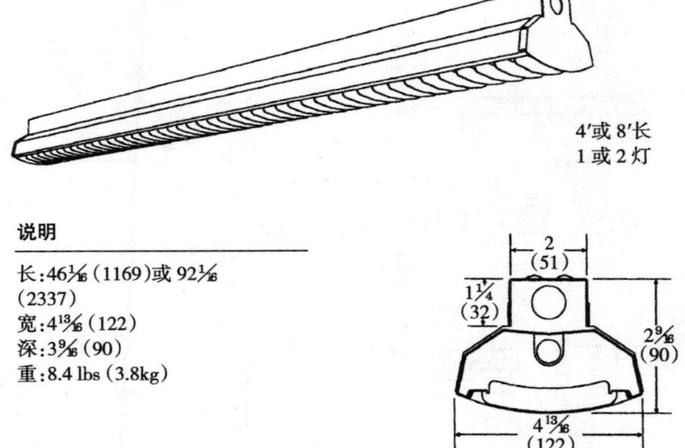

图 7.21 小截面格栅荧光灯具(由 Lithonia Lighting 提供)

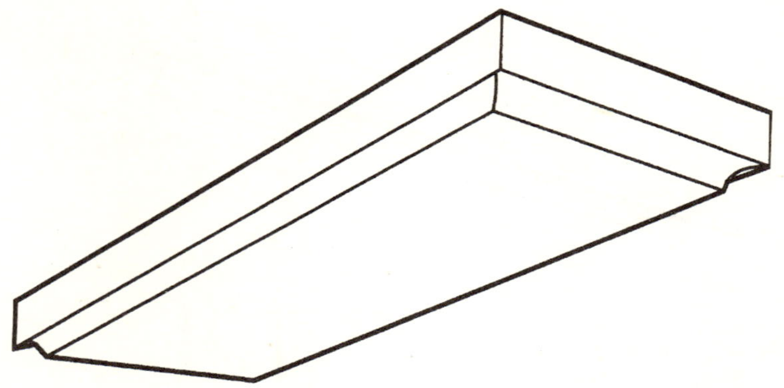

图 7.22a 钢制荧光灯具（由 Lithonia Lighting 提供）

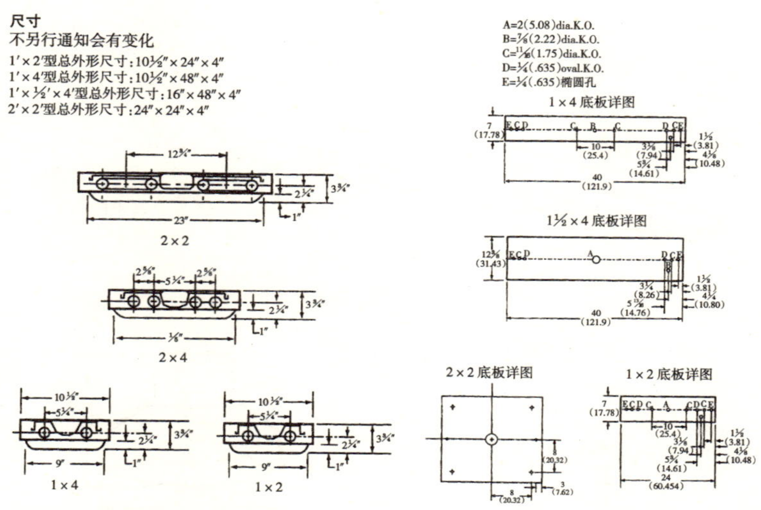

图 7.22b 钢制荧光灯具数据（由 Lithonia Lighting 提供）

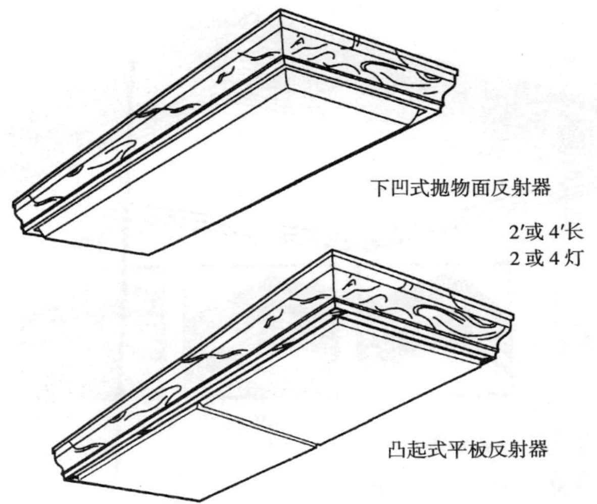

图 7.23a 木框架荧光灯具（由 Lithonia Lighting 提供）

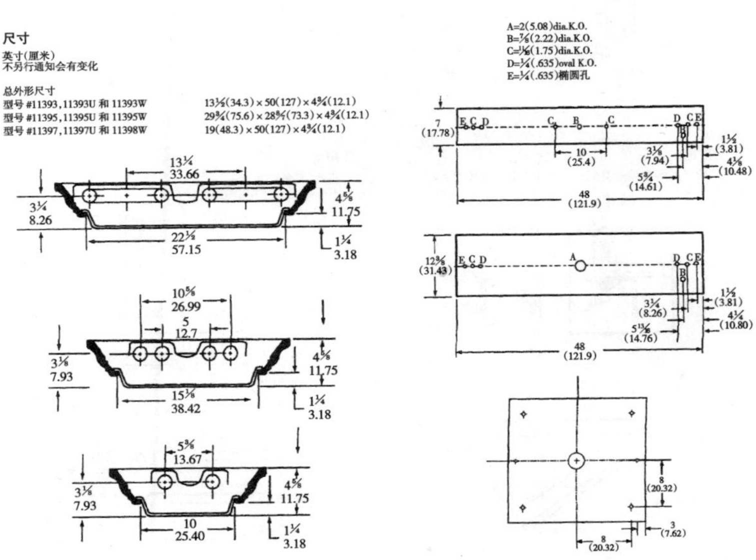

图 7.23b 木框架荧光灯具数据（由 Lithonia Lighting 提供）

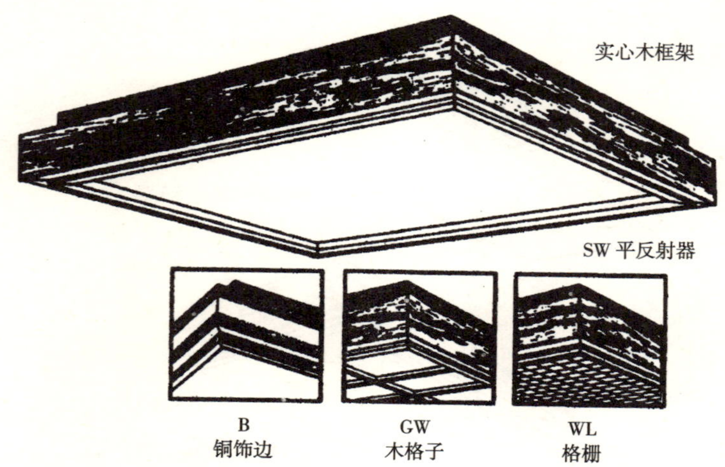

图 7.24a 木框架荧光灯具种类（由 Lithonia Lighting 提供）

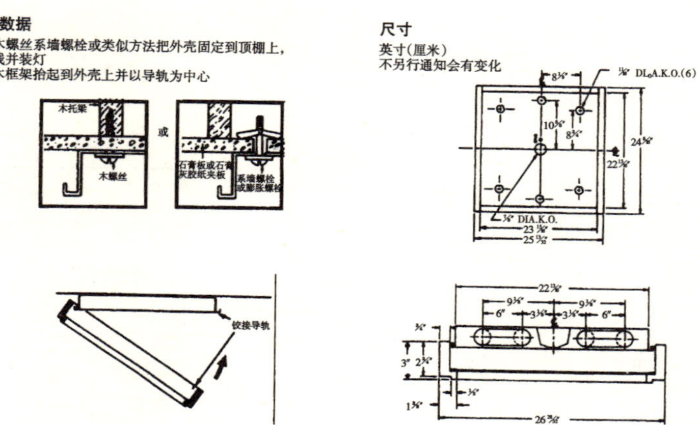

图 7.24b 木框架荧光灯具安装数据（由 Lithonia Lighting 提供）

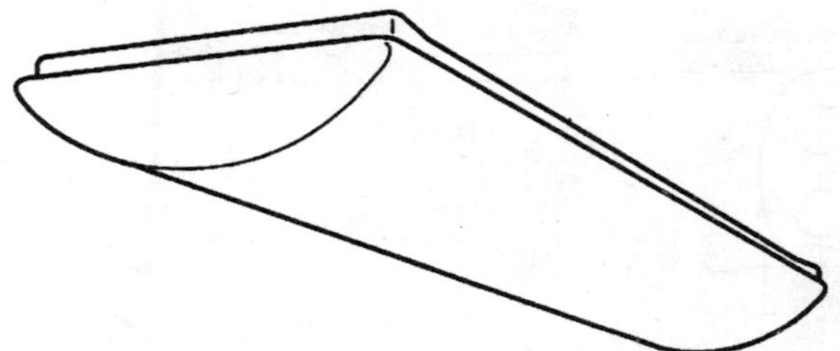

图 7.25a　小截面表面安装荧光灯具（由 Lithonia Lighting 提供）

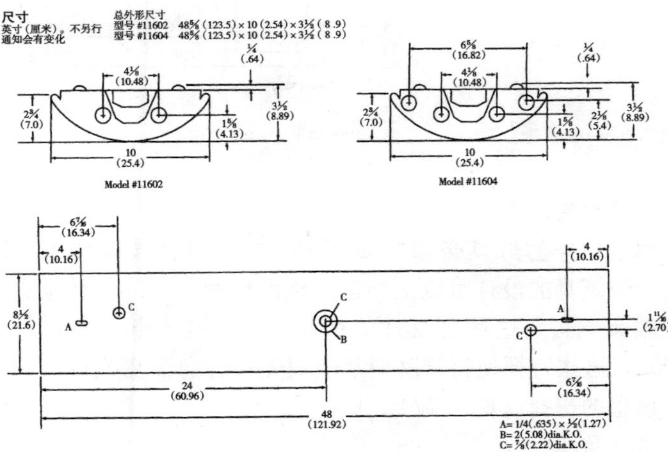

图 7.25b　小截面表面安装荧光灯具尺寸（由 Lithonia Lighting 提供）

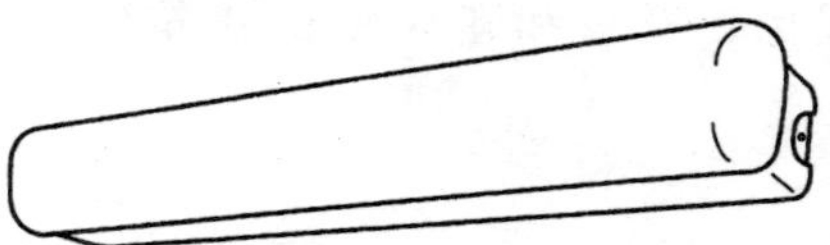

图 7.26a　墙装荧光灯具（由 Lithonia Lighting 提供）

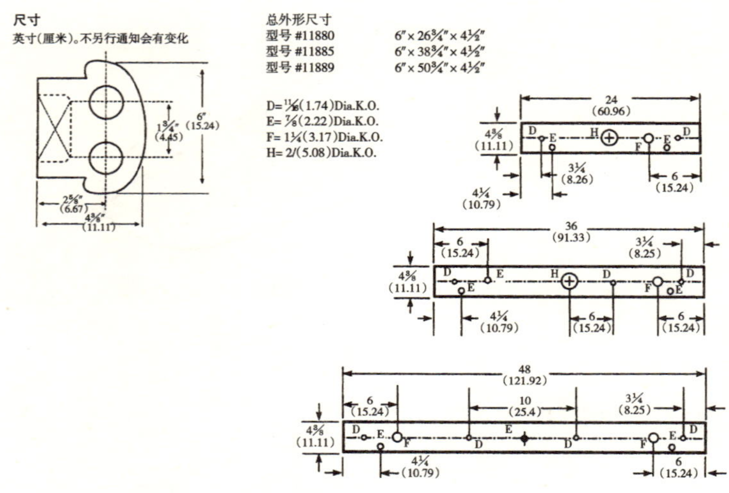

图 7.26b 墙装荧光灯具尺寸（由 Lithonia Lighting 提供）

室外灯具

用于户外的灯具必须标明用途。它们通常被设计成防风雨的。白炽灯具的设计可以从朴素到极度华丽。室外灯具也有节能紧凑型荧光灯。这些灯具性能优越、运行成本低，平均寿命为10000h。这些特征使得紧凑型节能荧光灯在急需更换灯具的地方成为理想的选择（图 7.27）。

景观照明

景观照明有 120V 和 12V 两个系统，一般说来，120V 灯具用于照较大或远处的物体；12V 系统用在粗壮植物周围更安全些，因为线不用埋得很深。景观照明可用来照人行道、树木、植物生长、塑像、喷泉和建筑物的建筑特征（图 7.28 ~ 图 7.32）。

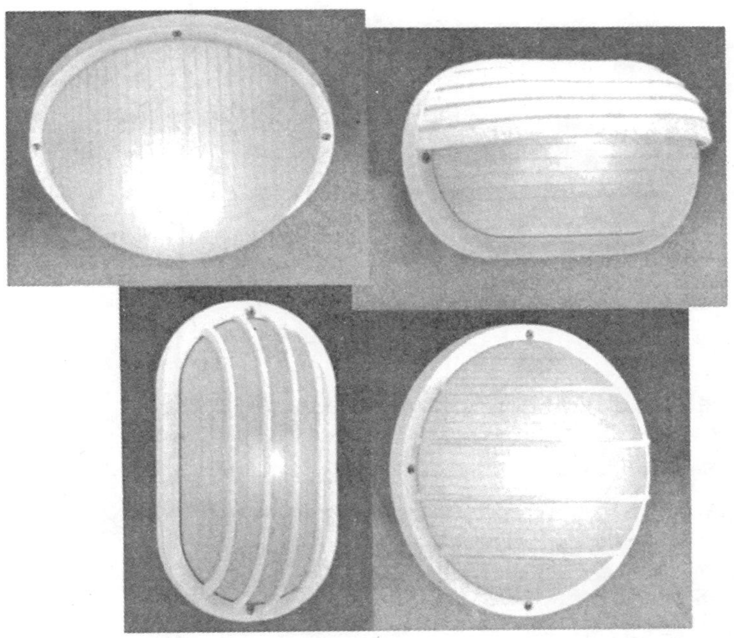

图 7.27 室外灯具（由 Progress Lighting 提供）

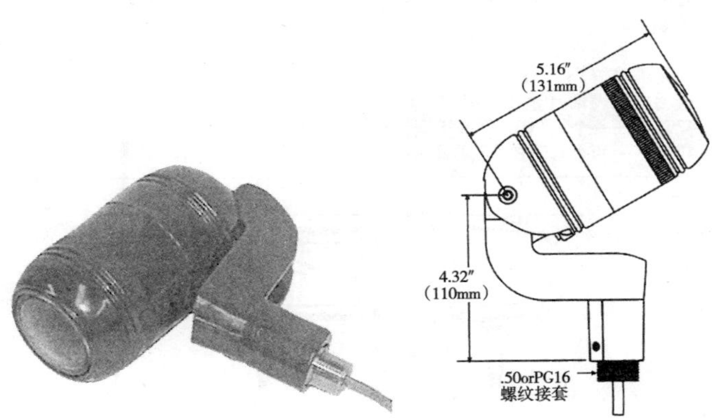

图 7.28 12V 室外强光灯（由 Lithonia Lighting 提供）

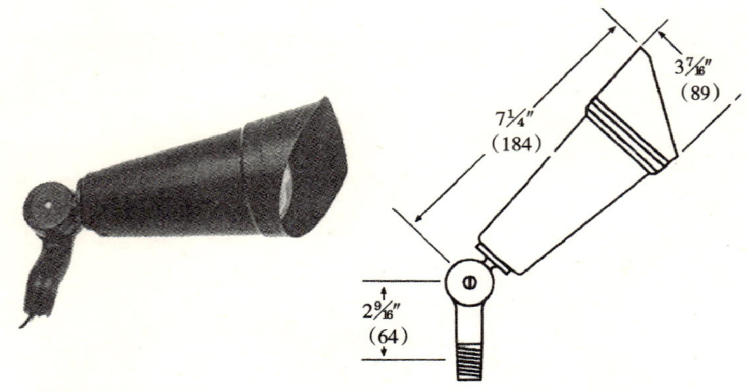

图 7.29 室外强光灯（由 Lithonia Lighting 提供）

说明：

材料：带有模铸铝端帽的冲压铝铸铜的铰接

灯：T－10，60 最大反数（IN）；
E－17（HP）；
13TT（紧凑荧光灯）；
T－8，32 瓦（FL）；
T－12，40 瓦（FL）；
其他灯

电压：120V

插座：脉冲级中等底座（IN，HPS）；
GX23D（紧凑荧光灯）；
中等双管脚（FL）。

涂层：青铜（BZ）纹理粉末涂层标准。
还有其他颜色。

光线分布：平不锈钢反射器－泛光。

透镜：强化玻璃（IN，HPS）
透明的聚丙烯（紧凑荧光灯，FL）。

安装：4798——一个½″NPT 可调铸铜铰接。
4799——两个½″NPT 可调铸铜铰接。

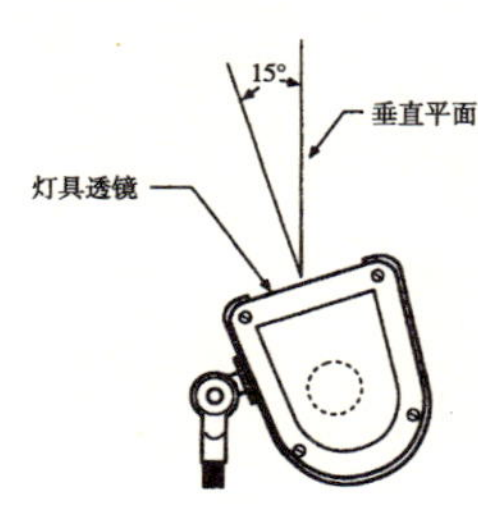

UL 列出

适合于潮湿场所

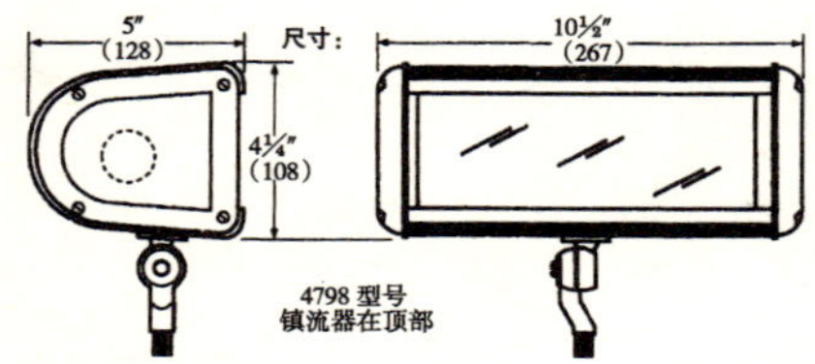

图 7.30 室外强光灯数据和尺寸（由 Lithonia Lighting 提供）

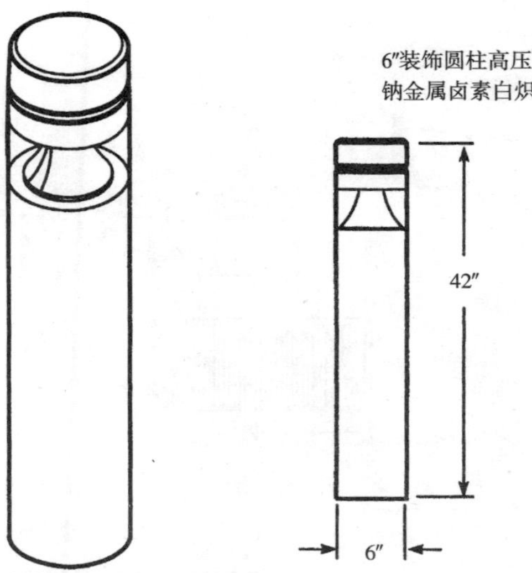

图 7.31a　圆形室外建筑灯柱（由 Lithonia Lighting 提供）

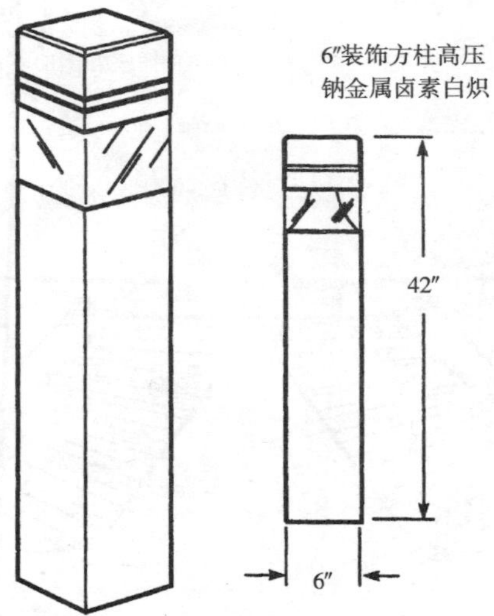

图 7.31b　方形室外建筑灯柱（由 Lithonia Lighting 提供）

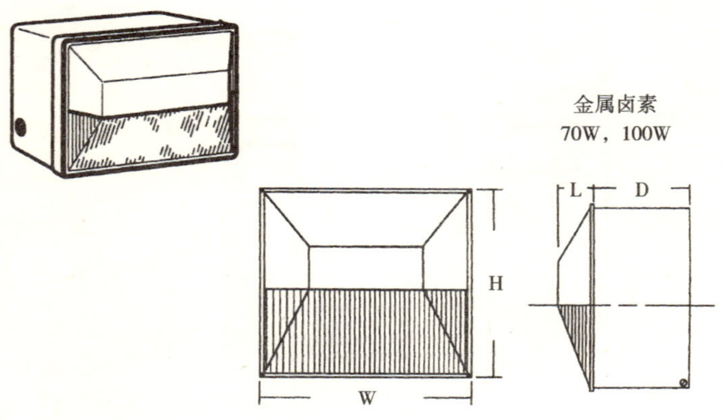

标准尺寸

高：$12\frac{1}{4}$（31.1）
宽：$14\frac{1}{4}$（36.2）
深：$8\frac{3}{16}$（20.8）
后面盒子：6（15.2）
透镜：$2\frac{3}{16}$（5.6）
重量 15 lbs.（7kg）

除另外说明，所有尺寸都是以英寸（厘米）为单位的

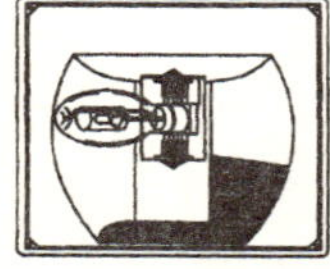
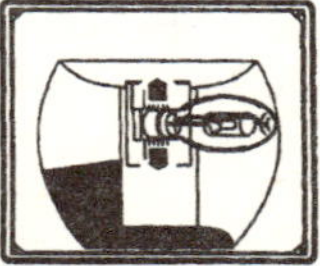

双可调插座组合 KL“D”系列

图 7.32a 嵌入式低装室外灯具（由 Lithonia Lighting 提供）

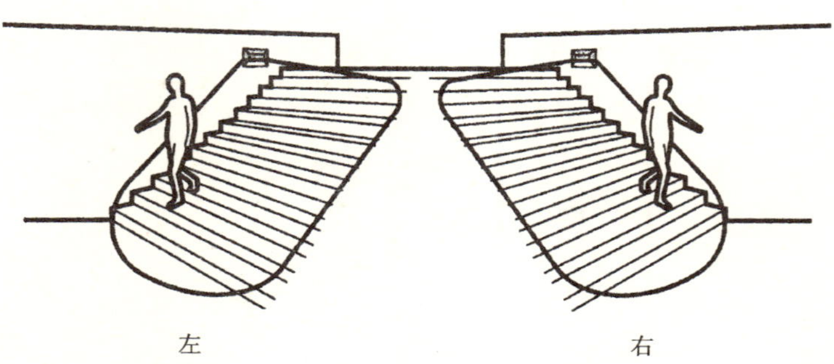

图 7.32b 嵌入式低装室外灯具发出的指向性光（由 Lithonia Lighting 提供）

轨道灯

轨道是一条内部带有绝缘导线的金属槽。它能根据所使用的区域定制。例如，它可在起居室周边安装。特殊配件制成的转角和丁字接头可与轨道一同使用。你还能回转、旋转并将灯座指向任何方向用于一般照明、墙面照明或重点照明，而且卤素灯、荧光灯和白炽灯这几种类型都可以使用（图 7.33 ~ 图 7.35）。

嵌入式照明

现在嵌入式灯具很流行，多样性和低吊顶的外形是其流行的主要原因。这类灯具有三个基本组成部分（图 7.36 ~ 图 7.38）。

图 7.33a 轨道灯具（由 Progress Lighting 提供）

图 7.33b 轨道灯具（由 Progress Lighting 提供）

1. 外壳：这是灯具的主要部分。它由框架、保护壳、接线盒和灯座构成。许多外壳是通用的，可以容纳多种装饰。外壳还可用于新结构。它们必须在精装吊顶完成前安装。用于改造的外壳要插入到装修好的吊顶内并由吊顶支撑。也有用于直接接触保温层和易燃材料的灯具。

2. 装饰：这是吊顶上可见的装饰部分。装饰从基本的圆锥形或阶梯式折流板到定向的眼球式和淋浴式喷头。每种装饰都包括一份可容许的灯的类型和功率列表。

3. 灯：根据外壳和装饰的列表，每个灯具可使用好几种样式的灯。常用灯的例子有 A－19、PAR－20、R－20、PAR－30、BR－30、PAR－38 和 BR－40。嵌入式外壳和装饰也可用于紧凑型荧光灯，此外也有用于斜屋顶的型号。

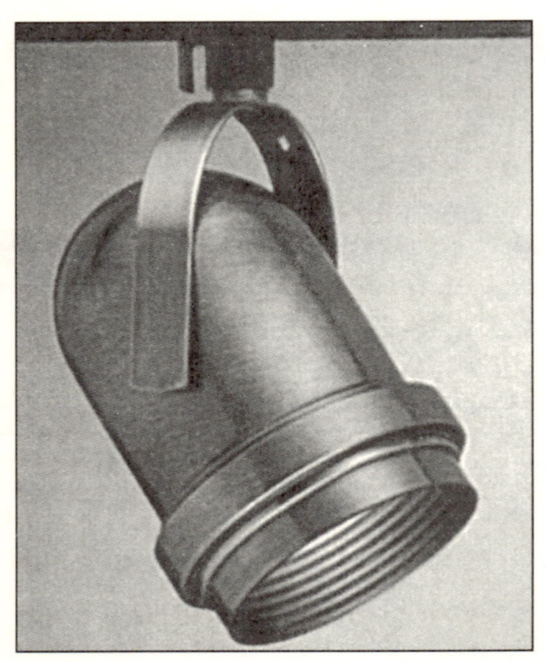

图 7.34 轨道灯具转动细部（由 Progress Lighting 提供）

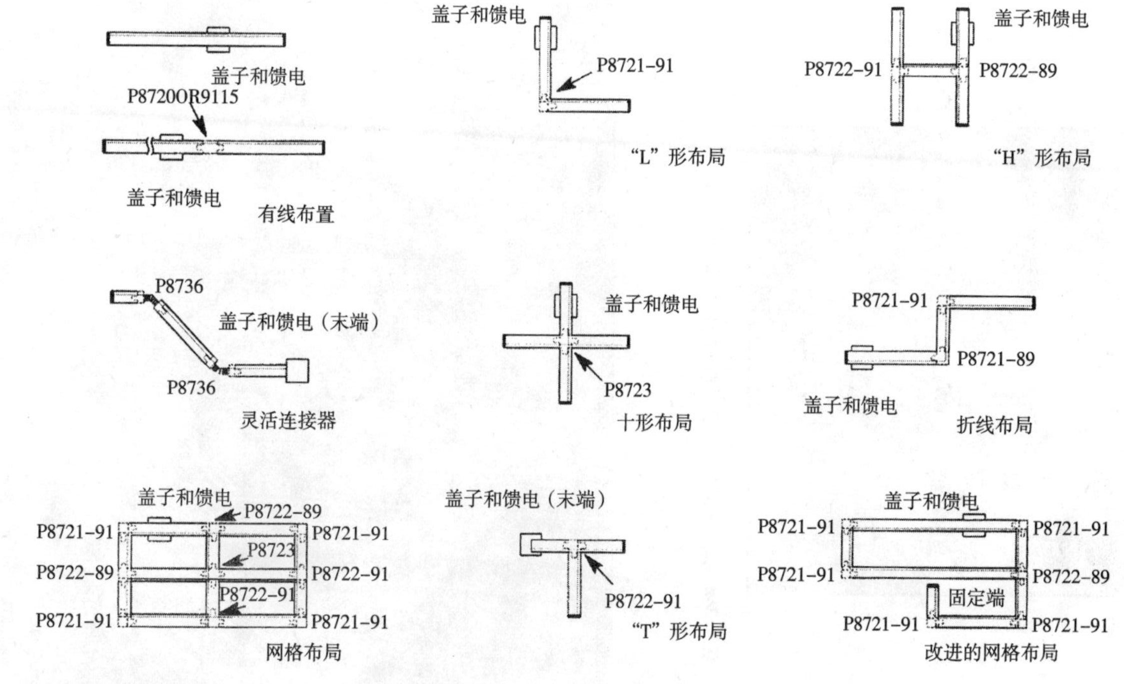

图 7.35 轨道灯具布局（由 Progress Lighting 提供）

图 7.36a 嵌入式灯外壳初装（由 Progress Lighting 提供）

图 7.36b 嵌入式灯外壳（由 Progress Lighting 提供）

图 7.37 套装嵌入式灯具外壳既省力又省额外材料（由 Progress Lighting 提供）

顶装风扇

顶装风扇可以与附带的组合灯具一起使用，也有带夜灯的装置。风扇/照明装置不贵而且可以很华丽。风扇能与调速开关接到一起控制风扇，同时使用调光器控制亮度。无线遥控元件能安装在大多数风扇中。顶装设备能提供很好的一般照明，风扇造成的空气流动可使房间常年都很舒适。

浴室排气扇

有带组合灯、夜灯和电气单元加热器的风扇装置。组合电扇/灯是一种极好的装置，安装在浴室的中心。潮气和臭气通过

图 7.38 嵌入式灯安装在斜屋顶上（由 Progress Lighting 提供）

一个简单的软管系统被带出房间吹到外面。位于中心的灯为浴室中所做的大多数工作提供一般照明。建议按一个组合装置的每项功能分别设置开关。

应急照明

紧凑、漂亮的应急装置是可以买到的。另外还有在墙或顶棚上安装的装置。嵌入式应急灯可以安装在顶棚上，它有一个不为人所注意的平衡环用于最终的平衡。我们建议在浴室、楼梯间和主配电盘的一般区域安装应急灯装置。只要想到房主正在浴缸中或是在淋浴时突然停电，就能体会到有应急灯是多么方便。浴室被照得足够亮，以便能安全地离开并擦干。然后房主可以检查断路器，看看断电是不是由断路器跳闸造成的。

商业照明

商业照明更多地使用荧光灯和 HID 灯具。许多商业建筑使用吊装声学顶棚，这使电气工程师的工作轻而易举。可移动的顶棚隔声板能让你到达房间的几乎任何位置。但是要注意，顶棚之上有大量的 HVAC 管道、水管和热力管道和喷淋管道，照明系统的线路和接线盒的布置不要影响到其他系统。特别是接线盒必须够得到，以便于将来的检查和维护。2002 年的 N. E. C. 禁止在除住宅以外的建筑物的吊顶上面使用非金属护套电缆。这使得你必须选择金属护套电缆，如 AC、MC，或导管。

商业建筑通常由 120/208V 三相四线和 277/480V 三相四线供电。照明电路引自其中的任何一个系统，包括一相带电导线和中性导线。

荧光灯镇流器产生谐波电流，谐波电流无法像电阻负载一样互相抵消。你应该为每相的导线敷设一根独立的中性导线。大型荧光灯负荷的配电和馈电电缆必须有合适尺寸的中性导线。带有用于此目的的超大尺寸中性导线的电缆也是可以得到的。具有这些用途的常用灯具是凹形反光槽荧光灯。这些灯具有不同的尺寸，如 1×4、2×2、2×4 和 4×4。格栅反光槽灯正如其所称的那样安装在吊顶的骨架或格栅内。这些灯具拥有很多选择，业内电气工程师最常用的选择是整体 T 条形安全支架。这种灯具满足了规范对于将灯具牢固地系到格栅上的要求。其他的选择项目有：

- 灯的数量
- 灯的类型
- 漫射器的类型
- 框架类型
- 电压
- 门框
- 反射表面

行业中的另一个流行特征是这些灯具允许通过导线进出，这就大大减少了工程中需要的接线盒的数量。

办公室照明

当今现代化的工作场所照明面临的最大挑战就是要创造一个安全、舒适，并且能使工作人员的生产能力达到最大化的环境。由于顶部照明在 VDT 屏幕上的反光带来的问题，随着工作场所的视频显示终端继续增多，完成这项任务将变得越来越困难。计算机屏幕反射的眩光会使文字和图形模糊不清，不仅增加了错误的数量，而且导致工作人员生产能力的降低。更重要的是，屏幕反射的眩光还被证明是造成眼睛疲劳、烦躁、疲劳和长期健康问题的原因。

传统的照明系统不能再提供合适的解决方法，因为它们不能完全控制反射眩光。使用由 Lithonia Lighting 提供的独特的 Optimax 灯光控制系统，设计者最终会解决该照明方面的挑战。

Optimax 是一种荧光灯照明系统，这种系统可消除灯具反射造成的令人讨厌的 VDT 屏幕眩光。Optimax 性能的关键是一种优化屏蔽设计的组合，这种组合可控制在产生眩光的角度上的光线，此外，Optimax 还有经特殊工艺设计制造的精密光学部件，以及低闪光和高级阳极镀铝镜面反射。因此，Optimax 通过消除使工作人员感到不适和烦躁的反射灯具的屏幕眩光提高了生产效率（图 7.39a、b）。Optimax 是满足电子办公室三种基本照明要求的独特的嵌入式荧光灯系统：

1. 有效消除 VDT 屏幕上由顶棚灯光反射造成的令人讨厌的眩光。
2. 为非 VDT 办公室工作提供适当水平的一般照明。
3. 提供经济、节能的系统性能。

Optimax® 抛物面灯光控制系统

PMO9″×4′

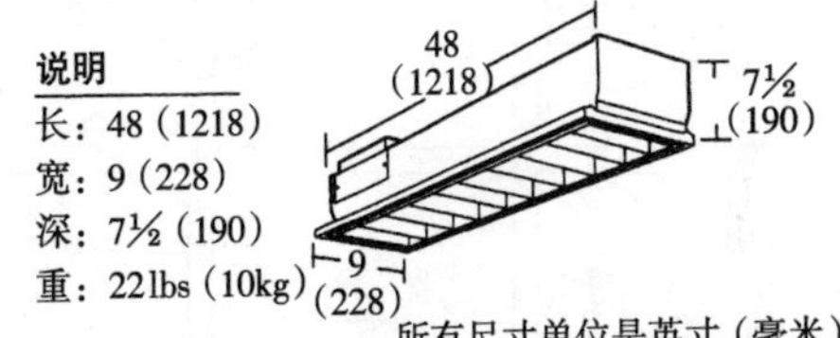

说明

长：48（1218）

宽：9（228）

深：7½（190）

重：22lbs（10kg）

48（1218）

7½（190）

9（228）

所有尺寸单位是英寸（毫米）

特性和说明

预期用途

光线控制抛物面灯具是设计用来控制 VDT 开敞办公环境中的屏幕眩光的，是用于一般照明的理想的连续成排系统。

特性

有用于办公室的、满足 RP-1 最低和首选照度标准的型号。为书面工作有效提供合适的照度水平。散射或反射百叶窗的选择，利用了把百叶窗的晕色最小化的涂饰技术的最新发展。与三磷灯一起使用最理想。

结构

黑色外框提供了浮动百叶窗的外观，隐藏了可选的送风孔。带有可选的除热阀门和空气式控制叶片的气流控制。

重叠的凸缘和模块化的顶棚装饰预装有标准弹簧门的吊架，或者带有可选装饰的可改变的底板和套装吊架。

冲压成形的 T 形铰链适应最大强度。弹簧锁隐藏在外框下。用来装镇流器的镇流器盒子安装在外壳的顶部（标准）或侧面。

外壳由冷轧钢成型。百叶窗阳极镀铝。这个产品中不用石棉。

涂层

五步铁 - 磷化预处理，保证涂料有极好的附着力和抗锈性。涂饰部分亮度高，附有白色烤漆。

电气系统

热保护，重置，P 级，HPF，非 -PCB，UL 列出的，CSA 鉴定的镇流器是标准的。节能和电子镇流器是可靠的 A 级。

灯具适用于潮湿场所。全部使用 AWM，TFN 或者 THHN 导线，额定值满足要求的温度。

列表

UL 列出和 CSA 鉴定(见选项)。NOM 为墨西哥鉴定（见选项）。

担保

保质一年，以防制造中的机械缺陷。

说明如有变化，不另行通知。

图 7.39a　Optimax 抛物面灯光控制系统（由 Lithonia Lighting 提供）

安装数据

有凸缘单元的连排安装需要 CRE 和 CRM 选择(见选项)

尺寸

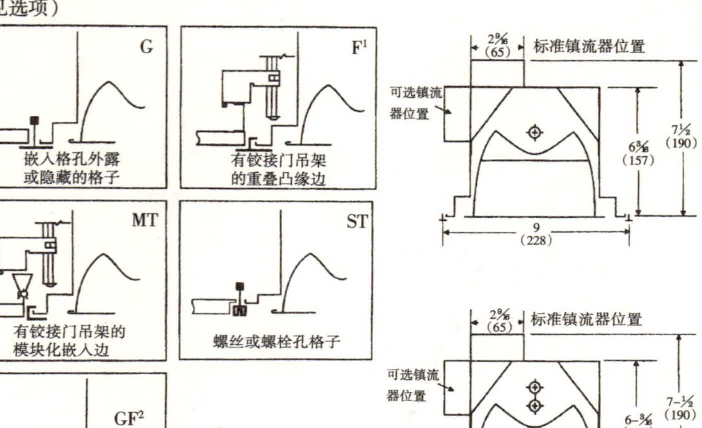

注意：

1. 建议的粗装尺寸，来用于 F 边灯具 9″×48″（公差是+¼″，-0″）。转门范围为 1″~3¼″，由 8½″~11⁵⁄₁₆″
2. GFI 边选择只在一侧有凸缘边

图 7.39b Optimax 安装数据和尺寸（由 Lithonia Lighting 提供）

商用表面安装荧光灯

建筑用的封闭套装是设计用于表面安装或可以用吊杆悬挂的。它们可以单个安装或者两个甚至更多地成排连续安装。走廊通常用一或两个灯具照明，而办公室或工作区通常由两个、三个或四个灯具照明。连续成排安装便于接线，因为电路导线可穿过灯具来敷设。这意味着每排只需要安装一个顶棚出线盒（图 7.40，图 7.41a、b）。

条形灯是基本的荧光灯具。条形灯由一个带有烤漆涂层的金属槽构成。这种灯具有 1、2、3、4 根灯管的类型，灯管在两端由灯座固定就位，它是完全裸露的。在灯易受到损伤的地方，条型灯可以使用反射器和电路保护装置。

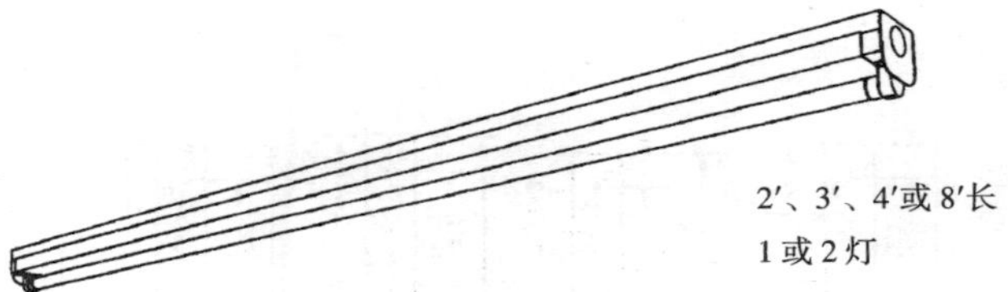

2′、3′、4′或8′长
1或2灯

说明

长：22⁷⁄₁₆（569），34¼（869），
46⅙（1169）或92⅙（2337）
宽：2（51）
深：2¼（57）
重：4.8lbs（2.2kg）

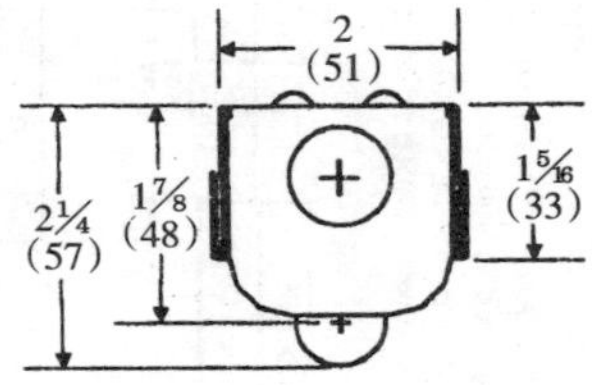

图 7.40　小截面直通道条形灯具（由 Lithonia Lighting 提供）

快速起动
2′、3′或4′长
1或2灯

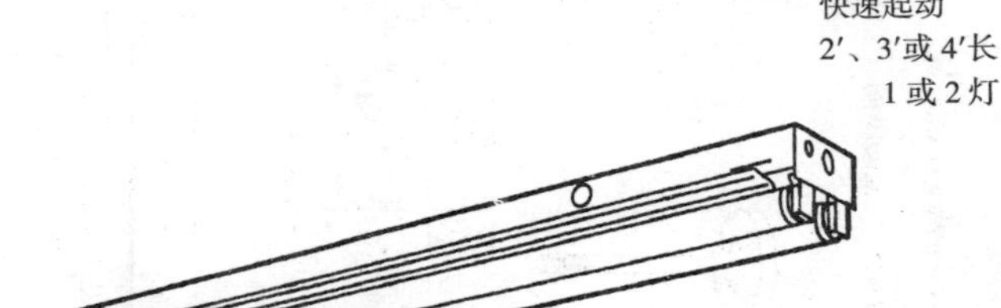

图 7.41a　一般用途的快速启动条形荧光灯具（由 Lithonia Lighting 提供）

能量

灯具能效额定值（LER）

一个灯 LER. FS＝52，2个灯 LER. FS＝59

基于34W T12灯，2650流明和节能电磁镇流器

磁力镇流器

镇流器因数＝.87，输入瓦数＝42（一个灯），71（2个灯）

依据NEMA标准LE－5计算。细节见LER

安装数据

用于组合或成排安装、表面安装或吊装

组合安装——最少需要 2 个吊架

成排安装——每个槽需要 2 个吊架。如果安装 CONLGC，每个灯具需要增加一行

挂钩®(HRC) 和 HC 吊架——每槽最少 2 个（组合或成排）

参见下面用于悬挂设备的附件

尺寸

英寸(厘米)。不另行通知会有变化

铝槽内有不同的安装详图：

48″、72″ 和 96″ 在每端只有 2 个 7/8″ K.O.'s6″

24″ 和 36″ 在每端只有 2 个⅞″ K.O.'s 3¼″

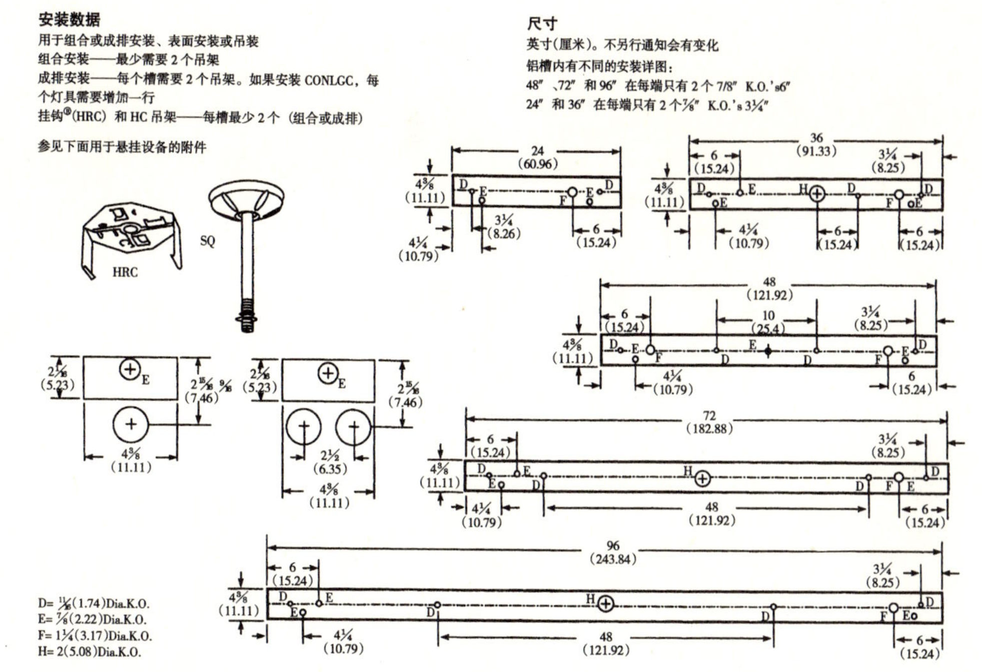

D= ¹¹⁄₁₆(1.74)Dia.K.O.
E= ⅞(2.22)Dia.K.O.
F= 1¼(3.17)Dia.K.O.
H= 2(5.08)Dia.K.O.

图 7.41b 一般用途的快速启动条形荧光灯具数据（由 *Lithonia Lighting* 提供）

潮湿场所的荧光灯具有玻璃纤维增强型的聚酯外壳和丙烯酸漫射器。漫射器固定在一个完全密封的外壳里。这些灯具设计用于表面安装、杆装或链式安装，它们最常用在多水蒸气和有水淋的地方。

还有许多其他种类的商用和工业用荧光灯具，查询像 Lithonia Lighting 这样的制造商的目录，以便找到灯具、配件和用于任何用途的选项。

高强放电（HID）灯广泛应用于商业和工业领域。嵌入式下射灯在大型商城和其他零售商店使用得也很普遍。许多是 UL 列出的，用于直通支线和潮湿场所。这使它们成为室外拱腹照明的出色选择。

金属卤素灯和高压钠（HPS）灯各种样式的功率值范围很大。臂装区域灯用来为街道、人行道、停车场照明。在不大注意颜色的地方，HPS 灯具提供了最好的效率。运行的经济和延长的灯具寿命是 HPS 如此受欢迎的原因。在必须用白光的地方，金属卤素灯是较好的选择。

建筑泛光灯用于景观照明和立面照明。一般用途的泛光灯用于为工业和商业场所、建筑工地、停车场和娱乐场所照明。墙上安装的 HID 灯具用于周边安保照明，也为装货码头和车辆坡道照明。在容易遭受破坏的地方，可选用导线保护和防破坏者的保护与 HID 灯具一起使用。

高间格反射器灯具用在安装高度高的区域。这些高效灯具是用于大型加工制造区域、零售和仓库通道，以及体育馆的理想选择。低间格反射器灯具则被设计用在安装高度低的场所。有多种选择可以满足来自商业和工业上的任何需求。

应急照明

规范要求在停电时出口必须有照明。出口必须由一个标志灯照明，并且可以清晰识别。出口标志有单面和双面两种样式。出口标志可以顶装或末端安装，也可以嵌入式安装。单面出口标志是背面安装。LED 型出口标志灯的额定寿命为 25 年或更长。出口标志装有内置应急灯头，可使电气工程师的工作变得更容易些。

应急照明灯既有硬接线的，也有通过拉线设置至它们所要照明区域的照明电路中的。当照明电路停电时，应急电池装置自动工作。这就是为什么它们必须在任何开关前面接入电路的原因。规范要求应急照明应该这样布置：任何一端的断电也不会使一个区域变得完全黑暗。这也是为什么完备的装置必须有两个或多个接头的原因。

大型建筑的出口设施较长，经常使用大型遥控电池单元和遥控摄像头。在这种应用中，合适尺寸的电池单元位于一个机械室或功能柜内。遥控摄像头安装在需要的区域并与电池单元相连，它是单个的或成对的。遥控灯具也有顶棚嵌入式的。为遥控摄像头供电的导线通常是较大规格的，因为它们传导的电压小、电流大。

另外一种满足规范对于应急照明要求的方法是使用荧光灯电池。提供应急电源的装置为下面的设备供电：

- 四脚 T8 灯管
- 四管紧凑型荧光灯
- 两管紧凑型荧光灯
- 三管紧凑型荧光灯

电池看起来与镇流器类似，可以为它们的灯供电至少 90min。电池可以装在灯具外壳的外部或内部。

商业和工业建筑的应急照明对于在正常电源断电时人员疏散的安全很重要。作为电气工程师，要设计方便、安全、有效的和有未来扩展能力的应急照明系统，不要只满足于最低要求。

小结

无论是住宅还是商业建筑，成功工程的关键之一是一份坚实的工作计划。许多有经验的电气工程师不愿费心为一个简单的布线工程画布线图。他们很可能在为整所房子布线时都没有布线计划。虽然电气工程师不用布线图就能为房子布线，但并不意味着这么做就是明智的。当在工作中有一份详细说明的计划时，你通常就可以把工作做得比较好，而且更有效、更便宜。在开始一个新工程前的头天晚上坐下来在纸上画出电路和室内走线还是值得的。这样，在早晨开始工作时，你就不用凭猜测去做了。

第 8 章 电暖气

电暖气在气候暖和的地方很受欢迎，因为这些地方在取暖季节需要的热量小。电热护壁板的安装成本低是它普及的一个主要原因。然而，电暖气在寒冷气候中的使用很昂贵。即使如此，许多地方仍然在使用电暖气。

两类常安装的电暖气是电热护壁板和墙装电暖气。墙上安装的暖气在浴室相当普遍。墙上安装的带风扇的暖气能在短时间内产生大量的热，这在洗澡或淋浴时很理想。另外还有作为浴室排气扇内置部分的电暖气。带有排气扇、灯、夜灯和电暖气的组合装置现在也很普及。

电暖气在改造工程中同样很普及。接进现有的供暖系统为新增加的房间，比如一个改装的阁楼或是一间改装的地下室供热也并不总是可能或可行的。在这种情况下，对于有可能会很昂贵的供暖难题来说，电热护壁板是一种很经济的解决方案。

如果想在现有建筑中安装电暖气，你必须检查配电箱，看它是否有足够的容量应付电暖气带来的大电流。你可能需要把配电设施升级，以便满足电暖气的需求。在将要安装电暖气的工程中，不要在没有确定电气供电和配电箱能进行这种改造的情况下，错误地投标这个工程。你会发现这个错误会造成很大的损失。

电热护壁板

电热护壁板的长度为 2～10ft 不等，它们的高度通常为 7in 或

8in，深度约2～3in。大多需要240V电源，板的每纵尺电流约为1A。当确定电路大小时，别忘记考虑不要超过电路负荷额定能力80%的安全系数。换句话说，一个20A电路的电流不能超过16A。这意味着你可以在一个20A的电路上安装近16纵尺的电热护壁板。

在你选择电热护壁板时要小心，有些护壁板是120V的，不要错误地把120V的护壁板安装在240V的电路中。如果你这样做，暖气会过热，而且能引起火灾。很少有人安装120V，因为它们会产生大的电流，并且效率偏低。

护壁板暖气通常是平行布线。12号线规的电缆通常用于暖气接线。布置暖气的首选位置是安装在外墙上和窗下。不要将电热护壁板放在电气插座下面，插入插座中的电线会与暖气接触，并造成危险。为了避免可能插在插座中的电线有不必要的危险，你可以将两截较短的暖气安装在插座两边。

小结

大保险丝，像用于240V电路的保险丝可以由装有保险丝管的拉出板保护。当没有拉出板而你又必须拉保险丝管时，千万不要用手指。你要用保险丝拉手来确保安全，并始终要确保保险丝的断开手柄处于断开状态。

小结

240V系统通常使用什么规格的导线呢？6号导线能用于240V和高达60A的电路，8号导线能用于240V和高达40A的电路，而10号导线用于240V和高达30A的电路效果也很好。一般说来，所有建筑的布线额定值都高达600V。导线规格由引入电流的安培值确定。额定值240V、5A的水泵可由14 AWG的导线供电。

电暖气的调温开关通常安装在暖气上，也可将调温开关安在墙上，但一般很少那样做。双极调温开关比单极调温开关更安全。安全系数与电暖器使用中安全的关系并不是很大。一个 240V 电暖气上的单极调温开关在电暖气关掉时仍然带电。任何操作暖气的人都有可能误以为断了电而被严重电击夺去了生命。因此，在维护暖气前一律要在配电盘处断掉暖气的电。

墙装电暖气

在为浴室和其他小区域供暖时，墙装电暖气非常方便。大多数墙装电暖气都有风扇和调温开关。250V 额定值的电暖气耗电比 120V 的少。还有，一定不要将 120V 电暖气接到 240V 的电路中。

墙装电暖气一般都安装在一个金属盒子里。金属盒在干砌墙贴壁纸之前初装入框架墙洞内。墙装电暖气的规格为 750 ~ 1500W。如果每 250W 需要 1A，你能算出即使是 1500W 的电暖气也只需 6A。只要总负荷不超过 16A，在同一个电路中就可以装多个电暖器。当接到自己的电路中时，墙装电暖气的接线应该使用 12 号线规的电缆。

根据工作地点的不同，你可能看不到有太多的电暖气方面的需求，但偶尔也有可能进行电暖气的施工。虽然接线过程虽不复杂，但你必须确保遵循我们在这里讨论的规则。

第 9 章 暖通空调、电力和接线

暖通空调系统使用高压系统来运行电机、压缩机和其他大型设备。这些设备的电压为 120 ~ 480V 甚至更高。在规格的另一端，许多电子控制电路使用 12 ~ 24V 的较低电压为制动器、传感器和控制器供电。本章将讨论电子电路和设备的一些要点。

人们经常把电比作水，虽然在这两种物质上同时施工是危险的，但两者之间的比喻却是完全行得通的。就像水流过管道一样，你也能想到电子流过导线。水流以每分钟/加仑计，而电流以每秒/电子数计；水压以每平方英寸/磅计，而电压以伏特计。表 9.1 给出了一些对等值，这样可以使我们更容易理解各种电气词汇。当然，比喻也只能到此为止。就交流电而言，很难想像在一个管道中，压力从正到负每秒变化很多次。

电气对等值 **表 9.1**

术 语	描 述	单 位
能量	焦耳或 Btu	1 Btu = 1055 焦耳 = 0.293 Wh
库仑	电子数量	1 库仑 = 6×10^{23} 个电子
电流	电的流速	1 安培（1A） = 1 库仑/秒
伏特	电压	1 伏特（1V） = 1 焦耳/库仑
电阻	电流的阻力	1 欧姆（1Ω） = 1 伏特/1 安培
电容	电的增压存储	1 法拉第（1F） = 1 库仑/伏特
功率	能量的变化率	1 瓦特（1W） = 1 焦耳/秒

有许多不同类型的电子元件。大多数现代电子暖通空调控制器使用半导体的组合来处理和产生电子信号。这些设备的运行相

当复杂，因此我们不在本书中涉及。然而，有时候你需要识别电路图中的某些元件以便能查找到问题。表9.2对你可能遇到的不同电气元件进行了描述。

直流电路

用在暖通空调系统中的直流（DC）电路主要用于传感器、电子控制器和电子致动器。直流电路的基本运行由两个概念控制：(1) 欧姆定律。它描述电阻的电压降是电流 i 乘以电阻 R，$V = i \times R$；(2) 基尔霍夫电压定律。它的结论是一个闭合回路的电压之和一定等于零。用水作比喻，这两条定律是说，当电流流过阀门时产生电压降，并且电路总电压的升必须等于电压降。电阻通常是带色标的（见图9.1），用来识别电阻的大小和额定电阻的精确度。

电气元件符号　　**表9.2**

元　件	符　号	功　能
电容器	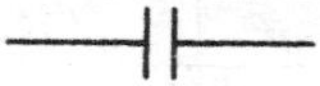	当电流变化时维持定压
断路器		当电流过高时断开电流
二极管		将电流限定在一个方向
保险丝		当温度过高时断开电流
接地		电路中电压的参考电位
电感		当电压变化时维持电流不变
表	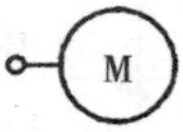 M	测量电压、电流或总功耗
运算放大器	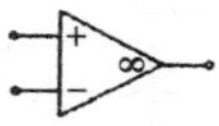 + − ∞	放大电子信号
继电器	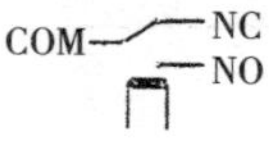 COM NC NO	在两个或不同端子间转换电流
电阻		阻碍电的流动

续表

元　件	符　号	功　能
开关		接通或断开电路
变压器		将交流电从一种电压变到另一种电压
三极管		电子开关/放大器
电压源		为电路提供电压

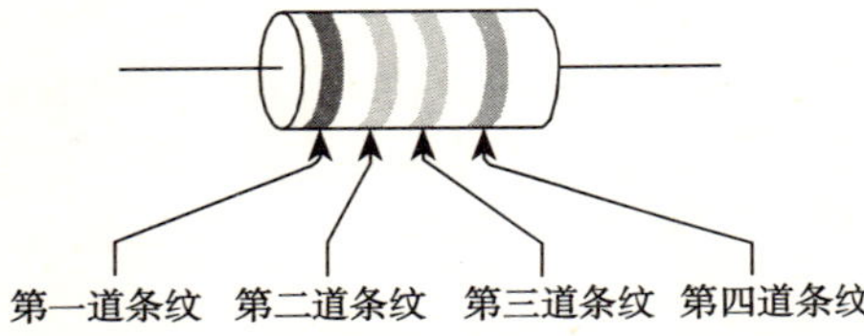

颜色	第一道条纹	第二道条纹	第三道条纹	第四道条纹
	第一位数字	第二位数字	倍数	容差
无				±20%
银色			0.01	±10%
金色			0.1	±5%
黑色	0	0	1	
褐色	1	1	10	±1%
红色	2	2	100	±2%
桔黄色	3	3	1000	
黄色	4	4	10000	
绿色	5	5	100000	±0.50%
蓝色	6	6	1000000	±0.25%
紫色	7	7	10000000	±0.10%
灰色	8	8		±0.05%
白色	9	9		

图 9.1　电阻表示的位置和色带的值

一些常用的颜色组合是：

- 黄色/紫色/黑色 = 47Ω
- 褐色/黑色/褐色 = 100Ω
- 黄色/紫色/褐色 = 470Ω
- 绿色/黑色/褐色 = 500Ω
- 褐色/黑色/红色 = 1000Ω
- 绿色/黑色/红色 = 5000Ω
- 褐色/黑色/桔黄色 = 10000Ω
- 绿色/黑色/桔黄色 = 50000Ω

用在暖通空调测量中的许多温度传感器是电阻器，其阻值随温度而变化。记住，电阻器的作用就像水流中的阀门——它们降低电压。当串联或并联时电阻的作用不同（图9.2）。串联电阻的总阻值只是单个阻值的和，$R_{TOTAL}=R_1+R_2$，而并联电阻的总阻值从倒数得来，$R_{TOTAL}=(1/R_1+1/R_2)^{-1}$

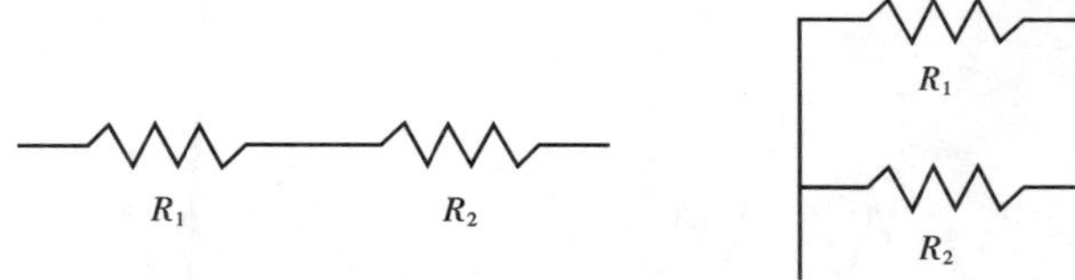

图9.2 串联电阻（左侧）和并联电阻（右侧）

电压分配器由两个串联电阻组成，这降低了给传感器或控制器的电压。对直流电路而言，一个电压分配器的工作如图9.3所示。在某些暖通空调控制回路中，你可以看到滑线电阻器（图9.4）。这是带有三个连接点的电阻器：每端各一个，中间是可移动接头。任何一端与接头之间的电阻取决于接头的位置。标准的滑线电阻器的端到端电阻是100Ω、135Ω和1000Ω。

假定你有一个控制器，需要知道室外空气和大楼的供气温度之间的差别，你可以用惠斯通电桥，如图9.5所示。这类设备常用于暖通空调传感器中，传感器必须对电压或电流的微小变化做出反应。如果这个电路的电阻相等，电压输出 V_o 就等于零。现在

假定 $R3$ 是一个可变电阻，用来测量室外温度（这被称作补偿电阻器，Rc），而且 $R2$ 是个变阻器，用来测量供气温度。桥的输出电压的变化取决于电阻的差异。

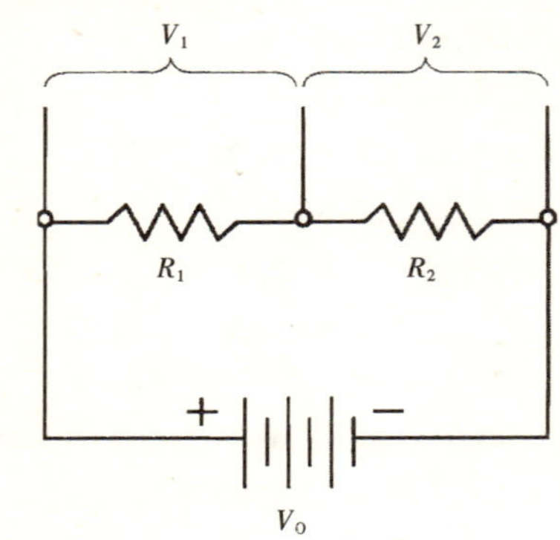

图 9.3 直流电压分配器

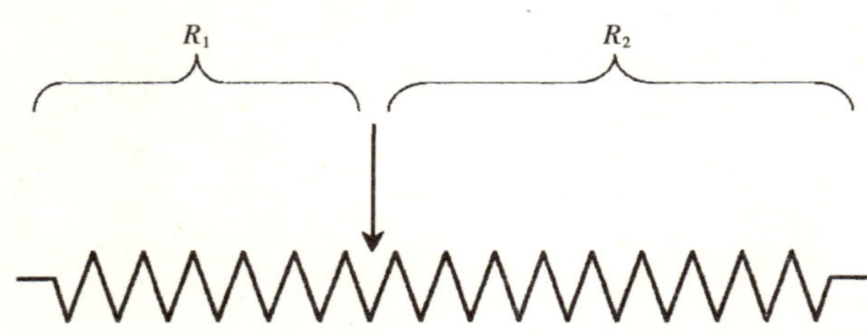

图 9.4 滑线电阻器

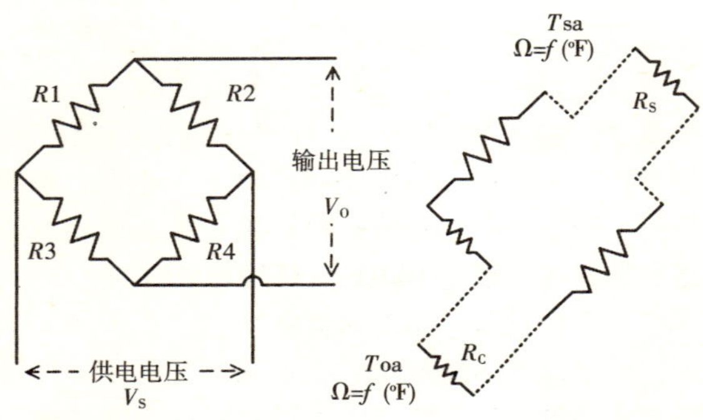

图 9.5 惠斯通桥式电路的示意图

电容器用于在变流条件下维持定压。它们是电子滤波器的组成部分，它们可以，并实际上像图9.6中那样用一个滤波器来消除传感器测量产生的噪声。这叫低通滤波器，因为低频信号不受影响，而高频信号（噪声）被消除了。

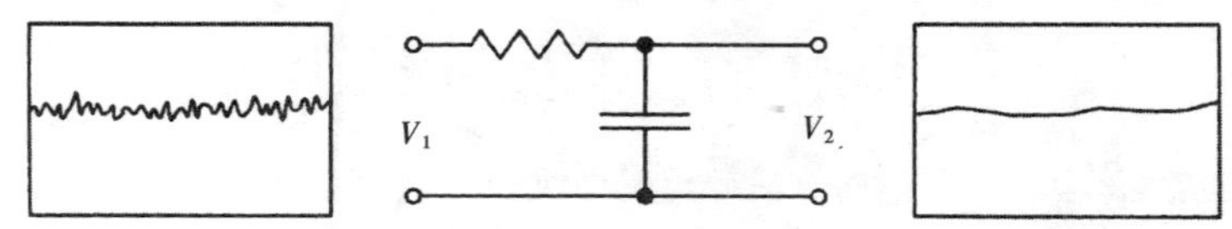

图9.6　低通滤波器

二极管就像一个止回阀，只允许电流单向流过而不允许其作相反流动。你可以使用二极管从交流线信号产生直流电来为传感器供电。整流器（图9.7）就是用来做这个的。交流信号从左侧进入并通过二极管，二极管用于产生一个全整流信号，然后这个信号通过一个前文所述的低通滤波器。

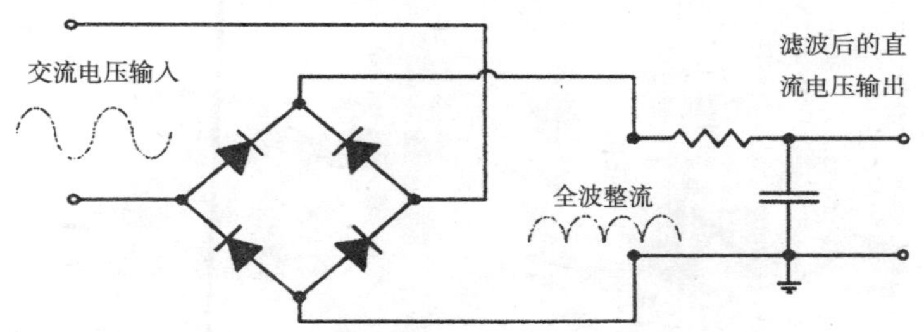

图9.7　带低通滤波的整流器

晶体管像一个有三个接头的阀：集电极、发射极和基极。当给基极通电流时，阀门打开，让电流从集电极流到发射极。实际上，甚至供给基极的电也流到了发射极。在某些直流电路中，电力晶体管用于将传感器或控制信号放大到可用的水平。这些元件能产生大量的热，这些热必须散掉，以防止烧坏晶体管。通常有一个散热器（图9.8）连到控制箱的侧面。始终要确保散热器干净并且处于自由的气流中。不要用布、纸或任何东西覆盖。如果散热器不热，表明它正在工作。如果把它盖上，就有引发火灾和电路故障的危险。

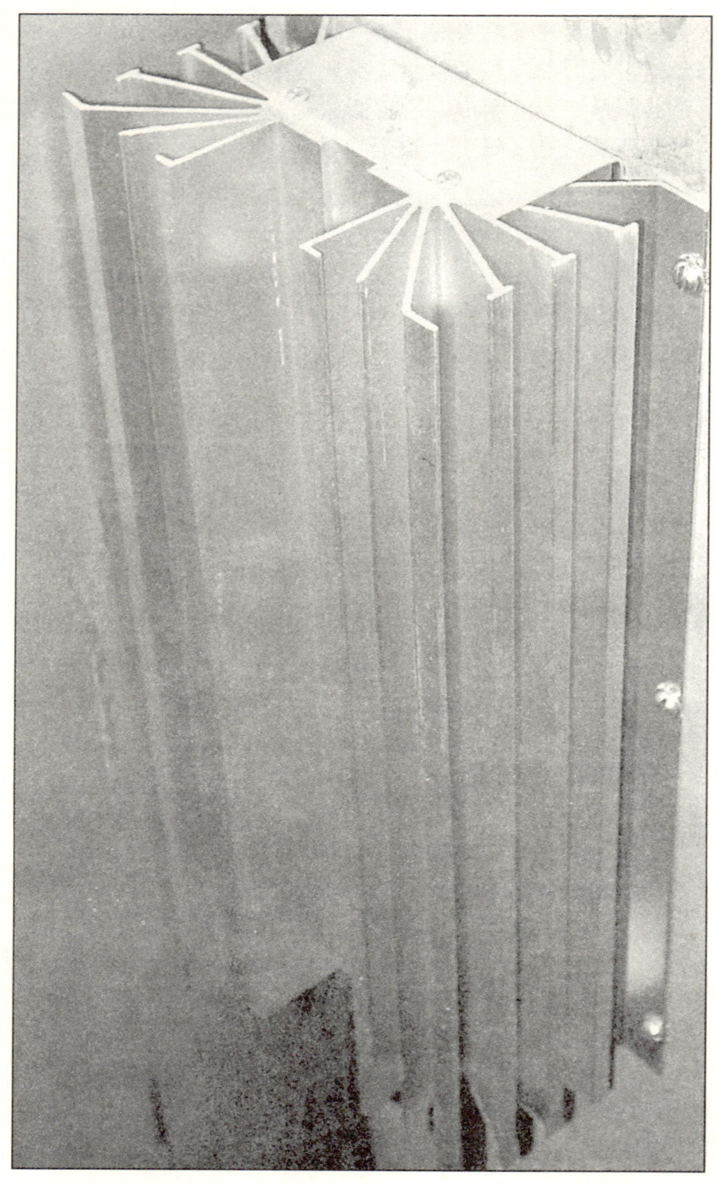

图 9.8 散热器

小结

低压直流线路不带太多负载。然而，如果这样的信号或控制线进入到高压箱内，地方规范通常规定，线路的温度和电压额定值必须与进入箱内的高压/高电力线路相同。

交流电路

大多数大型暖通空调设备由交流（AC）电供电。这个术语中的“交流”是很贴切的：交流电路的电压和电流每秒转换60次。进入建筑物的主要配电如果是单相的，一般为120/240V交流，或者120/208V交流和277/480V交流；如果是三相的，电压会更高。第一个数字是单相对地电压，第二个数字是任意两相之间的电压。在商业建筑中，电通过主馈电线进入建筑物（如图9.9所示），然后通过一系列的变压器、开关板和配电盘，最后到达负荷。暖通空调设备通常由开关板直接供电。如果开关板只用于暖通空调设备供电，就被称为电机控制中心。

大多数居住建筑使用的是120/240V交流单相、三线系统。在这种布置中，一个单相变压器以这个参考地的电源接头为中心接头。从变压器端头出来的两根带电导线是240V交流，每根为120V的对地参考交流电。因此插座负荷可以用120V交流电，而较大的负荷如炉灶、炉子风扇、电热水器和中央空气加热泵，则可以用240V交流。

大多数商用建筑物使用的是三相的120/208V、277/480V或高达2400/4160V的交流电。尽管一些老式商业建筑物仍然利用高压暖通空调设备代替制冷机和锅炉，但2400/4160V的交流电仅出现在最大的建筑物里。

小结

有时 120V 的设备被写成 115V，而 480V 的设备被写成 460V。这些差异都是由一个标准的 4% 的馈线压降造成的，这种情况几乎在所有地方都出现过。

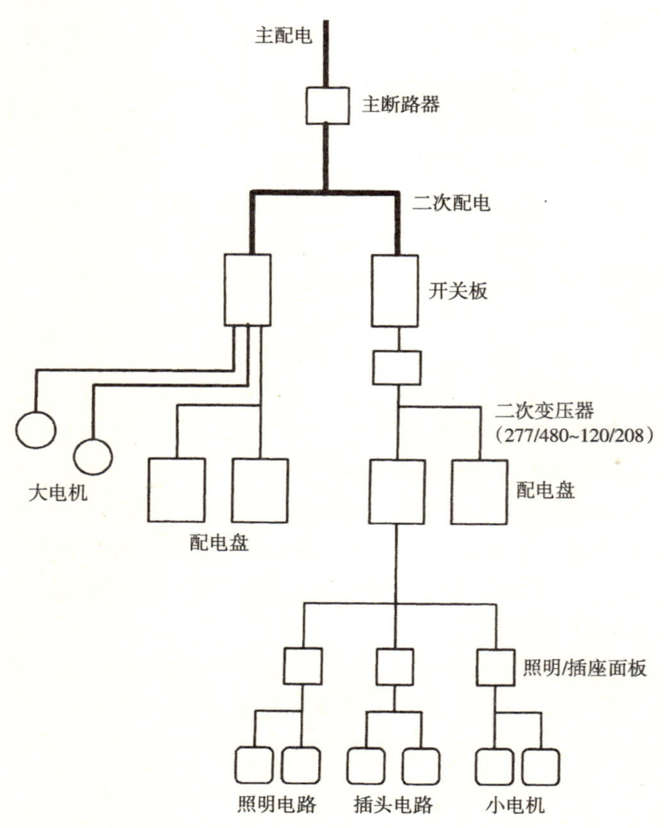

图 9.9 典型商业建筑的电气分配系统（引自 Stein and Reynolds）

在理想情况下，所有交流电路中变化的电流和电压应该是同相的，也就是说，电流和电压应该同时到达它们的最大值。由于总功率是电压乘以电流，这样也就得出了最大功率值。然而，随着电进入电机和其他设备，由于存在电感和电容，电压与电流出现了相位不一致的情况。图9.10显示了在电流和电压不同相时电压和电流的样子——在这种情况下，在一个波峰到波峰所需的360°完整周期内，电流领先电压25°。功率因数用来描述电流和电压的相位差。此时，功率因数是25°的余弦值，或90%。这意味着只有90%的可能功率将用于运行设备，而剩余的10%的功率什么也不做。就大的暖通空调设备来说，你想尽可能高地保持功率因数，因为有时候如果建筑物功率因数低，公用事业公司会惩罚你。

星形和三角形电路

尽管三角形接线方式更加通用，大风扇和水泵电机仍然要么使用星形要么使用三角形接线方式。这些电路的名称来自图9.11所示的电机线圈连接。不同的配置可以用来控制启动电流，也就是启动时流进电机线圈的电流总数。当启动大电机时，可取的做法是将启动电流最小化，因为电流值太大会使电机线圈过热。

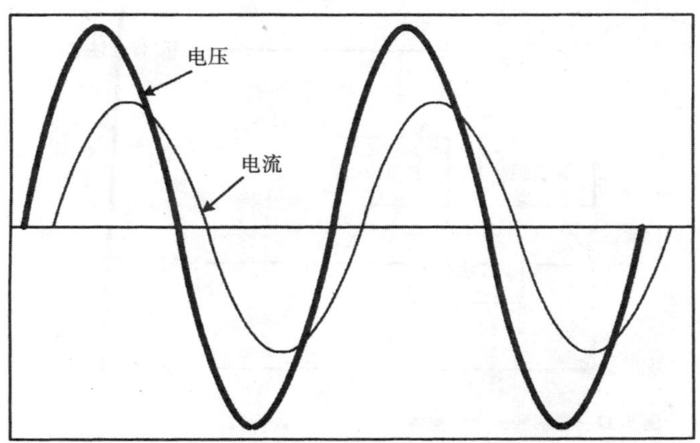

图9.10 交流电压和电流有25°相位差

小结

美国使用60Hz频率的电网，但在其他国家，电网是在50Hz频率下运行的。如果使用国外生产的电器元件，你需要确认所用的电气设备是否兼容。专用于一种频率的设备不能用于另一种频率的电源上。

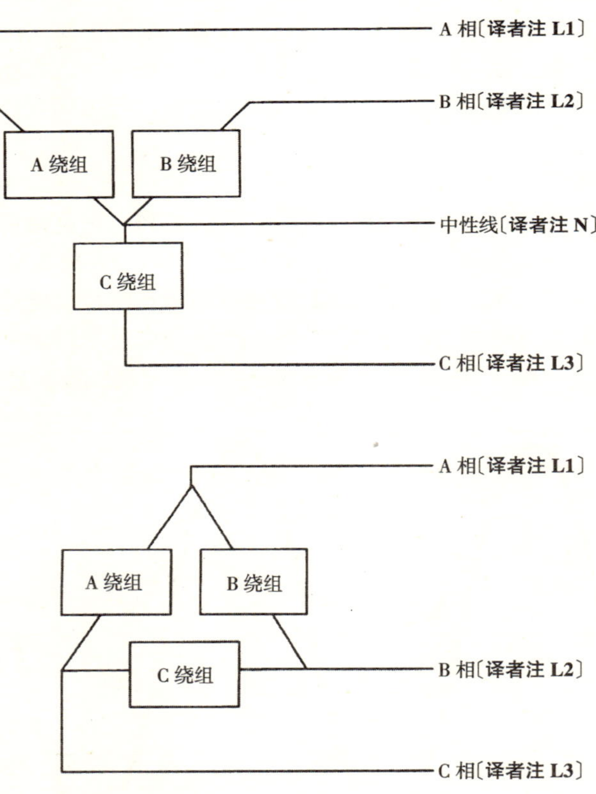

图 9.11 星形和三角形接线

变速发动机

电机转速与线性频率相关。在美国，线性频率是60Hz，因此大多数电机的转数是60的倍数，例如1800或3600转/分。然而，电机在不同或是变化的速度下运行是很有用的。虽然可以使用离合和齿轮传动系统，但是很贵并且难以维护。20世纪80年代后期以来，“变频发动机”（VFDs），或有时称为“变速发动机”（VSDs），在需要电机变速的应用中变得相当普遍。许多变风量系统和大型水分配系统，包括冷却塔和一些种类的冷却机现在都在使用它们，VFDs通过产生在任何期望频率上的新的交流线电压来改变电机的实际速度。图9.12表示的是变频发动机的运转原理。标准线性频率（上面）被分解，并用来产生一系列脉冲，这些脉冲“混在一起”，产生一个不同频率的新的周期波形。图9.12表示了60Hz的电是如何通过转换成一个40Hz的信号来为电机减速的。

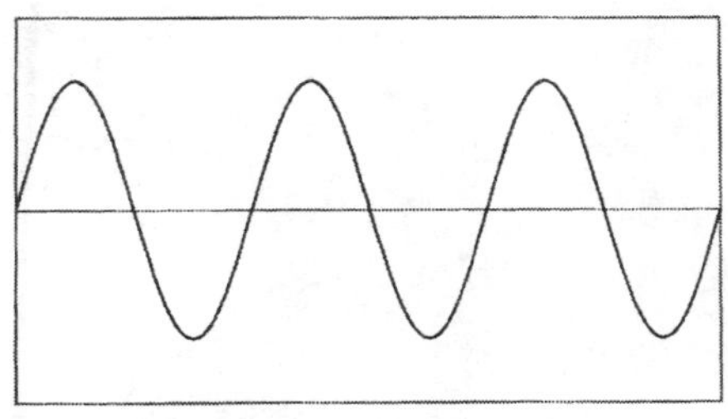

a.输入60Hz信号

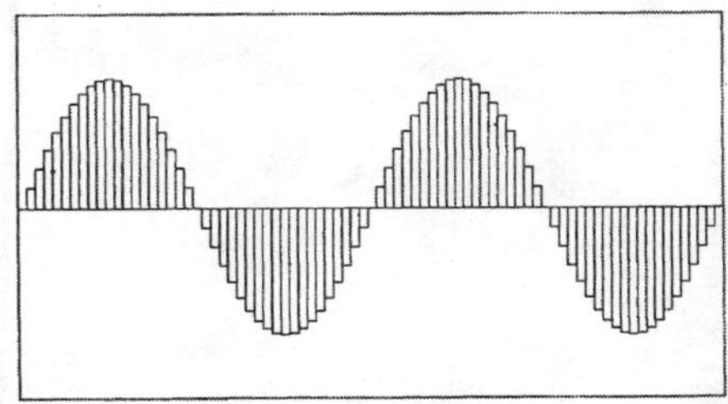

b.合成40Hz信号

图9.12　60Hz和40Hz信号的比较

就 VFDs 来说，请记住电机可能不按设计频率运行，这点很重要，并且可能有某些频率会在电机和它带动的风扇或水泵中产生过多的振颤或谐波。大多数 VFDs 有临界速度跨步电路，这是个可调范围，可将其锁定以避免任何谐振速度。两个带有独立可调带宽的跨步范围对于大多数应用来说已经足够了。除此之外，VFDs 能产生噪声并回传到输入电气线路上，这样会影响到建筑物中的其他电机和敏感的电子设备。在许多情况下，VFDs 位于电机控制中心附近（如图 9.13），所以这样的问题很容易找到。发现这种谐波的故障位置通常需要使用示波器和其他专业设备。

变压器

变压器用于改变交流电路中的电压。升压变压器升高电压，降压变压器降低电压。电磁感应用来将电能从输入（初级）侧传输到变压器的输出（次级）侧（图 9.14）。因为变压器的两个线

图 9.13 电机控制中心（配电柜在左侧）和变频电机（右侧的两个箱子）

圈不直接相连，变压器提供隔离，也就是说，变压器既防止负荷受电源噪声影响，也防止电源受负荷产生的噪声影响。隔离变压器也许有相同的输入和输出电压。变压器也可以有多个线圈，使一个输入产生多个输出。

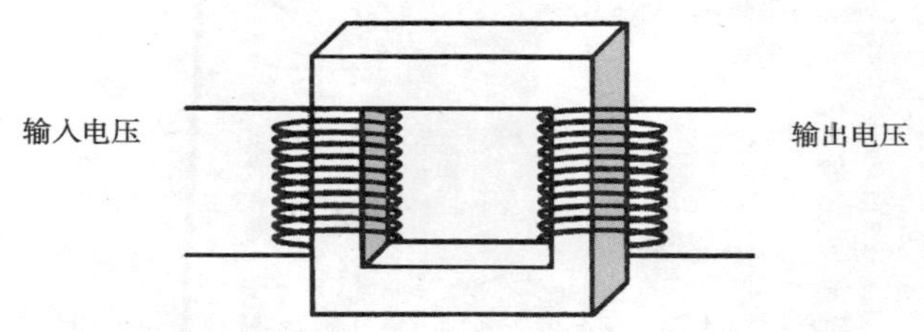

图 9.14 变压器

变压器有多种型号，从非常小的（用在控制系统中）到非常大的（把千伏级的线电压降到建筑中用的480V或120V交流电）。变压器根据它们的最大能量处理容量设定额定值，这个值以伏－安（VA）表示。一个用于致动器的典型的低压变压器可能有一个100VA的额定值范围（图9.15），而一个大的整个建筑的变压器则有1000kVA或更大（图9.16）。

> **小结**
>
> 变压器只在交流电压下工作。如果你想为传感器提供下降的电压，就要在直流电路中使用电压分配器。

大多数电子阀和阀驱动器使用专用的24V或48V交流变压器供电。你应该给每个驱动器使用独立的变压器。这样做的原因有两个，第一是可靠性：如果变压器断电，你只有一个驱动器无法工作，而不是许多与这个变压器相连的驱动器都无法工作。另外一个原因较难察觉，与接地变压器和未接地变压器的相对有关。当操作变压器时，请记住初级侧与次级侧没有物理连接，因此你可以让次级侧参考任意地面，或根本不将它接地。在后一种情况下，就称为不接地的变压器。图9.17表示了一个接地变压器和

图 9.15 750 VA 变压器

不接地变压器之间的差异。许多驱动器想用不接地电路。如果你用一个变压器给多个驱动器供电，每个驱动器都要以其他驱动器为参考，电路也就不一定非要不接地了。

小结

如果一个调制电子驱动器自己运作或没有很好地按控制信号做出反应，就要检查并确定它有未接地的变压器。

但是要注意，大多数大型电机和风扇的次级电路是接地的，主要是为了人和设备的安全。在这些情况下，接地线决不应该被开关、断路器或保险丝断开。

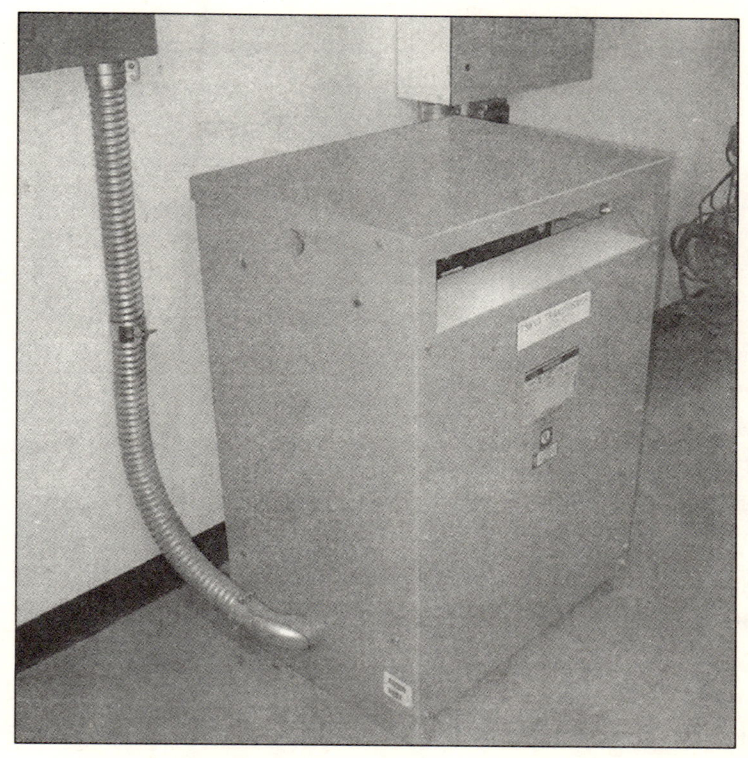

图 9.16　750kVA 变压器

断路器和熔断器

实际上所有电子设备，不论直流还是交流，都要由断路器、熔断器或两者的某种组合来保护。断路器通常位于断路器盘上或电机控制中心，当电流超过它的某个水平，或断路器温度过高时，断路器就跳闸。在这两种情况下，断路器的目的都是为了防止电流过大带来的损害而给设备断电。断路器一般都是可以重新合闸的，一旦断路器跳开后你可以重新合上电路。**［译者注］在检查断路器跳开原因后，才能进行重新合上电路操作。**

一些断路器，特别在住宅应用中，是接地故障断路器（GFI）。这种断路器不仅测量带电导线上流向设备的电流，而且

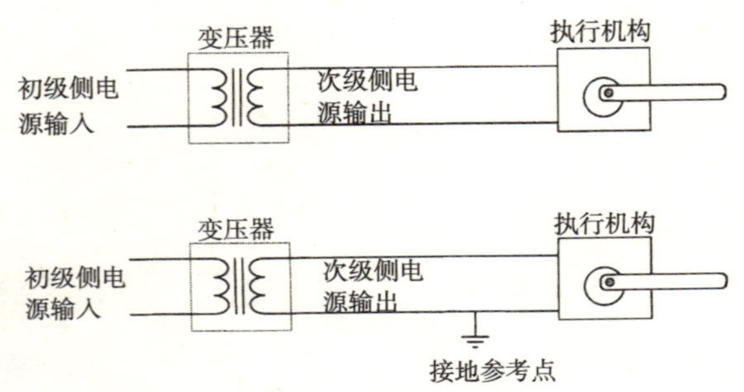

图 9.17 未接地（上）变压器电路与接地（下）变压器电路相比较

也测量中性线中的返回电流。两者间的任何差都暗示着电流除了预想的电路之外还有另外的途径，如果这种情况发生，断路器会跳开。这些种类的断路器特别用于住宅浴室电路中，那里水、电和居住者共存。然而，你也可能在住宅炉子风扇和热泵处看到 GFI 断路器，这意味着它们是用来防止无法预期的短路的。

> **小结**
>
> 一些热断路器更容易受到线路噪声的影响。例如，即使实际电流没有超出额定限值，变频发动机和不平衡的电机也会造成热断路器的重复跳闸。

> **小结**
>
> 熔断器不仅为设备提供保护，也为人员提供保护，决不要在电路中取消熔断器的保护。如果一个熔断器连续故障，查明原因，然后再让设备恢复运转。

熔断器与断路器在阻止过高电流流过方面是类似的。差别是一旦断掉电路，熔丝就必须更换。熔断器位于电机控制中心和大部分暖通空调设备的电源输入端。图 9.18 表示了在空气处理装置中的一个电阻加热器的熔断器组。这些熔断器额定值约为30A，它们被归类为慢熔断熔丝，意思是在高电流出现和熔丝熔断之间有延迟。原因是熔断器能忍受电机的短时高启动电流。

图9.18　熔断器组

电气开关电器

电气开关电器能用来开、关设备，并且用来打开或关断阀门和风门。虽然开关的功能和尺寸不同，原理却都基于给一个小电磁铁供电，这个磁铁用来闭合一组触点或驱动两位的驱动器。开关分为三种不同的类别。

继电器用于开关达到约120V的交流和直流电路。图9.19中显示了继电器的基本原理，图中上面部分表示处于断电状态的继电器，下面部分表示带电的继电器。继电器电磁铁（线圈）由24或120V交流信号驱动。虽然图中显示了端子和公共点之间的单一触点，但实际上继电器有多个触点或极。图表示了一个双投继电器，在继电器中，接点同时处于断电和通电状态。一个单投继电器不会有两组触点，而是有一个常闭或常开触点。继电器的类型通常缩写，例如，DPDT指一个双极、双投继电器，它能连接两个独立电路，每个有一个常闭和常开触点。图9.20表示出了一

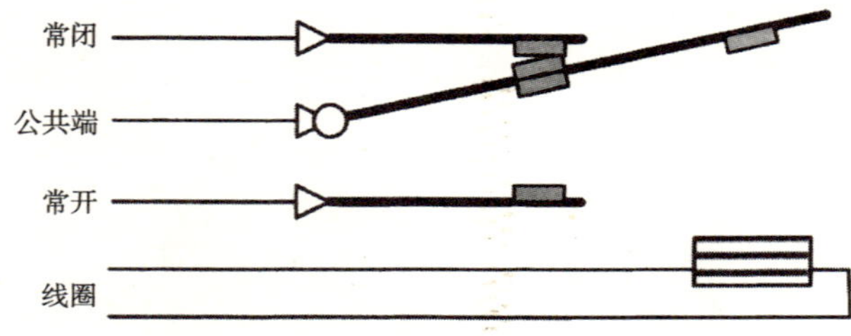

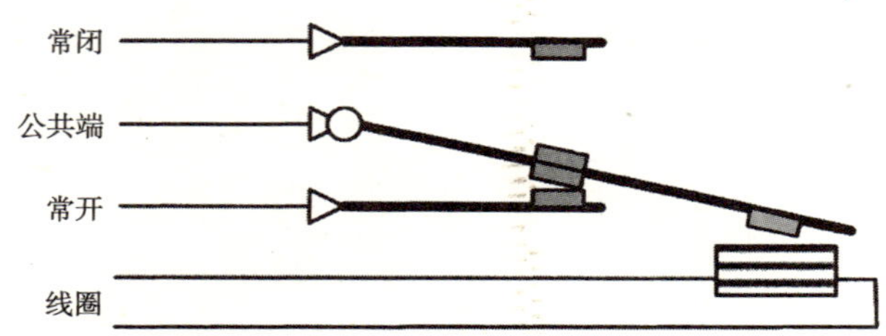

图 9.19 电子继电器原理图

图 9.20 电子继电器

个标准的三极、双投继电器。在这些设备上，开关机构能从端子座脱开，所以不必移开导线就能更换。

平衡继电器（也称为鼠夹继电器）是一个三位开关，用于操作小驱动器电机。一组触点朝一个方向，另一组朝相反方向驱动电机，第三组用来停止电机。这种三态驱动器用在风门和阀门电机上。接触器基本上是一个三极、单投继电器，用来开关高压多相设备的开和关。接触器用来驱动相当多的暖通空调应用中的电机、风机、泵和压缩机。图 9.21 表示了一个三相的、额定值

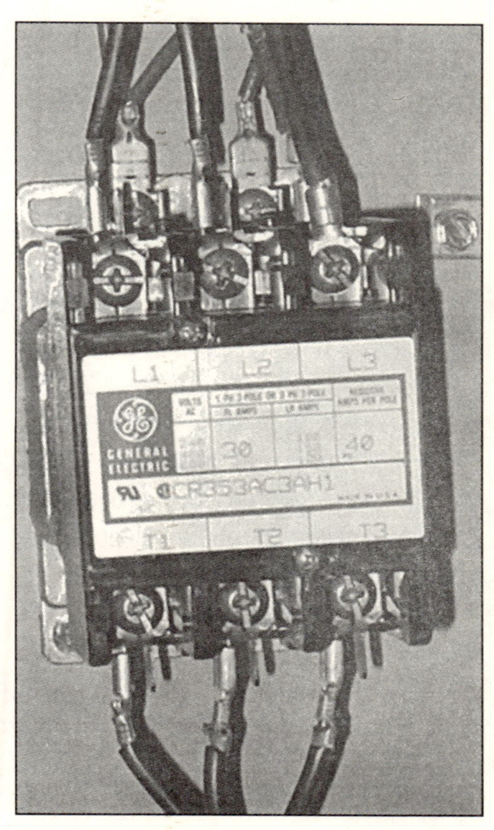

图 9.21 三相接触器

480V、30A 的接触器的图片。在接触器中发生的一个问题是，当线圈带电时，触点会互相碰到，然后在再次碰到之前跳开。触点的多次跳开称为振荡。火花会跳过触点之间的小空隙，而且过多的振荡会导致触点最终的伤痕和电气接触不良。然后，这会导致接触器过热和触点故障不能合到任何一相上，或者，更糟糕的是，触点熔化，这样，即使当接触器断电后，设备依然带电。由于这个原因，接触器有内部弹簧，一旦螺线管带电，就用它来帮助和维持连接。

螺线管是两位电磁驱动器，它被用来打开冷冻管道、蒸汽管道和燃气管道上的小阀门。它们的工作方式与接触器差不多相同：弹簧返回轴由一个带电小线圈强制打开，但不是闭合电气触点，而是电磁铁移动一个金属杆，再由金属杆闭合和打开阀门。

导线

导线的额定值用来决定导线的尺寸和载流容量。如果你用的导线对电流量而言太小，导线就会过热并有发生火灾危险。通常在导线外护套上有标注（图 9.22），上面列出了关于导线的信息。在美国，导线的尺寸列在美国线规中，用小数字表示大导线，如表 9.3 所示。对于大型的商业暖通空调系统，你会看到导线尺寸为 14、12、8、6、4、3、1、0、00、000 和 0000 号线规。14 号线规导线依绝缘不同而可以载流 25 ~ 35A，而 0000 号线规导线的载流量在 300 ~ 400A 之间。

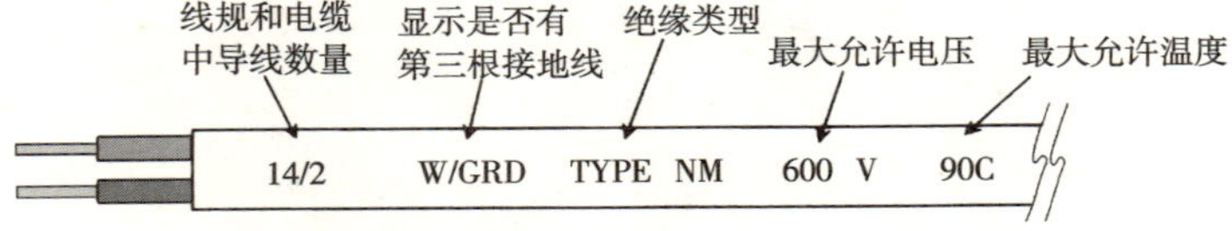

图 9.22 电气电缆和相关标注举例

标准铜导线的特性　　　表 9.3

规格，AWG	欧姆每 1000 英尺	直径，in	重量，lbs（磅）/1000ft
0000	0.05	0.460	641
000	0.07	0.410	508
00	0.09	0.365	403
0	0.11	0.325	319
1	0.14	0.289	253
2	0.17	0.258	201
3	0.22	0.229	159
4	0.27	0.204	126
5	0.34	0.182	100
6	0.43	0.162	79.5
7	0.55	0.144	63.0
8	0.69	0.128	50.0
9	0.87	0.114	39.6
10	1.1	0.102	31.4
11	1.4	0.091	24.9
12	1.7	0.081	19.8
13	2.2	0.072	15.7
14	2.8	0.064	12.4
15	3.5	0.057	9.86
16	4.4	0.051	7.82
17	5.6	0.045	6.20
18	7.0	0.040	4.92
19	8.8	0.036	3.90
20	11	0.032	3.09
21	14	0.0285	2.45
22	18	0.0253	1.94
23	22	0.0226	1.54
24	28	0.0201	1.22
25	36	0.0179	0.97

电缆的耐潮湿规格分为 DRY（干）、DAMP（潮）、WET（湿）。在第一种情况下，电缆适合于室内地板水平面上的应用，在那里，电缆没有湿的可能。DAMP 规格的导线应该用在地板附近的室内位置，而 WET 规格的电缆应该用在所有室外或直埋敷设的地方。

导线也列出了一系列字母来描述绝缘、容量和温度规格。其中一些规格列在表 9.4 和表 9.5 中，这让你可以识别一些更通用的导线型号，像 T、TW、THW、RHW 和 RHH。

导线规格中的前缀 **表 9.4**

前缀	含义
T	只用于干燥场所，最高温度 140°F
CF	配有棉绝缘的导线，最高温度 190°F
AF	配有石棉绝缘的导线，最高温度 300°F
SF	配有硅绝缘的导线，最高温度 390°F
R	橡胶绝缘
S	超重负荷设备的软线
SJ	较轻负荷设备的软线
SV	轻负荷设备的软线
SP	带有橡胶绝缘的灯的软线
SPT	带有塑料绝缘的灯的软线
X	防潮复合聚合物绝缘
FEP	用于干燥环境配电的超过 190°F 的氟化乙丙烯绝缘

导线规格中的后缀 **表 9.5**

后缀	含义
B	表明外部由玻璃纤维或其他材料编织
H	负荷电流温度额定值高达 165°F
HH	负荷电流温度额定值高达 190°F
L	铅护套
N	尼龙或热塑聚酯护套
O	聚氯丁护套导线
W	潮湿场所使用型

住宅暖通空调系统通常使用标准的住宅电缆，像 BX 或 ROMEX。在用这些类型布线时，要确认遵循地方住宅规范，例如美国电气规范对于住宅用途有最小 12 号线规导线的要求。

某些导线的颜色惯例用在住宅和商业电气系统中。在为单相暖通空调系统接线时要遵循这些惯例，以避免混淆和便于未来查找故障。典型地说，黑色导线是带电导线，白色导线是中性线，绿色导线是接地线。

小结

绝不要把 BX 或 ROMEX 导线放到导管内，那样导线会过热并有火灾危险。

在商业暖通空调应用中，大电流用在电机和压缩机。这些设备典型的全负荷电流如表 9.6 中所示，会有所不同。这些电流是按 460V 交流电给出的。如果设备在 230V 交流电中运行，你就需要把表中的值加倍。随着导线中通过的电流增加，导线温度也随之升高。因为这个原因，美国电气规范对一根导管中可敷设的导线数量做了限制。这些值在表 9.7 ~ 表 9.9 中做出了概述，用于标准导管尺寸。

不同规格电机的全负荷电流　　　表 9.6

电机 HP	460V 的全负荷电流
1	1.7
2	3.0
3	4.5
5	7.5
10	14
20	26
30	39
40	51
50	63
75	90
100	123
150	180
200	240
300	348

导管中允许的最多导线数量 表 9.7

AWG	导管尺寸（in）								
	½	¾	1	1¼	1½	2	2½	3	3½
6	1	2	4	7	10	16	NR	NR	NR
4	1	1	3	5	7	12	17	NR	NR
2	1	1	2	4	5	9	13	NR	NR
1	NR	1	1	3	4	6	9	NR	NR
0	NR	1	1	2	3	5	8	12	NR
00	NR	1	1	1	3	5	7	10	NR
000	NR	1	1	1	2	4	6	9	12
0000	NR	NR	1	1	1	3	5	7	10

导管中允许的最多导线数量（THHN 型导线） 表 9.8

AWG	导管尺寸（in）							
	½	¾	1	1¼	1½	2	2½	3
6	1	4	6	11	15	26	NR	NR
4	1	2	4	7	9	16	NR	NR
2	1	1	3	5	7	11	16	25
1	NR	1	1	3	5	8	12	18

小结

总是要核实地方规范对于在你的应用中所使用的导线类型和导管中允许的导线密度的任何进一步的规定。

导管中允许的最多导线数量（XHHN 型导线） 表 9.9

AWG	导管尺寸（in）							
	¾	1	1¼	1½	2	2½	3	3½
0	1	1	3	4	7	10	15	NR
00	1	1	2	3	6	8	13	NR
000	1	1	1	3	5	7	11	14
0000	1	1	1	2	4	6	9	12

电力测量和电费

电表用来测量设备的瞬时耗电和一段时间的总电能。瞬时功率以瓦（W）或千瓦（kW）计量，它与水流类似；一个功率表测量每秒有多少电子流过设备，而一个涡轮计用来测量每分钟有多少加仑水流过设备。总电能是一段时间内进入设备的电子数，它以瓦时（Wh）或千瓦时（kWh）来计量。再用水进行比较，一个电表显示设备在一个月里用了多少千瓦时，而一个水表表示设备用的总的加仑数。

知道你的电能的使用是很重要的，原因有两个：第一个当然是公用事业公司为你的用电量向你收费（也为你用的峰值率收费）；第二个是通过测量电量使用看你的设备运行如何。例如，如果你测量一个冷冻机的耗电量并将它与其实际产生的冷量相比较，你就能很好地了解冷冻机是否运行正常。

小结

按照瓦特算的瞬时功率是一个速率，按照千瓦时算的总电能是一个量。

有许多方法测量冷冻机、风机和锅炉的功率损耗，从非常简单的方法到很复杂和昂贵的方法都有。最简单的测量功率的方法之一是用电流传感器测出设备电流。假定电压变化不大，并且假定一个多相电机的相位几乎是平衡的，你就能用表 9.10 ~ 表 9.12 查出功率是电流的函数。如果使用夹子夹上去的电表（夹表）进行现场测量，它同样有效。注意，要使用表中的数值，且必须知道测量设备的功率因数。可惜的是确定功率因数并不总是那么容易，因此你不得不为此买或租一个专用表。

当地的公用事业公司征收电费。用于计算账单的费率表很复杂。大楼管理者的目标就是选择最适合大楼能量使用的费率，这样的运行成本最低。因此理解费率的不同组成部分很重要，因为它们直接影响到每月总电能的账单。

单相 120/240V 电路的功率计算　　表 9.10

i = 电流　PF = 功率因数

电路类型	功　率
单相，2 线，有中性线	$i\times120\times PF$
单相，2 线，无中性线	$i\times240\times PF$
单相，3 线，有中性线	$I\times2\times120\times PF$

三相 120/208V 电路的功率计算　　表 9.11

i = 电流　PF = 功率因数

电路类型	功　率
单相，2 线，有中性线	$i\times120\times PF$
单相，2 线，无中性线	$i\times208\times PF$
单相，3 线，有中性线	$I\times2\times120\times PF$
3 相，3 线，△型	$i\times1.732\times208\times PF$
3 相，4 线，Y 型	$i\times1.732\times208\times PF$
3 相，4 线，△型	$i\times1.732\times240\times PF$

三相 277/480V 电路的功率计算　　表 9.12

i = 电流　PF = 功率因数

电路类型	功　率
单相，2 线，有中性线	$i\times277\times PF$
单相，2 线，无中性线	$i\times480\times PF$
单相，3 线，有中性线	$i\times2\times277\times PF$
3 相，3 线，△型	$i\times1.732\times480\times PF$
3 相，4 线，Y 型	$i\times1.732\times480\times PF$

不幸的是，在美国有数千个电力和燃气费率，每个都有其自有的结构和门道。虽然许多费率看起来类似，但是每个费率的细节会决定这个费率对于一个特定的建筑是否合适。例如，一些公用事业公司在一天的中间时间段的费率比晚上高。虽然平均费率低，但是高能价和白天高峰时间使用的重合也会很贵。最好是找到一个费率，平均价格高一些，又不处于高峰的不利时段。

小结

通过追踪每加仑汽油走了多少英里，你就能辨别出车是否有问题；用同样的方式，通过追踪暖通空调设备的用电效率，你也能找到它的问题。

一个给定阶段内总的用电量（以 kWh 计）或气（以 Btu 或 therms 计）称作总消耗量。消耗费用依据一个给定建筑时间段内总消耗的电流时间不同而不同，或根据一天内的时间而变化。在一个给定阶段的最高的瞬时用电（以 kW 计）叫作需求。像消耗一样，需求的费用在一天中随时间的不同而不同。

公用事业费率由消耗量、需求、附加费用、调整、计量费用和税组成。除此之外，附加条款和规定会影响费率，即使大楼或校园也可以使用一个专用费率。另外，不同的消耗和需求费用会随季节或是否是工作日、周末或节假日而不同。

消耗量

固定费用消耗量收费对大多数住宅账单来说是很典型的。这种收费很简单：不管在一天的什么时间或是已经用了多少电能，整个收费阶段和整天的收费是相同的。对电费率来说，这就对应于消耗每 kWh 电的一个固定费用。

单元费率随着用电多少而费用不同。第一单元有个指定的大小和价格。当这一单元“满”了，就移到下一单元，以此类推。图 9.23 显示了下降的单元费用，就是用电越多，单位价格越低。许多商业电费率都是单元费率。

使用时段或日分时段费率如图 9.24 所说明的，在一天的每个小时都改变着电费。典型的最高费率是从中午到下午 3 点，对应于用在制冷上的高用电量。许多商业电费费率结合了一定程度的使用时段计费。使用时段可从两个（峰值和非峰值）到五个。

大量的商业和工业电费费率是单元费率和使用时段费率的组合。例如，峰值阶段可有单元计费的成分，因此就有应用于一天

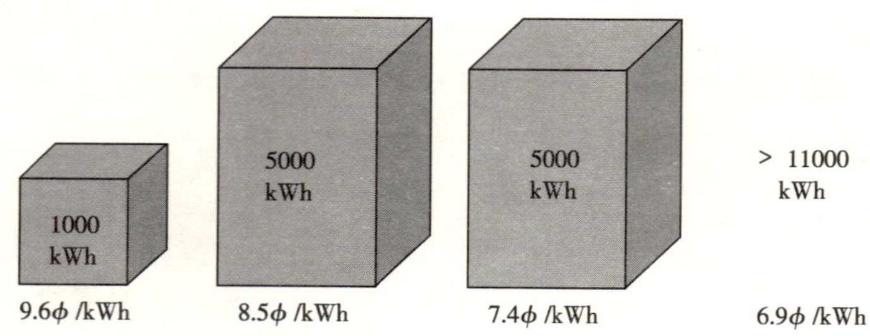

图 9.23 下降的单元费率示例

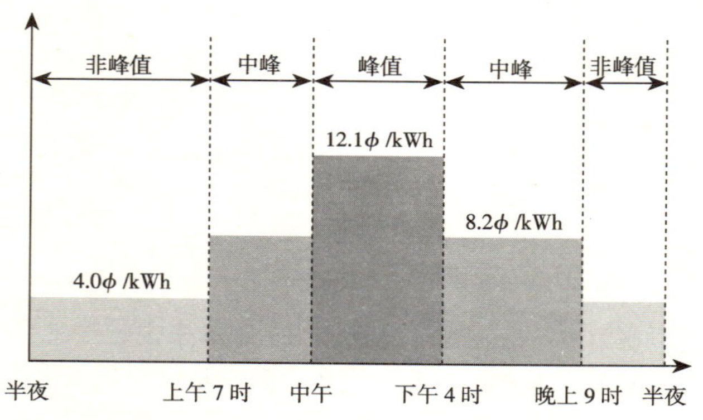

图 9.24 使用时段费率

当中某些小时之间的单元计费结构。表 9.13 中表示的是一个组合费率结构的例子。其他对基本消耗量收费的调整包括白天型调整（其中工作日和节假日与周末的费率不同）和季节型调整，其中有夏天和冬天费率的不同，或四季变化，甚至还有每个月费率结构都有变化的例子。

实时计费是一种相当新的方法，用于大客户的电力计费。在实时计费中，电力费率每个小时都依电力公司发电成本的不同而变化。虽然成本通常在一天的大多数时间都很便宜，但每年仍有约 40 ~ 80h 的时间会增加 10 或 20 倍。在这些种类的价格结构中，典型的是只有消耗量计费而没有需求计费。

使用时段和单元计费组合示例　　表 9.13

阶段	费用	评论
峰值	前 2500kWh 为 9.362 ¢ 接下来的 5000kWh 为 12.48 ¢ 超过 7500kWh 为 15.66 ¢	峰值时间是周一上午 9:30 ~ 下午 4:30 直到周五，假日除外
非峰值	前 1700kWh 为 5.763 ¢ 接下来 500kWh 为 6.311 ¢ 超过 3000kWh 为 8.210 ¢	所有其他阶段是非峰值阶段

需求

需求收费也有单元和使用时段费率，与消耗量收费中的非常相似。一个给定收费阶段的需求通常是由任一 15min 能耗的最高费率来设定的，尽管有时使用 30min 或 60min 的间隔。一个收费阶段的需求收费是由那个收费阶段的任何一点的最高需求来设定的。例如，图 9.25 就表示了一个大型办公楼中每小时需求的价值，这座办公楼的每月需求在第一个周一设定。即使一个月中的其他时间有较低的需求值，每月的能源账单也用峰值需求来计算需求收费。某些能源费率既有峰值需求收费，也有非峰值需求收费。

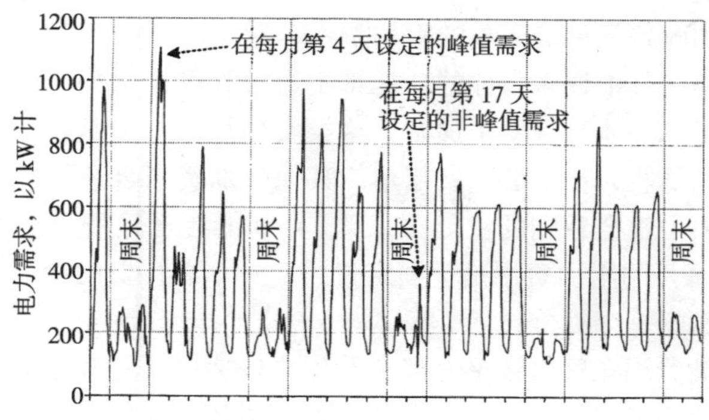

图 9.25　每月需求值和需求收费值的例子

在某些情况下，需求收费逐月慢慢变化，这意味着峰值需求收费会从一个月延续到下一个月，有时甚至延续到下一年。在这上面有很多变化，比如使一个给定月份的需求收费取对那个月的测定需求或前11个月的任何峰值需求的某个百分比两者中较大的那个。

对于暖通空调工程师来说，了解一座特定建筑所用的需求费率，在决定应该使用什么样的节能措施方面起到很大的作用。电力需求费用差不多等于电力消耗费用，然而减少整个消费很难，减少峰值需求却容易些。由于这个原因，许多节能技术都涉及削峰，这种技术尽量限制峰值阶段的峰值需求。许多大型制冷机（见第8章）有内置的控制器，这种控制器让使用者可以给制冷压缩机的用电设定一个上限。其他暖通空调设备，像热能存储系统（见第10章）就完全没有必要采用削峰技术。

费用调整和其他收费

除了消耗和需求收费之外，公用事业公司还经常使用资费调整的办法，这反映了他们发电或从电厂输电的成本。在电费单上，它通常被列为能源费用调整，并作为每千瓦时的附加费或者作为总消耗的一个百分比和需求账单的一部分提出。费用调整可以是正向或是负向的，这取决于公用事业公司供电的成本比预期的多还是少。

附加收费是你的账单的附加费用，它反映了由于各种原因发生的费用，其中许多与你的耗能都不直接相关。例如，许多州强制实行了一种能源援助附加费，这类费用用于一项基金，该基金帮助补贴低收入住宅的电费账单。其他附加费来自开发费用（在你的账单中常会看到的“能源采购”）和能源运输费（“州际转移”）。每月的附加费用是个固定费用、一个总耗费的函数，或者账单总额的一个百分比。

计量费用在每份账单上都会看到，包括燃气的和电力的。计量收费反映了安装成本和每个月电表的读数。这些费用可以有很大的不同：从住宅电表每月的几美元，到商业和工业顾客每月的几百美元。一般说来，你的费率越复杂，电表越贵，每月的计量费用就越高。例如，如果你有固定消耗费用，那么你的电表会相对简单和便宜；但如果你按照使用时段费率，那么电表就必须能够为一天的不同时段计费，因此电表会更贵。

当地、县、州和联邦税都会在账单的不同部分表示出来。税收总额在任何地方都可能从零增加到账单总额的大约 10%。最后，附加条文或特殊条款是一些规定，用于每个指令某个消费者使用的费率，或者可以依据消费者的类型或最大负荷提供激励或增加费用。

第 10 章 材料

电气工程师使用的材料很多。每类材料中都有多种选择。例如，选择合适的夹子或固定夹板就需要一些考虑。确定用什么类型的接线盒，以及确定是用塑料的还是金属的接线盒都要有所考虑。选择合适的材料会让工作变得容易并且减少费用。2002 N. E. C. 的第 110 款要求，列出或标明的设备要根据说明来安装。这就是告诉你那种产品应该用于特定的目的。常言道："为合适的工作选择合适的工具。"你不能把扳手当锤子用，同样，你不能用电缆夹固定导管。记住这点，让我们来看一下在电气行业中常用的材料。

插座

插座广泛用在电气行业。15A 或 20A 的双联插座常用在新建或改造的建筑供电工程中（图 10.1）。

分类级插座

分类级插座经常用在商业建筑中，也用在工业建筑中。学校，办公室或零售商店也能用到分类级插座。

时钟插座

在一些特殊情况下应用时钟插座，这些插座嵌入在盒子里并可将时钟悬挂在插座上方，时钟电源线插入到插座中。

图10.1 双联插座

小结

在安装插座时，应该校核插座的额定电流值。在多插座电路中，15A的插座可安装在20A的电路中。

提示：

用铝导线的开关和插座标有CO/ALR？如果你发现与开关或插座相连的铝导线没有标有CO/ALR，可将设备换为许可的设备。

230V插座

230V插座可用于15~50A的额定值范围。插座的配置只能有一种特定的接线方式（图10.2~图10.5）。

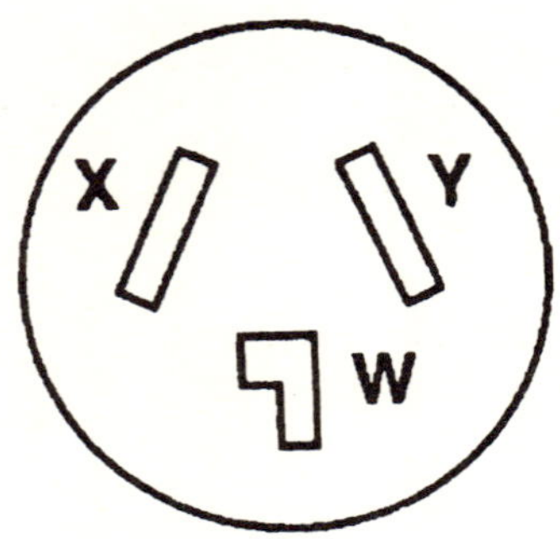

图 10.2 30A 125/250V 3 极，3 线插座

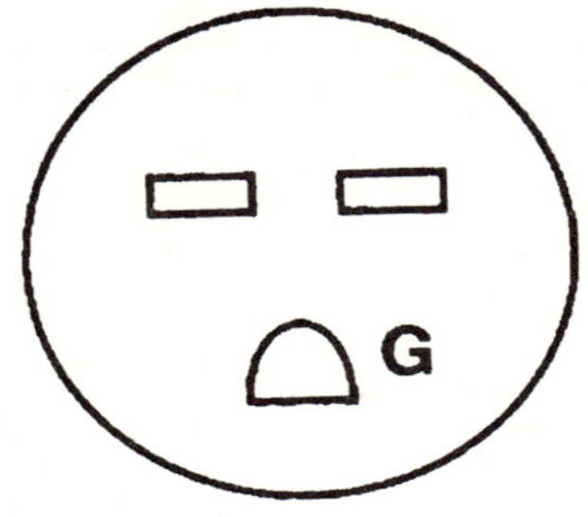

图 10.3 30A/250V 接地 2 极，3 线插座

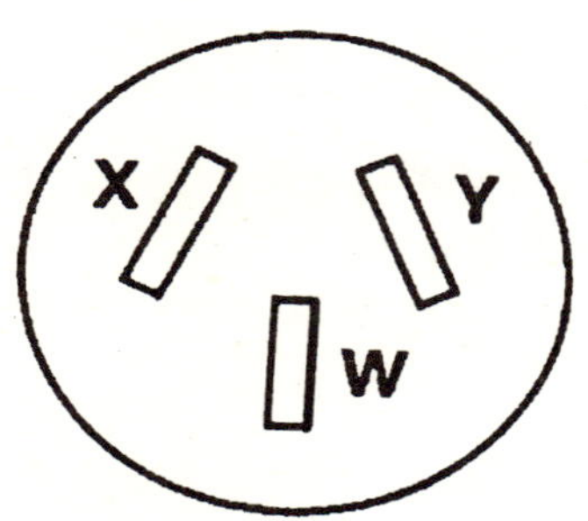

图 10.4 50A 125/250V 3 极，3 线插座

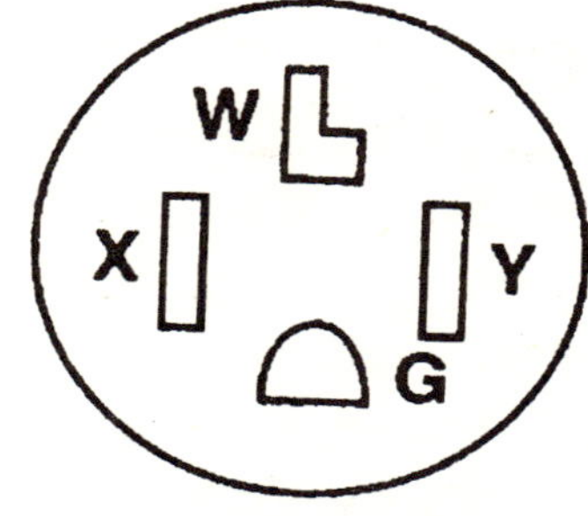

图 10.5 30A 125/250V 接地 3 极，4 线插座

30A 干燥机插座

30A 干燥机插座有很多样式。插座可以是暗装型或是明装型的（图 10.6，图 10.7）。这种类型的插座只能插入用于衣服干燥机的电源插头。3 线干燥机的插座现在只能用来替代现有插座。所有新型的 30A 干燥机插座都必须是 4 线的。

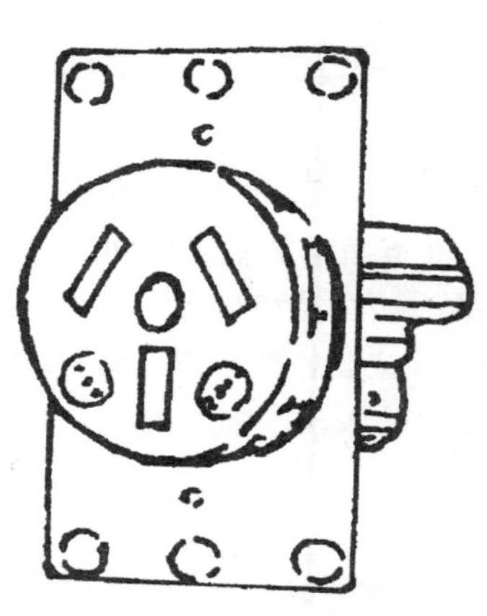

图 10.6 暗装型插座

图 10.7 明装型插座

50A 炉灶插座

50A 的炉灶插座有很多种。插座可以是暗装型或是明装型的（图 10.6，图 10.7）。这种类型的插座只能插入用于厨房中的电灶的插头。3 线炉灶的插座只能用来替代现有插座。所有的新型 50A 炉灶插座都必须是 4 线的。

要点：

6 号导线的额定值为 240V、60A。这类导线用于中央空调机、电炉子和类似设备。

提示：

许多塑料接线盒标有盒子中允许容纳的不同规格导线的数量？提供这个标注是为了不使接线盒超负荷。

要点：

当需要连接时，检查所有导线上的绝缘。确定绝缘没有被损坏。

绞锁插座

绞锁插座有很多形式和不同的电压额定值，额定电流值为15～60A。绞锁插座在电机中最常用。这类插座能在发电机、电焊机等设备上看到。一个20A的绞锁插头接线端和与之配套的一个20A的绞锁插孔端能作为导线的延长。这类装置能和常规导线共同将导线延长到任何长度。把延长导线插入一个临时电杆位置的GFI插座，你基本上就可以工作了。

独立接地插座

独立接地插座是橙黄色的，或者是正面带有橙黄色三角形标记的另一种颜色。独立接地插座的设计使它的接地端与建筑钢筋部分绝缘。一根绝缘的绿色导线直接接到配电盘的接地母线上。插座的框架或者卡箍与系统的常规设备接地相连。这种插座用在接地导线上存在电气干扰和噪声的地方，它通常发生在计算机或其他敏感电子设备上。这种类型的插座能从常规接地中独立出来接地，通过一个独立的接地途径来消除电磁干扰。这条接地途径能将诸如收款机、计算机和医疗设备这样的电子设备受影响的瞬时电流隔绝开来。

GFI 插座

GFI插座运用于住宅、商业和医疗建筑中。这些插座可以是馈通型或者是非馈通型的。馈通型插座从电路远端保护插座。在这些类型的GFI插座背面有一组负荷端子。一个端子是白色的，而另一个是黄铜色的。电路更远端额外的插座被接到负荷端子上，这就用负荷导线从下端保护了GFI插座。

非馈通型GFI插座只保护端头的插座，其下端的插座不受额外保护。馈通型和非馈通型GFI插座的基本特征是：

- 5 MA门限值跳闸
- 240 MA故障时，在0.025s内跳闸
- 有检测按钮

- 复位按钮

一些 GFI 插座有指示灯。但并不是所有的 GFI 插座都有指示灯（图 10.8）。有指示灯即表示插座在线；如果插座跳开，指示灯是不亮的。不带指示灯的 GFI 插座必须人工检测，看它是否在线。

图 10.8　GFI 插座

另外还有 GFI 导线装置和延长导线：导线装置长度是 2ft、6ft 和 25ft。而 GFI 延长线的长度是 37ft。这些导线装置和延长线都符合职业安全和健康法规（OSHA）。在施工现场和不可能有一个永久性 GFI 电路装置的地点使用导线装置或延长导线是很有价值的。这里提到的导线可以在接地故障和断开中性线时提供保护。导线装置裹有防水保护层。电源指示灯在设备跳闸或导线没插入时是不亮的。设备上的测试和重起特征可以快速确认是否有保护。

商业用插座

商业用插座有许多颜色和样式。这些插座是背面接线或侧面接线。商业插座上的端子导线可以连接高达 10 号线规的导线。插座后面的接线孔可连接 14 号线规的导线或者 12 号线规的铜导线或包铜导线。

商业插座装配有省力的自接地搭接片。这些插座有标准的双宽度的黄铜触点，用于长期重负荷。这种插座有 120V，15A 和 20A 的规格，还有 250V，15A 型号的。

住宅插座

住宅插座有 120V，15A 的型号。插座有很多种颜色，如红褐色、灰色、浅黄褐色、黑色、白色和象牙色。这些插座可以是背部接线和侧面接线，当安装在一个合适的接地金属盒子里时就是自接地的。高负荷、双宽度的黄铜触点可以有更长的使用寿命。

电涌抑制器插座

电涌抑制器插座在类型和保护方面都是技术领先的。这些插座保护着敏感的电子设备，如计算机，使其不受瞬时电涌的损害。使用电涌抑制器插座时有三个级别的保护。当三个级别的保护处于工作状态时，监视器或指示灯就显示出来。这些插座有 15A 或 20A 的额定值。

电涌抑制器插座有抗压表面和熔丝保护的电路。除此之外，这种插座还有 RFI 和 EMI 噪声过滤。在住宅工程和商业工程中，选择位置安装电涌抑制插座有很多益处。只要有瞬时电涌可能损坏敏感设备的地方，就应该安装电涌抑制器插座。

小结

插座装有螺丝，用来连接下面的导线。许多插座在背面有孔，以便将剥去绝缘皮的导线插入孔中做连接。没有多少专业人士使用穿刺法做连接。当导线固定到螺丝下面时，连接会更加牢固。

小结

在一个插座的螺丝下面可以安全地接多少接头呢？答案是只允许一个。既然如此，怎么使一些较老的接线变得更安全呢？那就是使用跳线，把跳线的一端放到插座螺丝下面，然后将跳线的另一端接到其他导线上并用导线螺栓固定。相比较而言，这是个更安全的步骤。

开关

与插座一样，开关有很多样式、类型和颜色，也有不同的额定电压。15A 和 20A 额定值的单极开关是新建住宅、改造建筑、办公室、车库等处最常用的，同样安培额定值的三位开关在这些工程中的应用也很普遍。

开关用来控制灯，也能控制小电机，比如污水泵、垃圾处理、排气扇等。开关既有按键式的，也有旋转型的。

我几年前为一个学校布线，对开关有过一些有趣的经历。当时，我们中有四个人检查工程的平面图和接线图，讨论如何给学校的三位开关和四位开关接线。我顺便对他们开玩笑说不要忘记五位开关。我原本以为这些年轻的电气工程师知道没有任何一种叫五位开关的东西，但是，我却被粗暴地叫醒，工地的工长告诉我不要把他的员工弄糊涂了，以便他们能顺利地工作。更让我吃惊的是，其他三个电气工程师足足花了整个下午的时间在平面图上努力寻找五位开关的位置。

单极和三位开关有许多样式。例如，有带两个单极开关的开关，有带接地插座的单极开关，也有带指示灯的单极开关。甚至在一个单元内有一个单极开关和一个三位开关的组合。如果想要一个单元内有两个三位开关组合的话，你也能找得到。

另外还有带接地插座的三位开关。比如那些刚讨论过的组合设备，迟早都能派上用场。那么，什么时候你有可能用到这些组合设备呢？下面有几个例子：

- 带指示灯的开关能用来显示什么时候它处于接通的位置。这在某些应用中会很方便。你去过医疗机构并在浴室门外看到过墙上带灯的开关吗？它提示使用者有人把浴室的灯打开，浴室可能被人占用。

- 有时候你可能无法将两个开关同时挤进可用的空间。如果发生这种情况，用组合设备就能解决空间的问题。

瓷灯头

瓷灯头通常带有一个拉线开关。这是一种常见的安装样式，但要有选择。一些瓷灯头在边缘有一个方便的插座。这些灯头通常用在地下室、阁楼、小空隙和存储区域中，它们通常由一个拉线开关控制，灯头的接线可与其他类型开关连接。

灯开关

灯开关有很多样式。这些类型的开关包括：

- 拉链开关
- 无键开关
- 转钮开关
- 按式开关
- 键式开关

当修理灯开关时，你也许能重新修好坏开关。通常换掉这个坏开关更容易些。

调光器开关

调光器开关有一个单极开关和三位开关。调光器的功能是调暗白炽灯照明。这些开关用于住宅、样品陈列室、展示窗和其他一些地方（图 10.9）。荧光灯调光器用于调暗样品陈列室、展示、商业场所的窗或类似区域的照明。

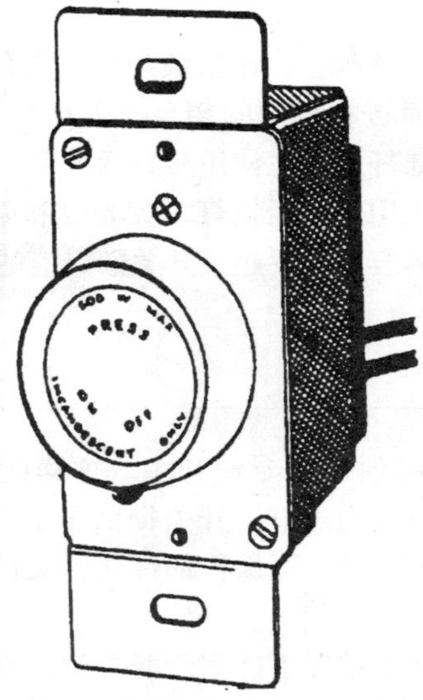

图 10.9 推拉式调光开关

摇杆开关

摇杆开关综合了样式与坚固的性能于一身。摇杆开关可从背面或侧面接线。

凹形摇杆设计提供了一个低平的外形，而且开关时非常安静。摇杆开关的热塑结构使其能抵制硬碰撞和长期滥用。

用在摇杆开关里带有锁定舌的一片重金属可保证开关的额外力量。实心导线和标准导线都能与摇杆开关相连。摇杆开关上有双重接地，你可以选择一个绿色接地螺丝或者铆在开关背垫条上的自接地接线柱。摇杆开关的一些类型包括：

- 单极
- 双极
- 三位
- 四位
- 中心断开的双投

- 双极、双投、中心断开

摇杆开关有很多种颜色，比如象牙色，白色和浅黄褐色。用于这些开关的开关面板有相配的颜色。盖板装配紧密并且防尘。紧密安装可以确保摇杆开关在使用时灵活方便。

摇杆开关的批准用途包括钨灯、荧光灯和阻性负荷。如果用于开关电机，电机的容量不要超过开关额定值的 80% 。

专业开关

你偶尔可能想用到一些专业开关。这样的开关是可编程开关。这类开关只准用于白炽灯。开关提供了手动开关功能，但它也提供了一个可编程部件。可编程部件让开关能依据开关中的编程自动工作。

例如，开关在无人情况下能用于开关灯。在可编程开关中有一个常见的电池备份部件。电池可让开关保持编程记忆约 72h。这类开关的功率额定值为 40 ~ 500W。可编程开关有单极开关和三位开关。

延时开关

延时开关只限于白炽灯使用。这些开关可被安装在墙上的标准单组开关盒内替代标准开关。延时开关与一个电子按键垫一起工作。开关上的引线使接线快速容易。延时开关常安装的地方包括：

- 车库
- 儿童房
- 地下室
- 楼梯间
- 门厅
- 通道

延时开关额定值是 120V，300W。当灯亮时，人可以按下延时开关按钮，大约 5min 后灯就会熄灭。

插头

直片插头和连接器有 15A 和 20A 的额定值。居住场所用的只有一种类型。10A 和 15A 的平行插头和连接器用来修理分极的导线，但不接地。15A、两极、3 线接地插头和连接器用于设备导线、电气工具和延长导线以及用于替代损坏的导线端（图 10.10）。

工业用插头

工业用插头有 15A 和 20A 的额定值。在谈到插头选择时，这两种插头被认为是最高级别的。这些插头和连接器里都有电缆夹，在安装导线端时可以减少对导线的损坏。导线夹是单独的小空腔，可起到夹紧的作用，但又不切断导线股。在接线完成后用三个快速穿线的螺丝来固定设备。

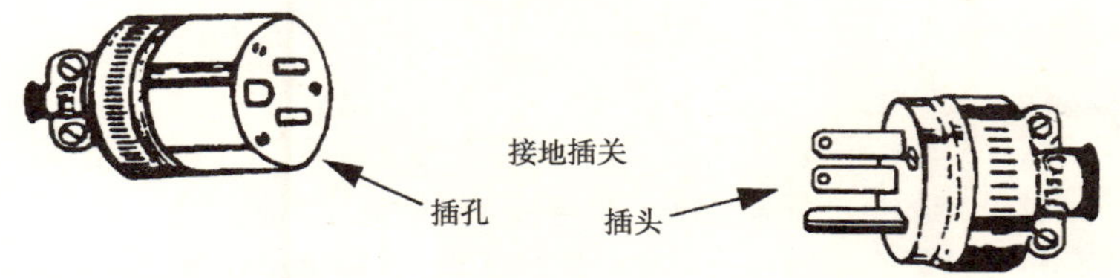

图 10.10　接地插头

工业插头通过电池测试。这些插头用于医院，并且保证在最恶劣的工厂环境中能有最好的性能。例如，插头经过 500lb 挤压测试。插头放在两块钢板之间被挤压到相当于 500lb 的点。用 2500lb 的压力额定值做测试来模仿在使用中可能遇到的最糟糕的滥用情况。

工业插头还经过撞击测试。这个测试包括一个 10lb 重的物体从 18in 的高度反复扔到插头上。

工地现场的插头可能被滥用。插头可能被踩踏，被设备或脚手架轮子碾过，等等。这意味着插头必须结实。

在机械的下落测试中，把拉线系到一段带有插头或连接器的橡胶导线上。插头和连接器被拉起来并从大约 45in 高的地方放开，然后撞到一个硬的木质表面。这个试验会做几百次。

工业插头和连接器的拉线测试。试验是通过在一段橡胶导线上安装一个拉线端来做的。把拉线放在一个固定器里，用 30lb 的力直拉拉线。拉线夹必须牢固地固定在插头上。然后再用一个圆周运动的 10lb 的力对拉线端进行旋转牵拉，持续两个小时。再提醒一句，拉线夹必须系牢。

承梁板

承梁板有很多样式、颜色和构筑材料类型。承梁板的尺寸从标准到大号都有。构筑材料包括：

- 高度耐损害的结构
- 尼龙
- 塑料
- 黄铜
- 铝
- 不锈钢
- 铬钢

接线器

接线器的生产配置实际上要与每种接线的应用相匹配。确保你要用的接线器合乎额定值。如果连接不当，把铝线与铜线连接到一起具有潜在的危险。其中一个原因是当绝缘皮从导线上剥掉时，导线上立即形成的保护膜能导致接触不良和危险的连接。当必须做铝线和铜线连接时，须用 Al/Cu 规格的导线连接器（图 10.11a、b）。

导线连接器的包装上有清晰的列表列出这些连接器可用的不同导线尺寸的组合。阅读和理解导线连接器的使用限制非常重要。决不要用小于额定值的导线连接器，这样做会违反规范并让你承担民事赔偿，最重要的是，造成的危险可能会危及你的生命。图 10.12～图 10.15 列出了许多种导线连接器和相应的数据表格。

导线的尺寸和应用

为特定的工程使用合适尺寸的导线对安全无故障的接线很重要。图 10.16～图 10.33 列出了常用导线、电缆、引线尺寸和应用的例子。

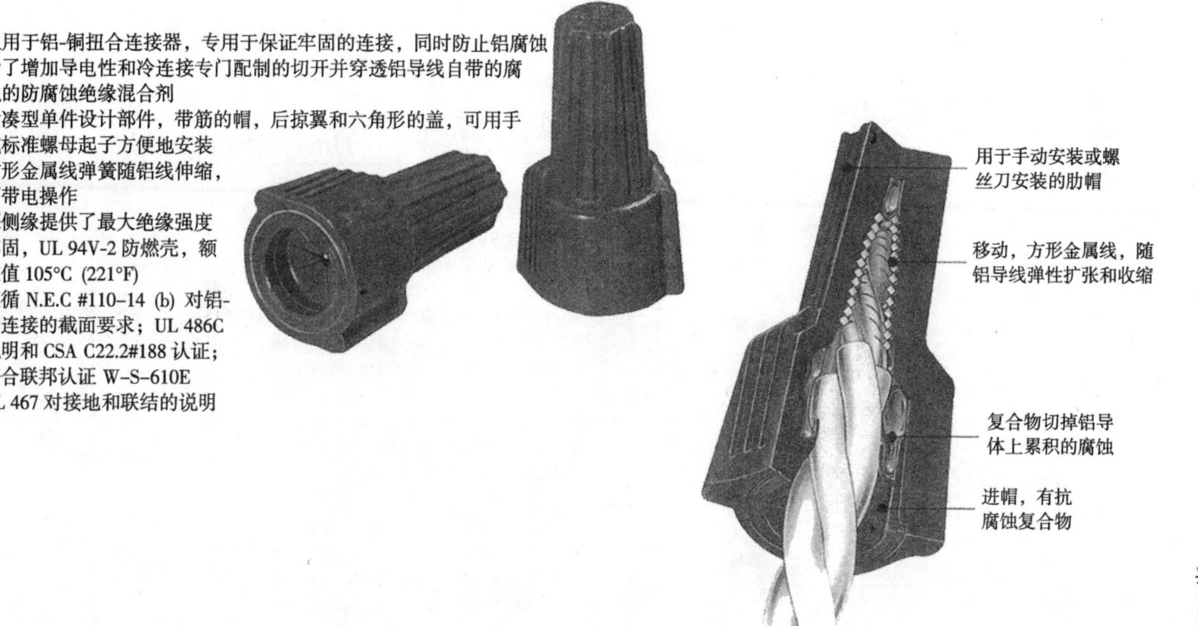

图 10.11a Twister® Al/Cu 导线连接器（由 Ideal Industries 提供）

型号	颜色	导线组合	数量	产品目录编号
65	紫色	1根10号实心铝导线/1或2根10号实心铜导线 1根10号铝导线/1或2根12号铜导线 2根10号实心铝导线/1根12号铜导线 1根10号铝导线/1或2根14号铜导线	每板 2个	30-065
		2根10号实心铝导线/1根14号铜导线 2根12号实心铝导线/1根10号铜导线 1根12号实心铝导线/1或2根10号铜导线 1根12号多股铝导线/1或2根10号实心铜导线	每板 10个	30-765
		1根12号铝导线/1或2根12号铜导线 2根12号实心铝导线/1根12号铜导线 1根12号铝导线/1或2根14号铜导线 2根12号实心铝导线/1根14号铜导线	每板 25个	30-165
		1根10号铝导线/1或2根18号铜导线 2根10号实心铝导线/1根18号铜导线 1根12号铝导线/1或2根16号铜导线 2根12号实心铝导线/1根16号铜导线	每盒 100个	30-265
		1根10号铝导线/1或2根16号铜导线 2根10号实心铝导线/1根16号铜导线 1根12号铝导线/1或2根18号铜导线 2根12号实心铝导线/1根18号铜导线	每箱 1000个	30-365

600V 最大建筑用导线；1000V 指示或照明灯具

Wire Connector also listed as grounding equipment

图 10.11b Twister® Al/Cu 导线连接器，导线尺寸组合（由 Ideal Industries 提供）

- 轻度潮湿场所/直埋连接器，导线尺寸最大覆盖范围 20~12AWG
- 使用非硬化的密封剂，完全隔潮，保护导线不受霉菌和腐蚀侵害，在-40℃（-40℉）~105℃（221℉）温度范围内保持稳定
- 紧凑型单件设计部件，带筋的帽，后掠翼和六角形的盖，可用手或标准螺母起子方便地安装
- 为了安全起见，方形金属线弹簧锁到导线上并牢固地连接，可带电操作
- 深侧缘提供了最大绝缘强度
- 牢固，UL94V-2 防燃壳，额定值 105°C (221°F)
- 经过地下和潮湿场所认证-UL 486D 说明和 CSA C22.2#188.2 认证；符合联邦认证 W-S-610E

型号	颜色	导线组合范围	导线组合范围	数量	产品目录编号
60	蓝色	600V* 22 ~ 8AWG 最小：1 根 18 号和 1 根 20 号 最大：1 根 10 号和 2 根 12 号	600V* .64mm DIA ~ 3.26mm DIA 最小：1.34mm² 最大：11.88mm²	每板 2 个	30 - 060
				每板 10 个	30 - 760
				每板 25 个	30 - 160
				每盒 100 个	30 - 260
				每箱 1000 个	30 - 360

* 在设备和标志上的最大值 1000V

LISTED · WIRE CONN UL   Cu/Cu Only

图 10.12 Twister®DB Plus™ 导线连接器，导线尺寸组合（由 Ideal Industries 提供）

- 特殊的导线容量范围——两个型号处理导线组合小至 22AWG，大到 6AWG
- 带筋的帽提供了牢固的手柄和快速的指尖启动
- 后掠翼提供了额外的杠杆作用并且更省力，以便连接大导线组合
- 六角形可与进行工具安装的标准螺母起子相适应
- 为了安全起见，方形金属线弹簧锁到导线上并牢固地连接，可带电操作
- 深侧缘防止了飞弧和导线股的反转，提供了最大的绝缘保护
- 容易取下，以便重复使用相同尺寸和更大的导线组合
- 牢固，UL94V-2 防燃壳，额定值 105℃ (221℉)
- UL 486C 说明和 CSA C22.2#188 认证；符合联邦认证 W-S-610E
- 符合 IEC 公布的 998-2 和 998-2-4 的分类

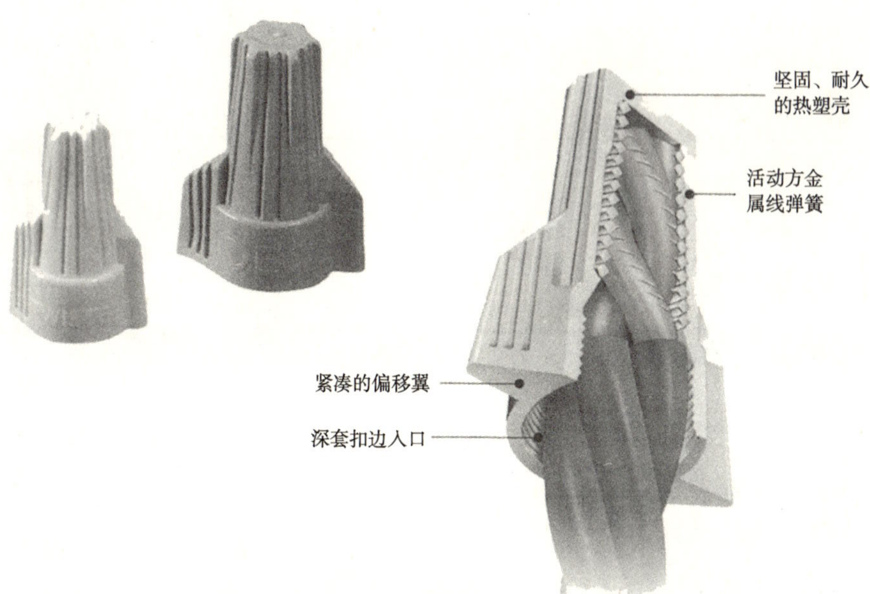

图 10.13a Twister® 导线连接器（由 Ideal Industries 提供）

型号	颜色	导线组合范围	导线组合范围（mm）	数量	产品目录编号
341®	棕黄色的	600V* 22 ~ 8 AWG 最小：3 根 22 号 最大：3 根 10 号	600V* .64mm DIA ~ 3.26mm DIA 最小：.97mm² 最大：15.78mm²	每盒 50 个	30 - 141
				每盒 100 个	30 - 341
				每罐 750 个	30 - 341J
				每袋 500 个	30 - 641
				每箱 1000 个	30 - 541
342®	灰色	600V* 18 ~ 8 AWG 最小：3 根 14 号 最大：2 根 10 号 导线/4 根 12 号实心导体	600V* 1.02mm DIA ~ 3.26mm DIA 最小：6.24mm² 最大：23.76mm²	每盒 25 个	30 - 142
				每盒 50 个	30 - 342
				每袋 250 个	30 - 642

* 在设备和标志上的最大值 1000V

Cu/Cu Only EN 60-998-2-4

图 10.13b Twister® 导线连接器，导线尺寸组合（由 Ideal Industries 提供）

- 三种颜色编码的型号覆盖了 18~6 AWG 全范围尺寸的导线
- 特别设计的翼形外廓提供了牢固的手柄，以便在最大尺寸的导线组合上施加额外的杠杆作用
- 带电作业的弹簧扩张用来容纳导线的形状和尺寸，不需要预先绞合
- 方形金属线弹簧螺纹直接将导线快速牢固地连接
- 深侧缘防止了飞弧和导线股的反转，提供了最大的绝缘保护
- 容易取下，以便重复使用相同尺寸或更大的导线组合
- 牢固，UL94V-2 防燃壳，额定值 105℃ (221℉)
- UL 486C 说明和 CSA C22.2#188 认证；符合联邦认证 W-S-610E
- 符合 IEC 公布的 998-2 和 998-2-4 的分类

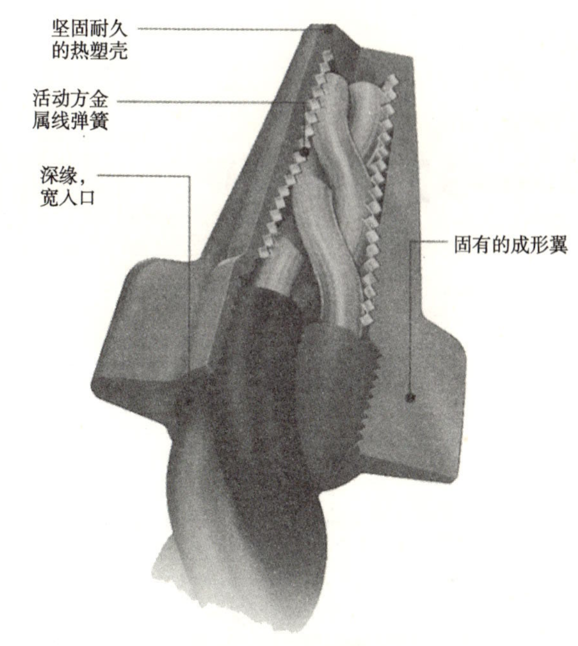

图 10.14a Wing-Nut® 导线连接器（由 Ideal Industries 提供）

型号	颜色	导线组合范围	导线组合范围（mm）	数量	产品目录编号
451®	黄色	600V* 18 ~ 10 AWG 最小：2 根 18 号 最大：3 根 12 号	600V* 1.02mm DIA ~ 2.59mm DIA 最小：1.64mm² 最大：9.93mm²	每盒 100 个	30 - 451
				225 个	每罐 30 - 451J
				1000 个	每箱 30 - 551
				每集装箱 2500 个 （20 袋，500ea.）	30 - 651
452®	红色	600V* 18 ~ 8 AWG 最小：2 根 14 号 最大：5 根 12 号	600V* 1.02mm DIA ~ 3.26mm DIA 最小：4.16mm² 最大：16.55mm²	每盒 100 个	30 - 452
				每罐 300 个	30 - 452J
				每箱 1000 个	30 - 552
				每集装箱 5000 个 （10 袋，500ea.）	30 - 652
454®	蓝色	600V* 14 ~ 6 AWG 最小：3 根 12 号 最大：2 根 6 号 和 1 根 12 号	600V* 1.63mm DIA ~ 4.12mm DIA 最小：9.93mm² 最大：29.9mm²	每盒 50 个	30 - 454
				每集装箱 2500 个 （20 袋，100ea.）	30 - 654

* 在设备和标志上的最大值 1000V

Cu/Cu Only　EN 60-998-2-4

图 10.14b　Wing-Nut® 导线连接器，导线尺寸组合（由 Ideal Industries 提供）

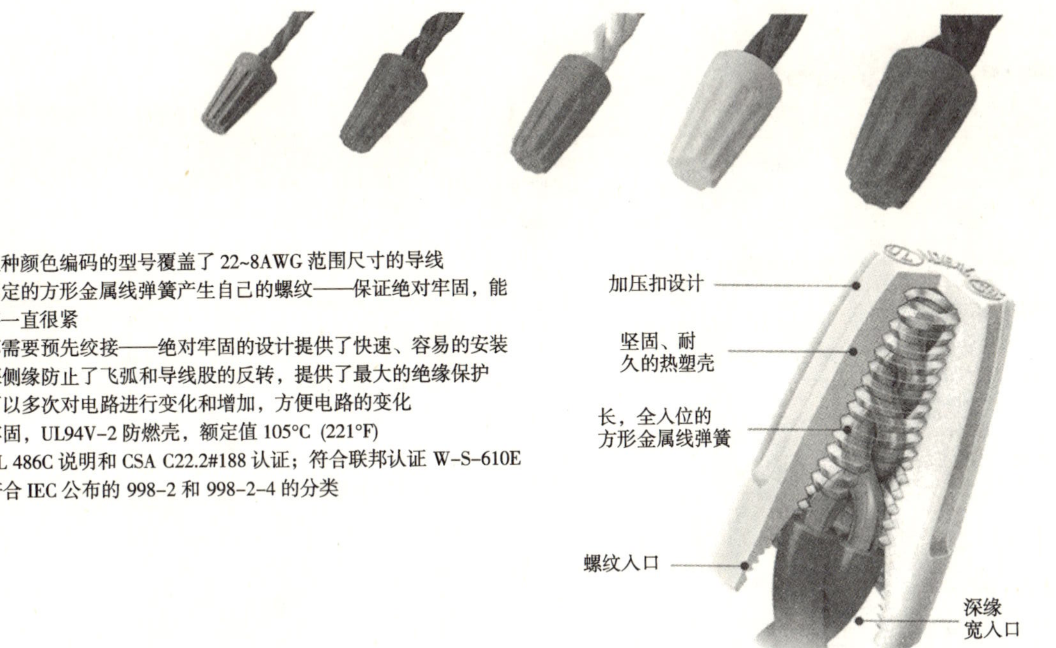

图 10.15a Wire-Nut®导线连接器，导线尺寸组合（由 Ideal Industries 提供）

型号	颜色	导线组合范围	导线组合范围（mm）	数　量	产品目录编号
71B®	灰色	300V 22~16 AWG 最小2根22~ 最大2根16号	300V .64mm DIA~ 1.29mm DIA 最小65mm²~ 最大2.62mm²	每盒100个	30-071
				每箱1000个	30-171
				每集装箱25000个 （裸包装）	30-271
72B®	蓝色	300V 22~14 AWG 最小2根22号 ~最大3根16号	300V .64mm DIA~ 1.63mm DIA 最小.65mm²~ 最大3.93mm²	每盒100个	30-072
				每箱1000个	30-172
				每集装箱10000个 （裸包装）	30-272
73B®	桔黄色	600V* 22~14 AWG 最小1根18号 和1根20号 最大4根16号 和1根20号	600V* .64mm DIA~ 1.63mm DIA 最小1.34mm² 最大5.76mm²	每盒100个	30-073
				每罐300个	30-073J
				每箱1000个	30-173
				每集装箱10000个 （20袋，500ea.）	30-273
				每集装箱10000个 （裸包装）	30-673
74B®	黄色	600V* 18~12 AWG 最小2根18号 最大4根14号 和1根18号	600V* 1.02mm DIA~ 2.05mm DIA 最小1.64mm² 最大9.14mm²	每盒100个	30-074
				每罐175个	30-074J
				每箱1000个	30-174
				每集装箱10000个 （20袋，500ea.）	30-274
				每集装箱10000个 （裸包装）	30-674
76B®	红色	600V* 18~10 AWG 最小2根14号 最大2根10号 和2根12号	600V* 1.02mm DIA~ 2.59mm DIA 最小4.16mm² 最大17.14mm²	每盒100个	30-076
				每箱1000个	30-176
				每集装箱5000个 （20袋，250ea.）	30-276

*在设备和标志上的最大值1000V

Cu/Cu Only　CE　EN 60-998-2-4

图 10.15b　Wire-Nut® 导线连接器，导线尺寸组合（由 Ideal Industries 提供）

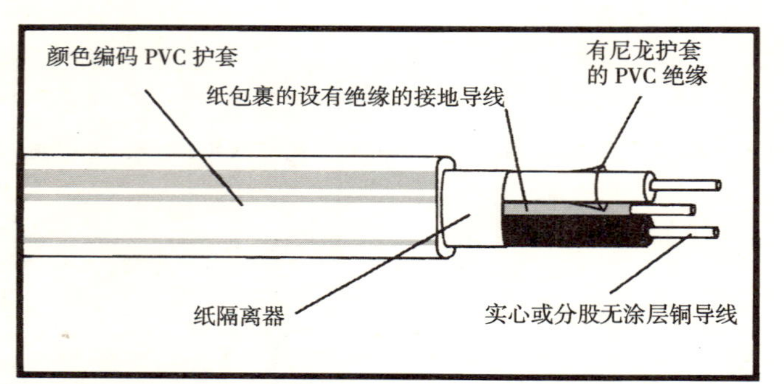

说明和特征：

ESSEX® 型 NM-B 非金属护套电缆有扁结构（2 根导线）和圆结构（3 根和 4 根导线）。扁形有实心和多股绞合型 THHN 导线，平行排列，有纸包的非绝缘接地导线或没有接地导线。圆型结构有实心和多股绞合型 THHN 导线，与纸包的非绝缘接地导线绞在一起，或者根本没有接地导线，并且无填充物。包有纸隔板的扁电缆和圆电缆的表面都裹有一层坚固的聚氯乙烯（PVC）外套。

- UL 列为 NM-B E-10816 型
- 导线额定值 90℃
- 导线容量应该是 60℃，并符合 NEC 的 300.15 款
- 外面的 PVC 外皮根据导线规格尺寸按颜色编码

#14 AWG – 白色
#12 AWG – 黄色
#10 AWG – 桔黄色
#8 AWG 和更大 – 黑色

图 10.16a NM-B 型颜色编码非金属护套电缆说明（由 Superior Essex 提供）

用途：

- 可在正常干燥场所明装和暗装
- 能安装或固定在空隙中，或安装在砌块或瓷砖墙上，这些地方不会暴露在过量的潮气中
- 可按照 NEC 中的 300.4（B）款和 334 款使用
- 可用于住宅和商业中的支路接线

结构：

导线：实心（#14、12 和 10 AWG）（根据 ASTM B-3）或多股（#8、6、4 和 2）软退火无涂层铜（根据 ASTM B-8）

绝缘：聚氯乙烯复合物（PVC），厚度要达到承保人实验室对于 THHN 90℃的要求

颜色编码：

2 根导线：黑、白

3 根导线：黑、白、红

4 根导线 1 型：黑、白、红、蓝

4 根导线 2 型：黑、白、红、带红条的白

导线护套:热稳定尼龙

接地导线：软退火实心或多股无涂层铜

隔离物：纸（只用于 2 根导线）

总装：

2 根导线：独立型 THHN 导线与纸包非绝缘接地导线平行排列，接地导线在两根导线之间，或者没有接地导线

3 根和 4 根导线：独立型 THHN 导线与纸包非绝缘接地导线绞在一起，或者根本没有接地导线，无填充物

护套：聚氯乙烯（PVC）用在装配好的导线上面，颜色醒目

温度：60℃干燥环境

额定电压：600V

说明和标准：

UL 标准 719-非金属护套电缆

UL 标准 83-绝缘导线

* 导线额定温度 90℃，外护套额定温度 60℃干燥

图 10.16b NM-B 型颜色编码非金属护套电缆用途（由 Superior Essex 提供）

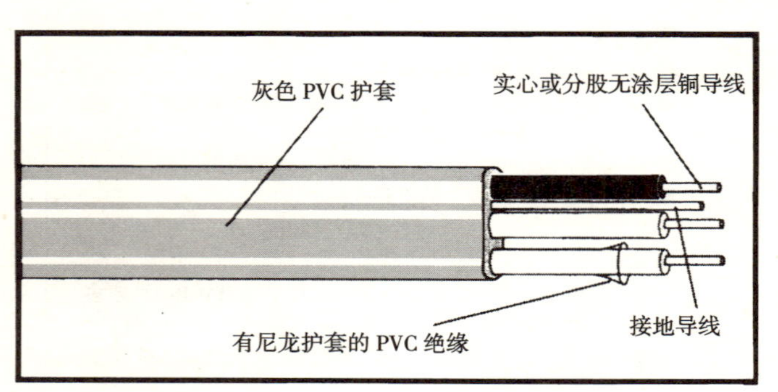

说明和特性：

ESSEX® 型 UF-B 非接地馈线电缆的结构是实心或多股型 THHN/THWN 导线与纸包非绝缘的接地导线平行排列，或者没有接地导线。坚固的聚氯乙烯（PVC）外护套直接用于装配好的导线上，护套抵抗机械损害能力强，具有抗潮湿、化学物质和腐蚀的作用。

- UL 列为 UF-B 型，用于直埋 E25682
- 抗油脂和化学物质的导线
- 抗压
- 抗潮湿、化学物质和阳光的护套
- 导线额定温度 90℃
- 电流容量应该是 60℃时导体的容量，符合 NEC 的 300.15 条款

样品印记：

带有接地型 UF-B 的 ESSEX
抗阳光的 600V E25682*（UL）

图 10.17a UF-B 型的地下馈电电缆说明（由 Superior Essex 提供）

用途：

- 有过电流保护时，允许地下使用，包括直埋在土中，用于馈电或分支回路电缆
- 按 NEC 认可的接线方法，在潮湿、干燥或腐蚀性场所用于内部接线
- 作为符合 NEC 的 340.10（4）款的非金属护套电缆安装
- 符合 NEC 的 300.4（B）款和 340 款的应用

结构：

导线：实心（根据 ASTM B-3）和多股（#8、6、4 和 2）软退火无涂层铜（根据 ASTM B-8）

绝缘：聚氯乙烯复合物（PVC），厚度要达到承保人实验室对于 THHN 90℃的要求

颜色编码：

　　2 根导线：黑、白

　　3 根导线：黑、白、红

导线护套：热稳定尼龙

接地导线：软退火实心或多股无涂层铜

总成：独立型 THHN/THWN 导线与纸包非绝缘的接地导线平行排列，或者没有接地导线。当有接地导线时，导线放在绝缘导线之间的网中

护套：灰色抗阳光的聚氯乙烯（PVC）用在装配好的电缆上

温度：60℃潮湿或干燥环境

额定电压：600V

说明和标准：

UL 标准 493-热塑绝缘地下馈电或分支回路电缆

UL 标准 83-热塑绝缘导线或电缆（针对带绝缘的导线）

* 导线额定温度 90℃，外护套额定温度 60℃干燥

图 10.17b　UF-B 型地下馈电电缆用途（由 Superior Essex 提供）

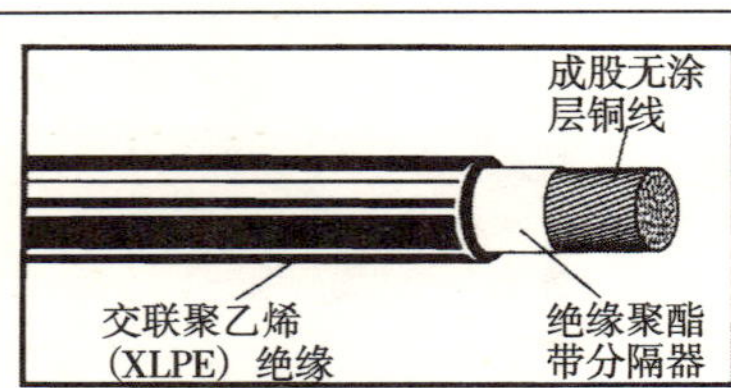

说明和特性：

额定电压为 600V 的 ESSEX® 型 USE-2/RHH/RHW-2 建筑导线应用于一般用途、新工程或重配线工程。结构有软退火的成股无涂层铜，带有交联的聚乙烯 (XLPE) 复合物，它有优秀的抗磨损、抗压、抗化学物质和油的特性。

- UL 列出的 USE-2/RHH/RHW-2 型 90℃ 的潮湿或干燥场所的 E11134
- 抗酸、碱、油脂和化学物质
- 抗磨损和抗压
- 抗潮湿和抗氧化
- 抗阳光（只是黑色）

样品印记：

ESSEX 1 AWG 型 USE-2 或 RHH 型或 RHW-2 XLP 600V E11134* (UL) 型

用途：

- 适于支路接线，作为单根 600V 建筑导线符合"美国电气规范"，其中在潮湿或干燥场所的最大工作温度不能超过 90℃
- 适于直埋，或用导管或线槽安装于地下，在潮湿场所和线槽中那些会发生冷凝和潮气积累的地方——"美国电气规范" 338 款"配电进线电缆"
- 用于符合美国电气规范 310 款"用于一般布线导线"和 210 款的"支路"的地方

结构：

导线：多股软退火无涂层铜（根据 ASTM B-8）

分隔物：不导电的聚酯带（如果必要）

绝缘：交联聚乙烯 (XLPE)，90℃的潮湿或干燥场所

额定电压：600V

说明和标准：

UL 标准 44-橡胶绝缘导线和电缆

UL 标准 854-配电进线电缆

图 10.18 USE-2/RHH/RHW-2 型单导线说明和应用（由 Superior Essex 提供）

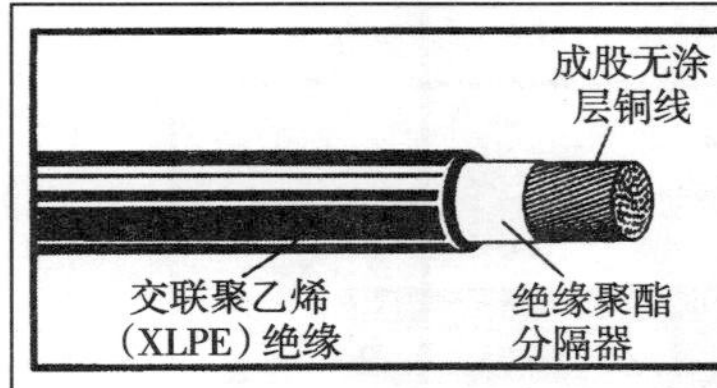

说明和特性：

ESSEX® 型 XHHW-2 建筑导线额定电压是 600V，应用于一般用途，新工程或重配线工程。结构有软退火的成股无涂层的铜，带有交联的聚乙烯（XLPE）复合物，具有优秀的抗磨损、抗压、抗化学物质和油的特性。

- UL 列出的 XHHW-2 型 90℃的潮湿或干燥场所的 E1139
- 抗酸、碱、油脂和化学物质
- 抗磨损
- 抗潮湿和抗氧化

样品印记：
ESSEX 1 AWG 型 XHHW-2
600V E1139*（UL）

用途：

- 适于支路接线，作为单根 600V 建筑导线符合“美国电气规范”，其中在潮湿或干燥场所的最大工作温度不能超过 90℃
- 适于直埋或用导管或线槽安装于地下，在潮湿场所和线槽中那些会发生冷凝和潮气积累的地方
- 用于符合美国电气规范 310 款“用于一般布线的导线”和 210 款的“支路”的地方

结构：

导线：多股软退火无涂层铜（根据 ASTM B-8）或 UL44
分隔物：不导电的聚酯带（如果必要）
绝缘：交联聚乙烯（XLPE），90℃的潮湿或干燥场所。
额定电压：600V

说明和标准：

UL 标准 44-橡胶绝缘导线和电缆

图 10.19　XHHW-2 单导线说明和用途（由 Superior Essex 提供）

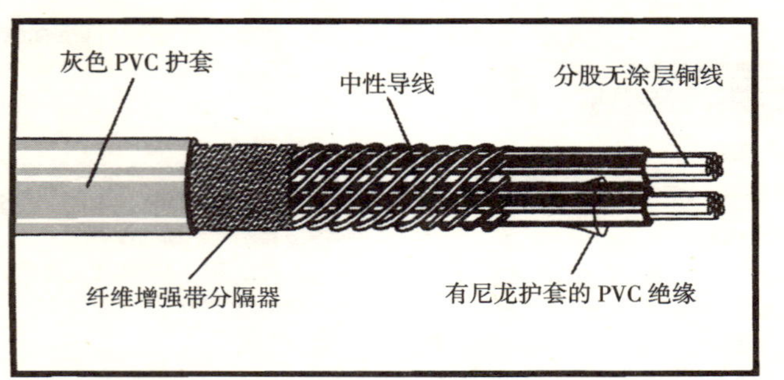

说明和特点：

ESSEX® 型 SE-U 配电进线电缆的结构是多股型 THHN/THWN 导线与非绝缘的实心中性导线平行或螺旋地包在一起。玻璃加强带用在装配好的导体并有一个坚固的聚氯乙烯（PVC）护套包裹，护套具有抵御机械损伤、潮气、化学物质和腐蚀等优点。

- UL 列为 SE，E-11134 型
- 抗碱、油脂、化学物质的导线
- 抗油和汽油的导线
- 抗潮、化学物质和腐蚀的护套
- 抗压护套
- 抗阳光

样品印记：

ESSEX 6-6-6 型号 SE 电缆型
THHN/THWN CDRS. 600V E11134*（UL）

图 10.20a SE-U 型配电进线电缆说明（由 Superior Essex 提供）

用途：

- 可用作从杆上的二级导线到建筑的连接点（NEC230 款要求）的配电电缆，这种电缆可用在室内，前提是用于支路（NEC 338.11 款说明）
- 可用作配电设备端和配电引线到配电支线连接点之间的配电进线电缆
- 可用作配电线路和配电进线的组合，允许在杆上的二级导线和配电设备之间做连续的不绞接的连接
- 可用于符合 NEC 338 款—配电进线电缆的用途

结构：

多股软退火无涂层铜（根据 ASTM B-8）或 UL83

绝缘：聚氯乙烯复合物（PVC），厚度要达到承保人实验室对于 THHN 90℃的要求

导体护套：热稳定尼龙

中性导线：软退火实心无涂层铜

分隔物：玻璃加强带

总成：独立型 THHN/THWN 导线与中性导线（没有填充物）平行排列，中性导线与装配好的导线螺旋状绕在装配好的导线外面，并包有合适的玻璃加强带

护套：灰色聚氯乙烯护套（PVC）

温度：90℃干燥场所或 75℃潮湿场所

额定电压：600V

说明和标准：

UL 标准 854-配电进线电缆

图 10.20b SE-U 型配电进线电缆用途（由 Superior Essex 提供）

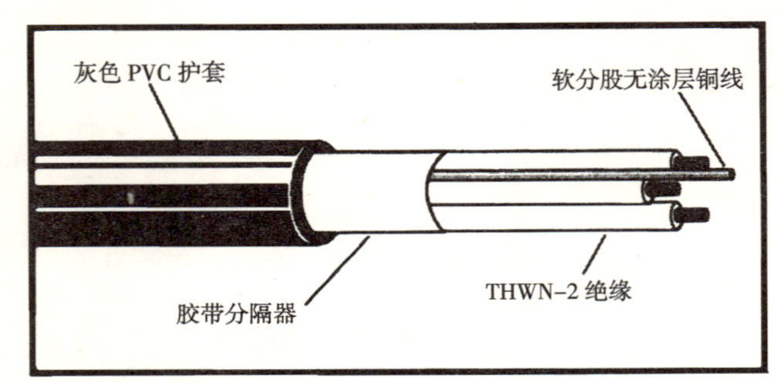

说明和特点：

ESSEX® 型 SER® 配电进线电缆的结构是多股型 THHN/THWN-2 导线和中性导线或多股型 THHN/THWN-2 导线与中性导线还有一个裸设备接地。用玻璃加强带包在装配好的电缆上，并且包上坚固的聚氯乙烯（PVC）护套，护套具有抗机械损伤、潮气、化学物质和腐蚀的性能。

- UL 列为 SE，E-11134 型
- 抗碱、油脂、化学物质的导线
- 抗油和汽油的导体
- 抗潮、化学物质和腐蚀的护套
- 抗压护套
- 抗阳光

样品印记：

ESSEX 6-6-6 型号 SE 样式 R

THHN/THWN-2 CDRS.600V E11134*（UL）

图 10.21a SER 型配电进线电缆说明（由 Superior Essex 提供）

用途：

- 典型地用作多单元住宅中的配电馈线
- 可用于配电引下电缆，从杆上的二级导线到建筑的连接点（NEC 230 款要求），这种电缆可用在室内，前提是用于支路（NEC 338.11 款说明）
- 可用作配电设备端和配电馈线到配电支线连接点之间的配电进线电缆
- 可用作配电馈线和配电进线的组合，允许在杆上的二级导线和配电设备之间做连续的不绞接的连接
- 可用于符合 NEC 338 款—配电进线电缆的用途

结构：

多股软退火无涂层铜（根据 ASTM B-8）或 UL83

绝缘：聚氯乙烯复合物（PVC），厚度要达到承保人实验室对于 THHN 90℃的要求

导线护套：热稳定尼龙

中性导线：软退火实心无涂层铜

分隔物：玻璃加强带

总成：THHN/THWN 型导线与中性导线和一根裸设备接地线

护套：灰色聚氯乙烯护套（PVC）

温度：90℃干燥场所或 90℃潮湿场所

额定电压：600V

说明和标准：

UL 标准 854–配电进线电缆

UL 标准 83–热塑导线和电缆

图 10.21b　SER 型配电进线电缆用途（由 Superior Essex 提供）

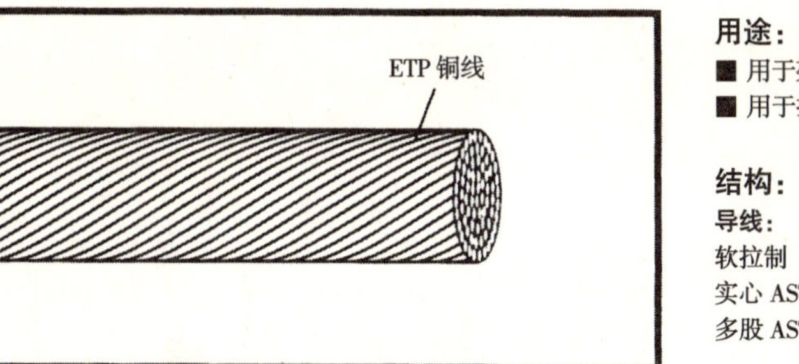

说明和特性：

有 ESSEX® 实心和多股裸铜导线（软退火铜），并有不同的尺寸（14 AWG ~ 50MCM）。电解韧铜（ETP）原料用于拉制实心导线（和 B3）。实心和多股导线（根据 ASTMB8 或 ASTMB7B7）有成品和用户指定的包装。

- 采用常用金属中最高的单位面积导电率来传导电力
- 柔韧，易成形并且易定位
- 易焊接

用途：

- 用于架空传输和配电系统
- 用于接地系统

结构：

导线：

软拉制（回火）：

实心 ASTM B3……………………14 AWG~2 AWG

多股 ASTM B8 或 B7B7……………8 AWG~500 MCM

说明和标准：

ASTM B3–软或退火铜导线

ASTM B8–同心多股铜导线

ASTM,B787 组合单股导线

MADE IN THE USA

图 10.22a　实心和多股裸铜线说明（由 Superior Essex 提供）

实心和多股裸铜软导线

P/N	尺寸 AWG 或 kcmil	股数	O. D. (in)	标准包装	产品重量 Lbs. /Mft.
060142C*	14	实心	.064	H	12.4
060122C*	12	实心	.081	G	19.8
060102C*	10	实心	.102	E	31.4
060082C*	8	实心	.128	D,F	50
060062C*	6	实心	.162	C,F	79
060042C*	4	实心	.204	B,F	126
060022C*	2	实心	.258	A	201
060081C*	8	7	.148	D,I	51
060061C*	6	7	.186	C,F	81
060041C*	4	7	.234	B,F	129
060021C*	2	7	.269	A,F	205
060011C*	1	19	.321	D	259
061101C*	1/0	19	.374	F	326
062101C*	2/0	19	.419	D,F	411
063101C*	3/0	19	.470	F	518
064101C*	4/0	19	.528	D,F,J	653
062501C800	250	37	.575	J	772
063501C800	350	37	.681	J	1080
065001C800	500	37	.813	J	1544

* 向 ESSEX 销售代表查询包装码和可用性
所有的直径都是标称值;所有的重量都是除去包装的产品重量
所有的直径和重量都有正常的生产公差

NR(单向线轴)
注:有中等硬度拉导线和硬拉导线,可以按最小数量订货

图 10.22b 裸实心和多股铜导线的用途(由 Superior Essex 提供)

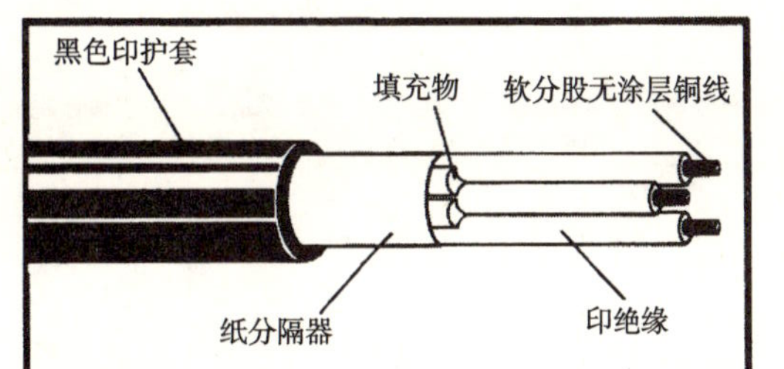

说明和特性：

ESSEX®/ROYAL® 型 SJ 一般用途，重负荷，提供了柔韧的 K 级多股导线，并带有乙丙烯（EP）橡胶绝缘。导线和填充物复合成电缆，并有坚固的 EP 橡胶复合物的护套。

- ■ UL 列出的类型 SJ（300V）75℃
- ■ CSA 认证的 SJ 型（300V）60℃
- ■ 满足 UL（水平样品）和 CSA（FT2）火焰测试要求

用途：

- ■ 用于为车库、手提式灯具、电池充电器、手提式舞台灯、大功率的工具和设备等大负荷配电
- ■ 用于符合 NEC 400 款的用途

结构：

导线：特别柔韧，K 级多股柔韧的导线，软退火无涂层铜

绝缘：EP 橡胶

总成：导线与填充物（如果需要）和一个适合的纸隔离器组成电缆。

护套：黑色热固 EP 橡胶

温度：75℃ UL/60℃ CSA

电压：300V（SJ 型）

说明和标准：

UL 标准 62

CSA 标准 C22.2，49 号

图 10.23a SJ 型柔韧导线说明（由 Superior Essex 提供）

分类编码	导体			标称值(in)			现货长度		载流量 § NEC	产品重量 Lbs./Mft.
	数量	AWG	股	绝缘	护套	O.D	标准包装*	其他可用长度**		
431821*	2	18	16×30	.030	.030	.29	250'Spl,1000'RI	–	10	45
431831*	3	18	16×30	.030	.030	.31	250'Spl,1000'RI	–	10	55
431841*	4	18	16×30	.030	.030	.34	–	250'Spl,1000'RI	7	70
431621*	2	16	26×30	.030	.030	.31	250'Spl	1000'RI	13	55
431631*	3	16	26×30	.030	.030	.33	250'Spl,1000'RI	–	13	70
431641*	4	16	26×30	.030	.030	.37	250'Spl	1000'RI	10	85
431421*	2	14	41×30	.030	.030	.34	250'Spl	1000'RI	18	75
431431*	3	14	41×30	.030	.030	.37	250'Spl,1000'RI	–	18	95
431441*	4	14	41×30	.030	.030	.41	250'Spl	1000'RI	15	120
431221*	2	12	65×30	.030	.045	.42	–	250'Spl,1000'RI	25	110
431231*	3	12	65×30	.030	.045	.44	250'Spl,1000'RI	–	25	145
431241*	4	12	65×30	.030	.045	.48	250'RI	1000'RI	20	180
431021*	2	10	104×30	.045	.060	.57	–	250'RI,1000'RI	30	170
431031*	3	10	104×30	.045	.060	.60	250'RI	1000'RI	30	235
431041*	4	10	104×30	.045	.060	.66	–	250'RI,1000'RI	25	290

§ 根据 NEC 的表 400.5(A)

** 向 Essex/Royal 销售商代表查询最短产品长度

* 向 Essex/Royal 销售商代表查询电缆颜色编码和包装码数字

所有的直径都是标称值;所有的重量都是产品重量,不包括包装重量

所有直径和重量都有正常的生产公差

颜色编码:
2/C 黑-白
3/C 黑-白-绿
4C/ 黑-白-红-绿

图 10.23b SJ 型软线用途(由 Superior Essex 提供)

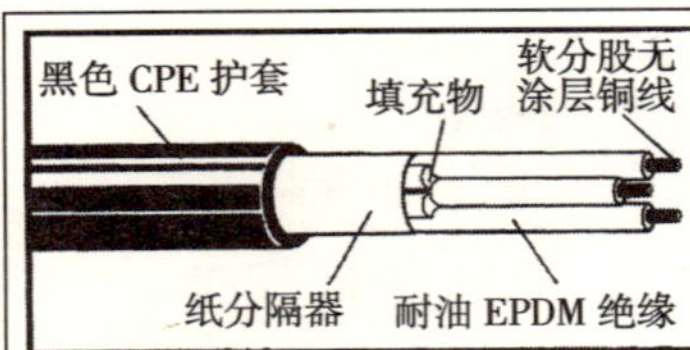

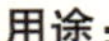

说明和特性：

ESSEX®/ROYAL® SOOW 型和 SJOOW 型是最常用的重负荷室内外一般用途的配电软线。结构有软 K 级多股和防水防油的乙丙烯（EP）橡胶绝缘层。还有坚固的氯化聚乙烯（CPE）护套组合让软线有更长的使用寿命以及室内外的防水、防油和防化学物质的性能。

- UL 列出CSA 认证的 SOOW/600V
- UL 列出 CSA 认证的 SJOOW/300V
- 防水绝缘层
- 防油绝缘层
- 防风化、油、酸、氧化和阳光的护套
- 抗摩擦
- UL 列出 CSA 认证为防风化，用于室外
- 满足 MSHA，UL（水平样品）和 CSA（FT2）火焰测试要求

用途：

- 建议用于室内外重负荷配电
- 用于车库、重型工具、手提式电力设备以及暴露在水、油、酸和化学物质中的设备
- 手提灯、电池充电器和手提式舞台灯
- 适用于潮湿环境，包括浸入水中的使用
- 用于符合 NEC 400 款的用途

结构：

导线：特别柔韧，K 级多股软退火无涂层铜

绝缘：防水和油的 EP 橡胶

总成：导体与填充物（如果需要）和一个适合的条形纸隔离器缠成电缆

护套：黑色热固氯化聚乙烯（CPE）

温度：90℃~-40℃，防水和油 60℃

电压：600V（SOOW 型）
300V（SJOOW 型）

规范和标准：

UL 标准 62

CSA 标准 C22.2，49 号

MSHA 和宾夕法尼亚 DEP 许可和标注

图 10.24 SOOW 型 SJOOW 型软线说明和用途（由 Superior Essex 提供）

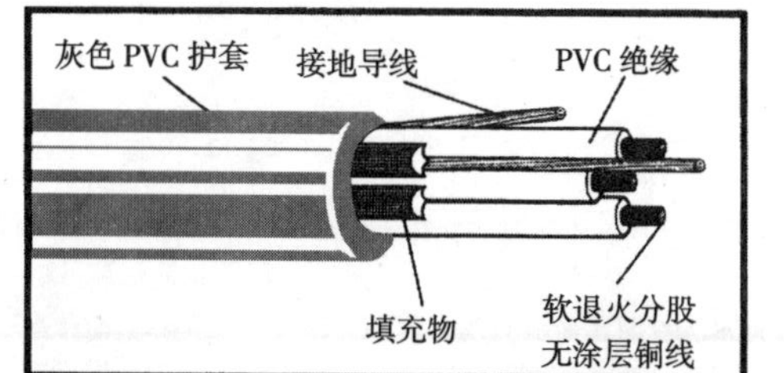

说明和特性：

ESSEX®/ROYAL®UL 列出的母线引下电缆结构是多股软退火无涂层铜导线用聚氯乙烯（PVC）绝缘，并且在需要时与不绝缘的接地导线和填充物缠成的电缆。坚固的 PVC 复合物外护套使其具有优秀的抗油、油脂润滑剂、汽油、酸、化学物质和侵蚀性液体的性能。

- UL 列出的母线引下电缆
- 抗油、油脂润滑剂、汽油、酸、化学物质和侵蚀性液体

图 10.25a 母线引下电缆说明（由 Superior Essex 提供）

用途：

- 适用于从母线引出的分支接线，用来连接移动式或固定设备
- 用于符合 NEC 368 款的用途

结构：

导线：软退火多股无涂层铜

绝缘：聚氯乙烯（PVC）复合物，额定工作温度 60℃，满足 UL 对 TW 型导线的要求。颜色编码为黑、白和红。

接地导线：不绝缘的软退火多股无涂层铜

总成：导线与不绝缘接地导线，在需要时还有填充物，以及一条相配的分隔带缠为电缆

护套：灰色聚氯乙烯（PVC）

温度：60℃

额定电压：600V

规范和标准：

UL 标准 83-热塑绝缘导线和电缆

母线引下电缆 60℃ /600V

分类编码	AWG 尺寸	接地 数量×AWG	标称值(in)			标准包装和 运输包装	载流量 NEC §	产品重量 (LBS./MFt.)
			绝缘	护套	O. D.			
191231G*	12/3	1×12	.030	.045	.44	250′Ctn,1000 轴	20	150
191031G*	10/3	1×10	.030	.045	.50	250′Ctn,1000 轴	30	210
191831G*	8/3	1×10	.045	.060	.66	250′轴	40	340
190631G*250	6/3	1×10	.060	.060	.81	250′轴	55	495
190431G*250	4/3	1×8	.060	.080	.95	250′轴	70	740
1902631G*250	2/3	1×8	.060	.080	1.07	250′轴	95	1035

§ 根据一条电缆中不超过三根导线,在大气中,环境温度为 30℃和导线温度 60℃时的数据

* 向 Essex/Royal 销售代表查询包装码和可用性

所有的直径都是标称值;所有的重量都是除去包装的产品重量。所有的直径和重量都有正常的生产公差

图 10.25b 母线引下电缆说明(由 Superior Essex 提供)

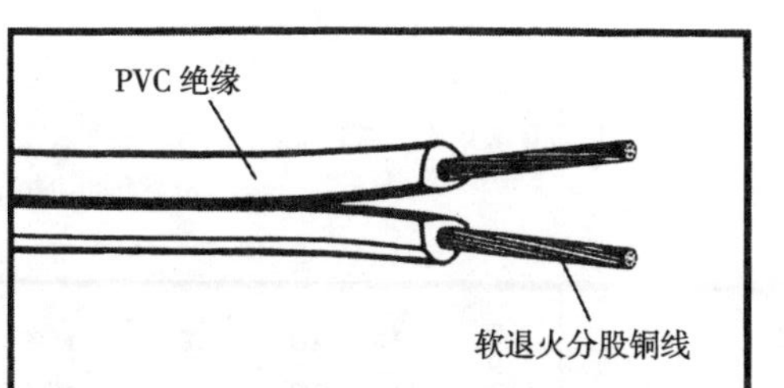

说明和特征：

ESSEX®/ROYAL® UL 列出、CSA 认证的 SPT 型平行线是一种通用的轻负荷软线。它的结构是两根柔软的多股导线扁平并平行排列，并且包有整体的绝缘层和聚氯乙烯（PVC）护套。导体之间的中间裂线让人很容易劈开导线和剥皮。

- UL 列出 SPT 1,2 平行软线（300V）
- CSA 认证的 SPT 1,2 平行软线（300V）
- M 级特别软的多股用于 18 AWG
- 额定工作温度在空气中持续为 60℃
- 满足 CSA FT2 火焰测试要求

用途：

- 用在家居风扇、钟、灯、收音机和小显示标志及类似电器中的电力配电软线，还可用于没有重负荷的扩展软线
- 用于符合 NEC 400 款的用途

用途：

导线：软退火软多股无涂层铜，依据 ASTM B-174

总成：两根导线扁平并平行排列

绝缘 / 护套：聚氯乙烯（PVC）直接用在导线上

温度：在空气中持续为 60℃

电压：300V

规范和标准：

UL 标准 62-软线和设备导线

CSA 标准 C22.2,49 号

图 10.26a　SPT 型并行软线说明（由 Superior Essex 提供）

SPT－1 平行软线 60℃/300V

分类编码	导体			标称值(in)		颜色	标准长度		载流量	产品重量
	AWG	股	数量	绝缘	O. D.		包装	运输包装	§	(LBS. /MFt)
5916210252	16 SPT－2	26×30	2	.048	.156×.307	黑	250′轴	1000′	13	36
5916211252	16 SPT－2	26×30	2	.048	.156×.307	白	250′轴	1000′	13	36
5916217252	16 SPT－2	26×30	2	.048	.156×.307	褐	250′轴	1000′	13	36

分类编码	导体			标称值(in)		颜色	标准长度		载流量	产品重量
	AWG	股	数量	绝缘	O. D.		包装	运输包装	§	(LBS. /MFt)
5918210252	18 SPT－1	41×34	2	.033	.113×.250	黑	250′轴	1000′	10	20.9
5918211252	18 SPT－1	41×34	2	.033	.113×.250	白	250′轴	1000′	10	20.9
5918217252	18 SPT－1	41×34	2	.033	.113×.250	褐	250′轴	1000′	10	20.9

§ 根据 NEC 的表 400.5(A)

† 仅用于延长软线。指定 65×34 用于供电软线

所有的直径都是标称值;所有的重量都是除去包装的产品重量。所有的直径和重量都有正常的生产公差

图 10.26b SPT 型平行软线用途(由 Superior Essex 提供)

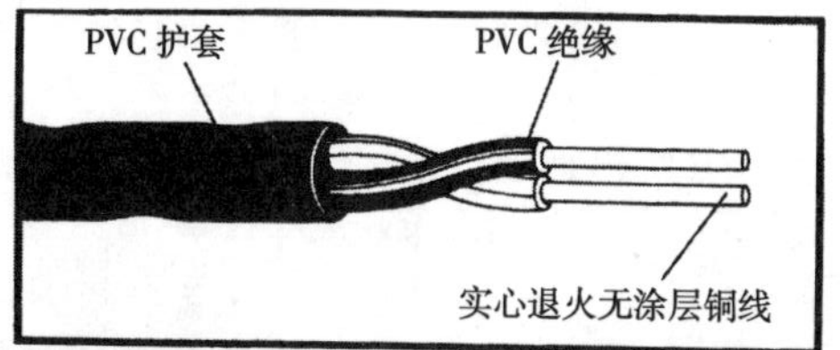

说明和特性：

ESSEX® ETL 列出 CL2 型限电电路电缆是一般用途多导线低压控制电缆。它的结构有实心无涂层铜导线，用聚氯乙烯（PVC）绝缘，不带填充物，并包有 ETL 列出的抗阳光的 PVC 护套。

- ETL 列出的 CL2 型限电电路电缆
- ETL 列出的抗阳光护套
- 额定值在空气中持续为 60℃
- 满足 UL 1581 垂直火焰托盘测试

绝缘颜色编码的聚氯乙烯(PVC)

18 AWG 白护套，20 AWG 褐色护套
2—红、白
3—红、白、绿
4—红、白、绿、蓝
5—红、白、绿、蓝、黄
6—红、白、绿、蓝、黄、褐
7—红、白、绿、蓝、黄、褐、桔黄
8—红、白、绿、蓝、黄、褐、桔黄、黑
9—红、白、绿、蓝、黄、褐、桔黄、黑、粉
10—红、白、绿、蓝、黄、褐、桔黄、黑、粉、棕

用途：

- 恒温器电缆
- 是为那些规范和/或规程要求使用 ETL 列出的 CL2 限电电路电缆而设计的
- 用于空调控制、热泵、加热控制、恒温器和电铃及警报系统
- 用于符合 NEC 725 款的用途

结构：

导线：软退火软多股无涂层铜
绝缘：颜色编码的聚氯乙烯（PVC）
总成：导线绞绕在一起或平行排列，没有填充物。
护套：聚氯乙烯（PVC）直接用在装配好的导线上，20 AWG 褐色，18 AWG 白色。
温度：在空气中持续为 60℃
电压：无（见 NEC 725 款）（30V）

规范和标准：

遵守 UL Std 13

图 10.27a CL 型定温电缆说明（由 Superior Essex 提供）

CL2 型限电电路电缆 60℃

分类编码	导体			标称值(in)			标准长度 ft		产品重量 (LBS./MFt.)
	AWG	股	数量	绝缘	护套	O.D.	包装	运输包装	
162022 7502	20	实心	2	.006	.015	.070×.112	500′轴	2000′	11
162032 7502	20	实心	3	.006	.015	.124	500′轴	2000′	15
162042 7252	20	实心	4	.006	.015	.135	250′轴	1000′	20
162052 7252	20	实心	5	.006	.015	.148	250′轴	1000′	24
162062 7252	20	实心	6	.006	.015	.156	250′轴	1000′	27
162072 7252	20	实心	7	.006	.015	.161	250′轴	1000′	31
162082 7252	20	实心	8	.006	.015	.175	250′轴	1000′	35
160202 72520N	20	实心	10	.006	.015	.191	250′轴	1000′	43
161822 1502	18	实心	2	.006	.015	.091×.135	500′轴	2000′	15
161832 1502	18	实心	3	.006	.015	.144	500′轴	2000′	21
161842 1252	18	实心	4	.006	.015	.158	250′轴	1000′	27
161852 1252	18	实心	5	.006	.015	.174	250′轴	1000′	34
161862 1252	18	实心	6	.006	.015	.184	250′轴	1000′	40
161872 1252	18	实心	7	.006	.015	.190	250′轴	1000′	45
161882 1252	18	实心	8	.006	.015	.208	250′轴	1000′	51
160182 12520N	18	实心	10	.006	.015	.227	250′轴	1000′	63

所有的直径都是标称值;所有的重量都是除去包装的产品重量。所有的直径和重量都有正常的生产公差

*向 ESSEX 销售代表查询包装码和可用性。

图 10.27b CL 型恒温器电缆用途(由 Superior Essex 提供)

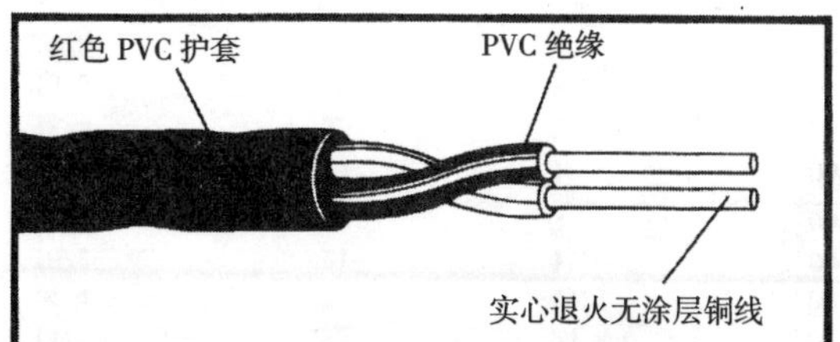

说明和特性：

ESSEX® ETL 列出的无屏蔽火灾警报电缆用在需要防火保护信号的电路中。这种电缆有 CMR（主干）和 CMP（通风空间）两种规格。

- ETL 列出的无屏蔽火灾警报电缆，FPLR 型或 FPLP 型。
- 红色护套
- 在空气中持续为 60℃

绝缘颜色编码的聚氯乙烯（PVC）

2–红、黑
4–红、黑、绿、白
6–红、黑、绿、白、褐、蓝
8–红、黑、绿、白、褐、蓝、桔黄、黄

用途：

- 防火保护系统
- 设计用在那些规范或规程要求使用 FPLR 或 FPLP 电缆的地方

结构：

导体：软拉裸铜
绝缘：最低为 PVC 2000 PSI
总成：导线绞在一起或平行排列，无填充物
护套：红色 PVC
温度：-20℃～60℃
电压：见 NEC 的 760 款

规范和标准：

符合 UL Std 1424，NEC 的 760 款
CMR 或 CMP 规格

图 10.28a　FPLR/FPLP 型火灾警报电缆说明（由 Superior Essex 提供）

FPLR 型

产品号	产品 AWG/COND	运输 LBS/MFT	铜 LBS/MFT	标称壁厚		标称 O. D.
				绝缘	护套	
T112222602	12/2	56	39. 7	. 013	. 018	. 250
T114222602	14/2	36	24. 8	. 013	. 018	. 218
T114422602	14/4	65	49. 7	. 013	. 018	. 255
T116222602	16/2	20	15. 6	. 013	. 018	. 174
T116422602	16/4	37	31. 2	. 013	. 018	. 205
T118222602	18/2	17	10. 1	. 010	. 015	. 146
T118422602	18/4	25	20. 2	. 010	. 015	. 178
T118622602	18/6	45	31. 5	. 010	. 015	. 208
T118822602	18/8	60	42. 5	. 010	. 015	. 238

FPLP 型

产品号	产品 AWG/COND	运输 LBS/MFT	铜 LBS/MFT	标称壁厚		标称 O. D.
				绝缘	护套	
T312222602	12/2	48	39. 7	. 012	. 014	. 250
T314222602	14/2	32	24. 8	. 012	. 014	. 190
T314422602	14/4	62	49. 7	. 012	. 014	. 223
T316222602	16/2	21	15. 6	. 009	. 014	. 156
T316422602	16/4	38	31. 2	. 009	. 014	. 187
T318222602	18/2	14	10. 1	. 009	. 014	. 138
T318422602	18/4	23	20. 2	. 009	. 014	. 155
T318622602	18/6	38	31. 4	. 009	. 014	. 165
T318822602	18/8	54	40. 4	. 009	. 014	. 208

图 10. 28b FPLR/FPLP 型火灾警报电缆用途(由 Superior Essex 提供)

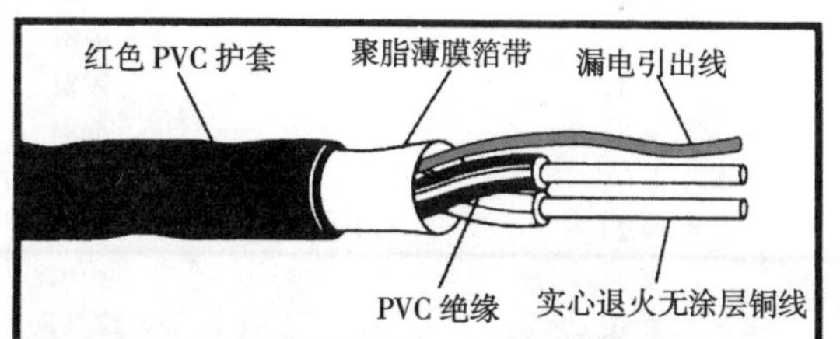

说明和特性：

ESSEX® ETL 列出的屏蔽火灾警报电缆用于需要防火保护信号电路的地方。这种电缆有 CMR（主干）和 CMP（通风空间）两种规格。

- ETL 列出的无屏蔽火灾警报电缆，FPLR 型或 FPLP 型。
- 红色护套
- 在空气中持续为 60℃

绝缘颜色编码的聚氯乙烯（PVC）

2—红、黑
4—红、黑、绿、白
6—红、黑、绿、白、褐、蓝
8—红、黑、绿、白、褐、蓝、桔黄、黄

用途：

- 防火保护系统
- 设计用在那些规范和/或规程要求使用 FPLR 或 FPLP 电缆的地方。

结构：

导线：软拉裸铜
绝缘：最低为 PVC 2000 PSI
总成：导线绞在一起或平行排列，无填充物
护套：红色 PVC
温度：-20℃ ~ 60℃
电压：见 NEC 的 760 款

规范和标准：

符合 UL Std 1424，NEC 的 760 款
CMR 或 CMP 规格

图 10.29a　FPLR/FPLP 型屏蔽火灾警报电缆说明（由 Superior Essex 提供）

FPLR 屏蔽型

产品号	产品 AWG/COND	运输 LBS/MFT	铜 LBS/MFT	标称壁厚 绝缘	标称壁厚 护套	标称 O. D.
T212222602	12/2	58	41.5	.013	.018	.262
T214222602	14/2	38	26.8	.013	.018	.230
T214422602	14/4	67	51.6	.013	.018	.269
T216222602	16/2	22	17.6	.013	.018	.191
T216422602	16/4	39	33.2	.013	.018	.223
T218222602	18/2	19	11.8	.010	.015	.170
T218422602	18/4	27	21.6	.010	.015	.197
T218622602	18/6	45	31.5	.010	.015	.244
T218822602	18/8	60	42.5	.010	.015	.280

FPLP 型

产品号	产品 AWG/COND	运输 LBS/MFT	铜 LBS/MFT	标称壁厚 绝缘	标称壁厚 护套	标称 O. D.
T412222602	12/2	51	41.5	.012	.014	.234
T414222602	14/2	35	26.8	.012	.014	.202
T414422602	14/4	65	51.6	.012	.014	.235
T416222602	16/2	24	17.6	.009	.014	.168
T416422602	16/4	43	33.2	.009	.014	.199
T418222602	18/2	17	11.8	.009	.014	.150
T418422602	18/4	26	21.6	.009	.014	.167
T418622602	18/6	41	31.4	.009	.014	.177
T418822602	18/8	57	41.2	.009	.014	.220

图 10.29b FPLR/FPLP 屏蔽型火灾警报电缆用途（由 Superior Essex 提供）

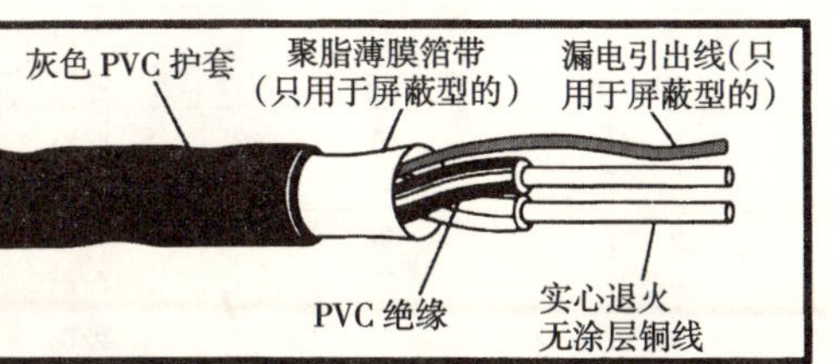

说明和特性：

ESSEX®ETL 列出的安全电缆可以用于大量的弱电用途，包括安全系统、内部通讯联络系统、扬声器和其他需要 CL2R 限电电路电缆的用途

- ETL 列出的安全电缆，CL2R，CMR 型
- 灰色护套
- 屏蔽或者无屏蔽

绝缘颜色编码的聚氯乙烯（PVC）

2—红、黑

4—红、黑、绿、白

用途：

- 安全系统电缆
- 设计用在那些规范和 / 或规程要求使用 CL2R 限电电路电缆的地方
- 用于安全系统、内部通讯系统和扬声器
- 用于符合 NEC 725 款的用途

结构：

导线：软拉裸铜

绝缘：最低为 PVC 2000 PSI

总成：导线绞在一起或平行排列，无填充物

护套：最低为 PVC 2000 PSI

屏蔽：100%铝 / 聚脂薄膜和 22 AWG 镀锡铜加蔽线

温度：-20℃ ~ 60℃

电压：见 NEC 的 760 款

规范和标准：

CL2R 型，符合 UL13，NEC 的 725 款

CMR（主干）规格

图 10.30a　CL2R 型安全电缆说明（由 Superior Essex 提供）

CL2R 型

产品号	产品 AWG/COND	运输 LBS/MFT	铜 CONSTR.	标称壁厚		标称 O. D.
				绝缘	护套	
T52222G601	22/2	11	实心	.008	.016	.127
T52242G601	22/4	17	实心	.008	.016	.142
T52221G601	22/2	12	7/30	.008	.016	.130
T52241G601	22/4	18	7/30	.008	.016	.149
T51821G601	18/2	19	16/30	.008	.016	.160
T51841G601	18/4	33	16/30	.008	.016	.187
T51621G601	16/2	24	26/30	.008	.016	.186
T51641G601	16/4	43	26/30	.008	.016	.217
T51421G601	14/2	38	19/.0147	.008	.016	.230
T51441G601	14/4	69	19/.0147	.008	.016	.242

CL2R 屏蔽型

产品号	产品 AWG/COND	运输 LBS/MFT	铜 CONSTR.	标称壁厚		标称 O. D.
				绝缘	护套	
T62222G602	22/2	15	7/30	.008	.016	.134
T62242G602	22/4	21	7/30	.008	.016	.153
T61822G602	18/2	22	16/30	.008	.016	.164
T61842G602	18/4	36	16/30	.008	.016	.196
T61622G602	16/2	27	26/30	.008	.016	.195
T61642G602	16/4	46	26/30	.008	.016	.225
T61422G602	14/2	41	19/.0147	.008	.016	.237
T61442G602	14/4	72	19/.0147	.008	.016	.250

图 10.30b CL2R 型安全电缆用途(由 Superior Essex 提供)

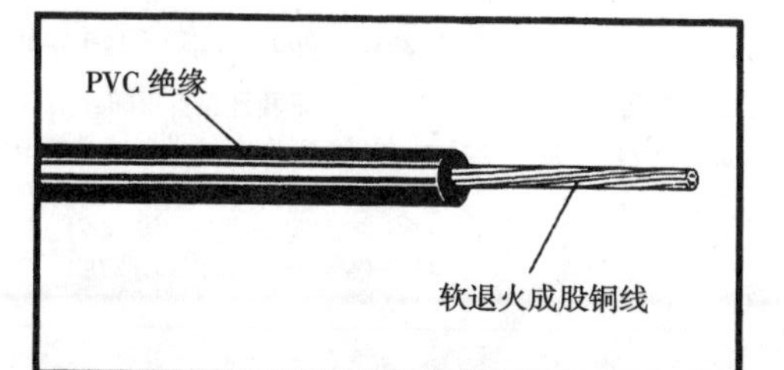

说明和特性：

ESSEX®/ROYAL® Quad-Rated® UL 列出的机械工具和设备导线以及 CSA 认证的 TEW 导线是一种高级的多用途产品。结构是多股软退火无涂层铜导线带有 VW-1 规格的聚氯乙烯（PVC）复合物绝缘，这种绝缘使导线具有优秀的抗磨损、酸、化学物质、油和潮气的性能。

- UL 列出的机械工具导线（MTW）90℃
- UL 认可的设备接线材料（AWM）105℃ 600V 和 90℃ 1000V（18AWG ~ 10 AWG）
- CSA 认证为 TEW 105℃
- 额定抗油在 60℃
- 满足 UL VW-1 和 CSA FT1 火焰测试要求
- 抗酸、碱、油脂和化学物质
- 抗磨和潮气

用途：

- 适用于从 -20℃ ~ 105℃之间的机械工具和设备导线
- 用于控制柜内的通用接线
- 用于符合国际电器规范的 310 款和 NFPA 标准 79

结构：

导线：软退火多股无涂层铜

绝缘：高质量防潮和 VW-1 规格的聚氯乙烯（PVC）复合物

温度：90℃ MTW 和 AWM

　　　105℃ AWM 和 CSA TEW

电压：1. 600V AWM

　　　2. 600V MTW

　　　3. 1000V AWM

　　　4. 600V TEW

规范和标准：

UL 标准 1063- 机械工具导线和电缆

UL 标准 758- 设备导线

CSA 标准 C22.2 No.127

图 10.31a　机械工具和设备导线说明（由 Superior Essex 提供）

Quad – Rated® UL 列出的机械工具和设备电线 90℃/600V

分类编码	AWG 尺寸	绝缘厚度	分股	标称 O. D. (in)	CU 重量 (Lbs. /Mft.)	标准长度		产品重量 (Lbs. /Mft.)
						包装	500′轴 运输包装	
标准壁								
240181* QR	18	.030	16×30 AWG	.11	4.92	A,B	2000′	10
240161* QR	16	.030	26×30 AWG	.12	7.99	A,B,E	2000′	13
240141* QR	14	.030	19 STR	.14	12.57	A,B,E	2000′	19
240121* QR	12	.030	19 STR	.16	19.96	A,B	2000′	28
240101* QR	10	.030	19 STR	.18	31.61	A,B	1000′	41
240081* QR	8	.045	19 STR	.24	50.02	A,D	500′	69
240061* HVQR	6	.060	19 STR	.32	80.98	C	500′	110
240041* HVQR	4	.060	19 STR	.36	128.78	C	500′	166
240021* HVQR	2	.060	19 STR	.42	204.48	C	500′	250

标准包装码

A 500′轴　　C 500′轴　　E 5000′轴

B 2500′轴　　D 1500′轴

* 向 Essex/Royal 销售代表查询包装码、可用性和/或制造用来订货的颜色。

所有的直径都是标称值;所有的重量都是除去包装的产品重量。所有的直径和重量都有正常的生产公差

图 10.31b 机械工具和设备导线(由 Superior Essex 提供)

第 11 章 工　具

电气工程师在工作中需要大量的工具。其中一些工具在许多行业里都通用，而另一些工具则是电气行业专用的。正确地使用工具可以使任何工作都变得更容易，更快速并且更有效益。选择合适的工具不是件很容易的事。经验匮乏的人可能会买错工具。通晓专用工具需要多年的经验。有经验的电气工程师知道一种工具类型和质量的重要性。本章将引导你如何选择合适的工具。

梯子

在电气行业常用梯子。梯子的质量很重要。工程中常需要活梯和伸缩梯。一台基本的电气工程卡车应该有一个 6ft 的活梯、一个 8ft 的活梯和一个 20ft 的伸缩梯。也许还需要一个 40ft 的伸缩梯。伸缩梯要配有橡胶鞋和两向钉脚。

由于电气工作的性质，电气工作中的所有梯子都应该是不导电类型的。玻璃纤维梯是本行业的首选。这些梯子既贵又重，但它们比铝梯子安全得多。在你购置梯子之前需要检查每个梯子的额定重量。很多时候人们买到的梯子的额定重量比需要的重量小得多。如果使用者自身的体重大，购买的梯子还必须能够支撑这个重量。这是一个很大的安全问题。

有合适的工具当然是个好的开始，但必须正确使用，以保证你自身和周围人的安全，许多工程中的事故都与使用梯子有关。

在使用梯子之前，应通过视觉检查看其是否有损害。采用正确的方式放置梯子。如果是活梯，应确保梯子腿放在一个牢固的表面上，并且侧支撑完全就位。

当放置伸缩梯时，应保证所用的梯子对于要做的工作来说尺寸合适。梯子应该放在一个水平、牢固的表面上。为了完成梯子的水平放置，必须将梯子的一个腿挡住。应离开梯子的中心点固定梯子，在梯子的顶端进行固定便是一条很好的安全建议。当然这会多费一点儿时间，但它是安全保证。另外，使用安全带也不失为一个很好的选择。

打孔机

打孔机（不包括左挂钩型）分为手动和液压设计两种。手动打孔机是在狭窄的空间中使用的。这些打孔机被用来在面板、盒子、仪表座等上面打新孔。手动打孔机用扳手或一个棘轮和套管进行操作。这些打孔机的尺寸为0.5～5in。

液压打孔机

液压打孔机比手动打孔机重得多，体积也更大。但是，用液压打孔机在金属上打孔会更容易。

棘轮打孔机

棘轮打孔机比基本手动打孔机更快。棘轮打孔机可与手动打孔机和液压打孔机配合使用。

射孔机

射孔机是液压操作的。该工具的最大优点是它不需要为不同尺寸的打孔机钻起始孔。这些打孔机有三种尺寸：½in、¾in和1in。

双头螺栓打孔机

双头螺栓打孔机是用来在金属框架螺栓上打孔的。这种设备用于为½in的导管和导线打孔。双头螺栓打孔机是手动操作的。大约20in长的两个手柄用来操作打孔机。打开手柄，把打孔机放在要打孔的金属双头螺栓上。当把手柄挤压到一起，就钻好孔了。

钻头

钻头有各种尺寸和设计（图11.1，图11.2），电气工程师常用许多型号的钻头。一些使用的钻头长度达72in。我们需要钻头钻木头和金属，有时需要石钻头钻砖、砌块和混凝土。经验丰富的电气工程师会有很多种类的钻头，以满足工程中任何一种需要。

孔锯

孔锯常用在金属、塑料和木头上打孔。尺寸大约$\frac{9}{16}$~6in。一些电气工程师用这些电钻驱动的孔锯在从进线电缆到干燥机通风孔的各种物体上钻孔。其他的电气工程师更喜欢为这种工作选用锯型钻头。孔锯的缺点是在每次使用后必须对它进行清洁。清洁孔锯是很费时和费劲的。

木头钻孔钻头

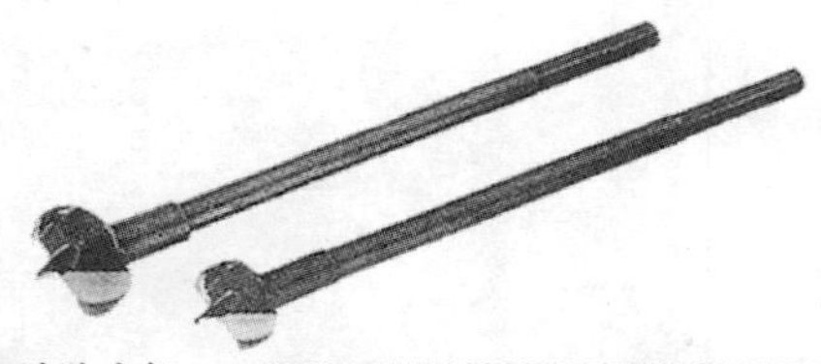

- 甚至可以在死角内钻曲线孔，消除内部挂导线的尖角
- 精确地磨快，以便快速、平滑地钻孔
- 六角形的手柄消除了打滑现象
- 突出的尖定心
- 可再磨快

说　明	RPM 在软木中	RPM 在硬木中	分类目录
$\frac{7}{8}$in 木头钻孔钻头	650 - 1000	600 - 850	90 - 193
$1\frac{1}{8}$in 木头钻孔钻头	650 - 1000	600 - 850	90 - 196

图11.1　为钻曲线孔设计的木头钻头有助于消除尖角（由 Ideal Industries 提供）

图 11.2 灵活的钻头有很多样式用于不同的用途，如照片所示（由 Ideal Industries 提供）

弓锯

弓锯有很多尺寸和样式。它在电气业中是常用的一种工具。虽然锯条是弓锯中最重要的部分，弓锯本身却能帮助或阻碍你的工作。最好买一把结实耐用的弓锯。有一些样式的弓锯能够在弓锯架子上的不同位置安装锯条。这个特征迟早有用。

微型弓锯用标准的弓锯锯条，由于锯小，它能用在标准弓锯不合适的地方。工具箱里少不了微型弓锯。

锁眼锯

锁眼锯将大量的切割力集中在一小块地方，无论是切入干墙或是锯石膏板条，锁眼锯都工作得很好。这些锯在电气业有很多应用，并且是工具箱的必备工具。

刀

一把好刀是电气工程师的朋友。在这个行业中常用到许多类型的刀。刀被用来从导线上剥去护套和绝缘。也可以用刀在金属上划记号，定位钻孔，在导管上铰孔。刀片上有锁定性能的刀比那些没有锁定特性的刀更安全。

电工锤

电气工程师的锤子与标准锤子的不同之处在哪里？电气工程师的锤子有玻璃纤维的手柄和一个长的尖嘴，这个尖嘴让锤子能够深入到更深的凹进部分（图 11.3）。这类锤子的敲击点小，直径只有约 1in。这些锤子很适合钉钉子和夹子。

图 11.3 电气工程师的玻璃纤维手柄的斧子

钳子

钳子是电气业日常需要的（图 11.4）。电气工程师的工具箱里有很多种类的钳子。该行业中钳子的用途包括：

- 切断
- 固定
- 拧紧
- 弯曲
- 卷曲
- 锁紧
- 松开

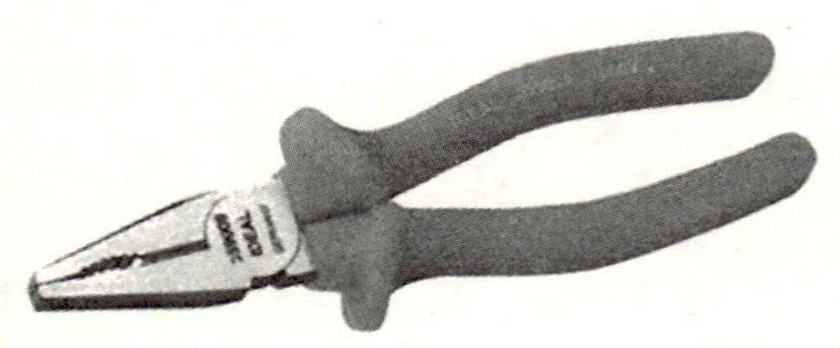

图 11.4 电工绝缘钳

螺丝刀

像钳子一样，螺丝刀也是电气工程师日常用的工具。各种各样的螺丝刀都有可能用到（图 11.5，图 11.6）。那种能将头从扁平换成十字的螺丝刀非常方便。有时用到短螺丝刀，有时也用到长螺丝刀。螺丝刀的头要有不同的样式和尺寸。棘轮式的螺丝刀会很省时。电动螺丝刀也有惊人的成就。那种通过把螺丝钉吸在头上来减少丢失螺丝危险的螺丝刀也能使工作进展快速。

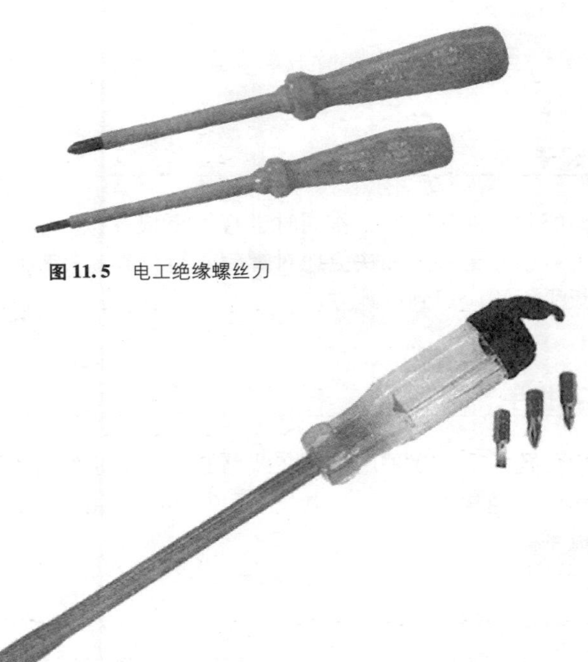

图 11.5 电工绝缘螺丝刀

图 11.6 五合一非导电螺丝刀/螺帽起子

多丝锥工具

多丝锥工具是在螺丝刀的手柄上有三个丝锥头（图11.7）。这种工具用来给螺纹剥落的孔重新套扣，在电气盒内清除掉螺纹孔内的石膏，并且把金属攻出螺纹，以便连接到管吊带上。

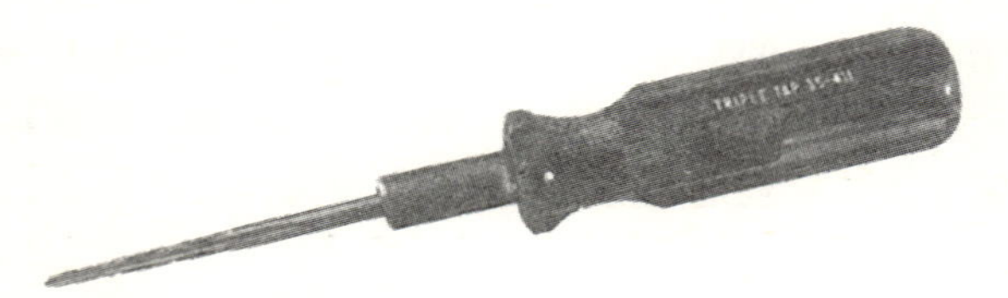

图 11.7 三丝锥工具安装有三个孔尺寸，并且清洁和重整了有毛刺的螺纹。

螺帽起子

螺帽起子能使一些工作同时进行得更快一些。形形色色的这类工具有助于更容易和快捷地对螺帽进行操作。螺帽起子能进入正常扳手无法应用到的地方。

六角孔扳手

六角孔扳手有多种用途，在线路断路器、接线片和导线接线夹上作业时经常用到。一个电气工程师的工具箱里应该有许多六角孔扳手。

卷尺

卷尺是一件基本的工具。卷尺有很多尺寸，但大多数专业人士都使用长度 16ft、20ft、25ft 或 30ft 的自动返回式卷尺。你应备有若干卷尺，因为如果一个卷尺坏掉或丢失，会耽误工作时间，除非取回卷尺。

鱼雷形水平仪

当购置水平仪时，应买那种底边带有一个磁条的。这些水平仪偏小，大约 9in 长，但它们对这个行业来说是必备的。鱼雷形水平仪常在安装盒子和管子时使用，以便保证这些物体垂直和水平。

便携式带锯

便携式带锯在电气行业中可以做很多工作。这些锯基本上是电动弓锯，能用来切木头、塑料和金属。用便携式带锯切铁、大导管、不锈钢管和大型电缆，甚至一些线槽都没有问题。这些锯能用在狭小的条件下，而且经常用在工地现场。

往复式锯

电气工程师经常用电动往复式锯。有可互换和用旧扔掉的锯条，这些锯能切木头、金属和塑料。身边要常备有多种锯条。这些锯条有不同的长度和样式。

弯管机

弯管机的尺寸为$\frac{1}{2} \sim 1\frac{1}{4}$in（图 11.8）。这些工具用来弯导管，可以弯成90°。

图 11.8 弯管机头的细节

硬把弯管机有多个尺寸。它们是弓形弯管机，用来弯硬管，而不是 EMT 管。由于这些弯管机要弯的硬导管直径大，所以需要两个人操作。能用这类工具弯 3in 的导管。

单步或液压的弯管机能弯直径达到 6in 的导管。液压弯管机能与手泵或电泵一同使用。用这些设备能弯的弯包括逆转、平移、45°弯和 90°弯。

仪表

电气工程师没有电气仪表会不知所措。电气工程师用的仪表有很多（图 11.9 ~ 图 11.11）。一些常用类型的仪表如下：

- 电压表
- 伏特 - 欧姆 - 安培表
- 伏特 - 欧姆测试仪
- 电容器测试仪

伏特表用来检测从一个带电端到中性端或地线或通过两个带电端的电压。这类手持式表测量交流 120 ~ 550V 的电压。手持式伏特测试仪能读出直流 120V ~ 600V 范围内的电压。

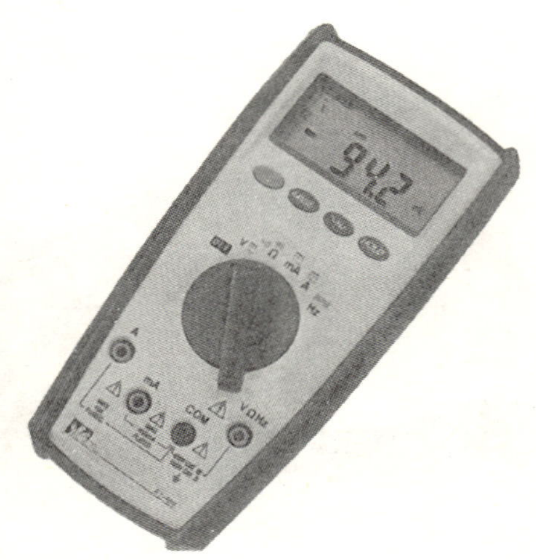

图 11.9 商业级多用表

图 11.10 额定电流 1000A 的夹表

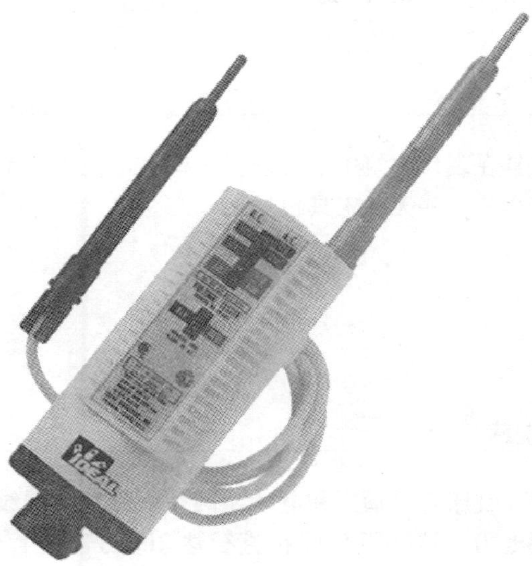

图 11.11 电压测试仪

伏特－欧姆－安培表

伏特－欧姆－安培表也叫电流测试器，是多功能表，能用作交流电压表和连续性测试器。通过挤压设备边上的杠杆打开电流测试器的夹钳。一旦用夹钳夹住一根导线，就能测电流负荷了。这种测试一次测一根导线。电流测试器也能用在多相负荷上来平衡工地上的负荷。

伏特－欧姆测试仪

伏特－欧姆测试仪是以电池为动能的，用来测量电压、电阻和电流。这些设备能用于交流电和直流电。这类测试仪可以用来圈出和数出导线。通过测量导线的电阻来发现短路和接地或者导线的断开，是伏特－欧姆测试仪的另一个功能。另外，测试仪还能测量高达5A的电流。

电容器测试仪

电容器测试仪是靠电池运行的便携式测试仪，它能在电容器上做快速测试，并有声信号。测试仪通过测试电容器来判断它是处于开启、短路还是正常状态。

无线工具

无线工具在现代建筑中很普遍。这些靠电池供电的工具非常方便。能获得的一些无线工具包括：

- 手电筒
- 钻
- 螺丝刀
- 往复式锯
- 圆形锯

管材螺纹铣床

管材螺纹铣床有手动型和电动型两种。棘轮型螺纹扳牙手动操作不需要电力。这些扳牙能在直径达2in的管材上车出螺纹。电动手持铣床和那些棘轮型螺纹铣床用的扳牙相同。在能用电的时候，这些螺纹铣床在车管材螺纹上省了很多人力。

大一些的管材铣床能在直径达6in的管材上车出螺纹。管钳像三脚夹一样，在用大型电动铣床操作时是必备的。任何电动铣床都会造成安全方面的隐患。在操作电动铣床时决不要带首饰或穿宽松的衣服。

在加工重的金属管时，除了管钳之外，还需要切管刀和铰刀。在给管材套扣时，还要用到的另一种辅助设备是油壶。给正在套扣的管材上加油可保护扳牙不受损害。切完的管材的边必须铰得平滑，以避免在导管中拉导线时损伤导线。一些大的铣床都装配有所有必须的辅助设备作为工具的一部分。

导线穿引带

导线穿引带有许多不同的长度。最常用的导线穿引带的长度为50~200ft。大多数导线穿引带的宽度为⅛in或¼in。导线穿引带用于在导管和封闭好的墙壁内拉导线。好的导线穿引带装在一个有曲柄的卷轴内（图11.12）。卷轴防止导线穿引带绞在一起

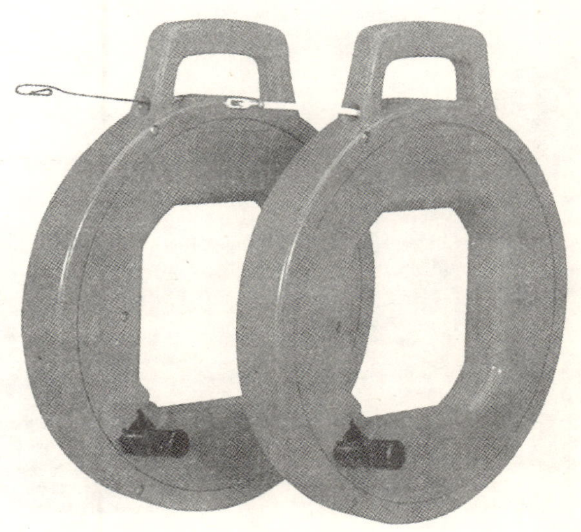

图11.12 装在卷轴内的导线牵引带

和弯曲。导线穿引带的引带能系在导线穿引带的末端，且有助于控制弯头附近的导线穿引带，并使在导管内拉导线穿引带变得更容易些。

导线润滑剂

在导管中拉导线时要用到导线润滑剂。这是一种为电气导线专门设计的润滑剂。不要用肥皂、油或油脂代替润滑剂。这些物质会损坏导线护套，并使安装质量降低。牵引导线时只使用许可的润滑剂（图 11. 13）。你可以买装在夸脱罐或 5 加仑桶里的这种润滑剂。也有夸脱挤压罐和气雾剂罐装的。蜡状的润滑剂很滑，很容易散布在导线上。如果你要拉很长的导线，应在拉导线之前用导线润滑剂，这样会使工作容易些。

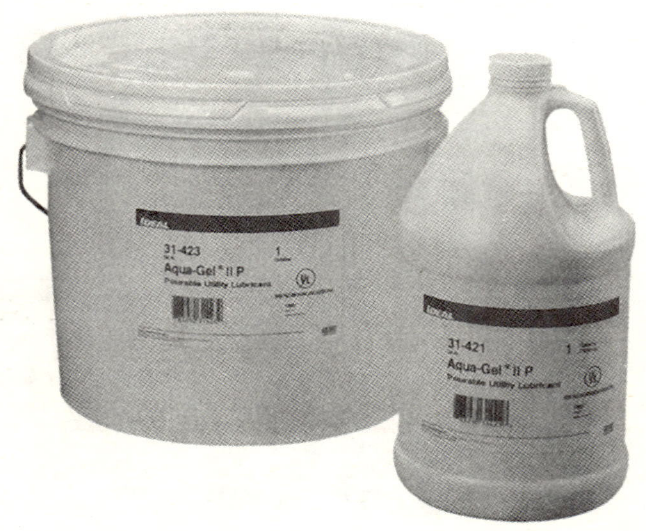

图 11. 13 许可的拉导线润滑油，如照片中所示，对所有电缆类型安全，对环境安全

电气连接器和附件

当你涉及电气连接器和附件的问题时，就遇到了大量的使电器安装更快速、更容易和更安全的设备。连接器和附件的内容很多。生产商很高兴为有执照的电气工程师提供他们的产品目录。因此，从许多生产商那里索取目录是一个好主意。一旦有了目录，你就可以建立一个查询库。你会发现目录中的信息很有启发意义。电气行业中的工具、连接器和附件的数量很大。获取这些新产品和新进展的最好方法就是始终与你的供应商和不同产品的生产商保持联系。

第 12 章 查找故障和维修

好的查找故障的技能对于那些做服务和维修工作的电气工程师很重要。专业从事新建筑的电气工程师可能不需要很关注查找故障的技术。然而，许多电气工程师是专业从事服务和维修工作的。也有许多电气工程师是多面手，他们需要很强的查找故障的能力以便很好地维持生计。

那些既做服务工作又不懂得查找故障技术重要性的电气工程师很可能会给他们的顾客留下不好的印象，这很容易丢了生意。胡乱随意地对付工作也无法在业界生存。所以你必须系统地查找问题的原因。

查找故障的技术随经验的增长而增长，但你可以通过向他人学习来增进你的技术。与一个有经验的能手紧密合作，并且他愿意与你共享技术，是学习高级的查找故障技术的最好方式。“学有所得”的方法是管用的，但这需要大量的时间来磨练你的技术。阅读是一种完善查找故障技术的非常有效的方式，这也是本章的关键所在。

插头和电线

插头和电线是小东西，看起来可能不重要，但插头和电线是引起电击和火灾的一个主要原因。查查这些设备有没有松弛的导线、毁坏的连接、损害的绝缘和易碎的插脚。这些是要做的简单的检查。如果一个插头有毛病或者一个连接有危险，可以简单地花最少的价钱换掉现有的插头。这听起来不太像是一个有执照的电气工程师的工作，但即使简单的维修也很重要。

替换圆形插头

替换圆形插头很简单，需要五个步骤。第一步是把旧插头从电线上断开。从新插头的插脚端打开前盖，把电线穿入插头并剥掉大约 3in 的护套。然后剥掉大约½in 的导线绝缘皮。

下一步需要些行业技巧。在两条导线有绝缘皮的地方系一个结，这使插头线在被拉扯时不会被拉出插头。在裸导线的头上顺时针弯成钩。把黑色导线系在铜螺丝下面，然后把白导线系到剩下的螺丝下面。把前盖盖回去，并确认所有导线和绞线完全藏在插头中，而且是在盖子下面，这一步骤即告完成。

240V 插头

换一个 240V 的插头不是件大事。这类插头有个钢夹子夹在插头线上。先切断旧插头，再松开新插头上的固定夹，打开盖子，并把导线穿入新插头。剥掉约½in 的绝缘皮，然后确定导线股紧紧绞在一起了。在每个裸导线头上用一个顺时针的钩。把红色导线和黑色导线连在铜螺丝下面，绿导线系在绿色螺丝下面。将导线卷紧并盖好盖子。这样就可以了。

快接插头

如果想换掉扁插头线上的插头，就用一个快接插头。这个工作太简单了。把旧插头切断，抬起快接插头上的把手，将拉开式软线插入插头中并把插头顶部的手柄牢牢地压下去。在你这样做的时候，拉开式软线就被刺穿了，连接即告完成。

白炽灯头

白炽灯头有数不清的类型，但幸运的是它们大多装配方式类似，这就使查找故障比起装配方式不同来要容易得多。当一个灯头短路并且烧坏了断路器或熔断器，问题可能就出在灯头上。如果灯根本不亮，可能是灯泡坏了或者开关坏了。

如果查灯头的问题，就查插座。可能是插座坏了。在你四处碰戳之前，确认灯头开关处于断开位置。如果插座看起来是好的，就检查导线。它们是否被烧坏了呢？如果没问题，你必须取下灯泡，检查插座底部的触片。可能在触片上有腐蚀。如果有腐蚀，就用一个平头螺丝刀或一些钢棉把腐蚀刮掉。尽量把触片撬开一点儿以保证良好接触。做完这些以后，把设备放回到运行位置并测试。如果问题仍然存在，你必须继续检查接线。如果灯座内有轻度腐蚀，在螺丝扣中涂上一薄层防腐复合物。你也可以在灯泡的螺丝扣上涂上少许，这会带来良好的接触。这种做法是室外灯头的一种预防性维护的好方法。

当你必须检查接线时，把灯头电源切断。然后将安装螺丝松开或取走，将灯头从盒子中放下来。另外，连接是否可靠？接线有无绝缘？灯头是否过热？导线绝缘是否损坏，都可能是过热的一种标志。灯头附近的墙纸剥落可能是灯头过热的显示。如果灯头过热，就意味着要么是灯头有缺陷，要么灯头内的灯泡额定值太高。

要点：

不要让配电盘不盖盖子裸露在外。对于经验匮乏的电气工程师来说，可能会在瞬间接触裸露母线而发生严重的、可能是致命的电击。

根据发现的情况，你可以做一些微调，例如调整松脱的连接。维修很简单，只需换上去一个低功率的灯泡。在最坏的情况下，就把灯头换掉。

荧光灯具

荧光灯具与白炽灯头有很大的不同。当查找灯具故障时，荧光灯的镇流器是一个关键元件。白炽灯泡只是烧毁，荧光灯管很少在眨眼间熄灭，它们都是慢慢坏掉。如果有荧光灯不亮了，就查灯管。使用的灯管靠近两端接点的地方会有些发灰，而且坏灯管上也会有黑色的污点。如果灯管看起来干净，就摆动灯管看看触点接触是否良好。这通常会解决问题。如果问题没有解决，在你进一步检查之前把灯管取下来，然后再把它装回去。确定灯管有没有问题的最好方法是在正常工作的灯头上测试。同样，还要把灯管从正常的灯头上取下来并在故障灯头上试一试。

一些荧光灯具上装有可替换的启动器。它们通常是旧灯具。这些灯在点亮时常发生闪烁。如果闪烁持续一段时间，可能是启动器没有到位。推入启动器并顺时针旋转，这可能就是你所要做的一切。如果灯管两端亮了而中间不亮，这标志着启动器坏了。你可以换一个启动器，把启动器推上去逆时针旋转。

提示：

万用表既可以当电压测试仪，也可以当连续性测试仪吗？答案是可以的。此外，它也能用来测试低压线。大多数有经验的人喜欢数字式的，而不是指针式的。

要点：

在车里要备有多个测试仪，因为你不知道某个测试仪什么时候会坏掉。电池可能没电；熔丝可能烧坏，也可能丢了。应有一个备份的测试仪，以确保你不会处于无法测试系统的境地。

如果荧光灯嗡嗡叫或冒出看起来又黑又黏的物质，镇流器就可能需要更换了。在许多情况下，替换整个灯具更容易些，而且也不会太贵。如果你选择替换镇流器，就应该把设备的电源断掉，并摘下灯管。

你可以通过松开插座的导线来移开镇流器。这可以通过把螺丝刀推进到松开的开口内完成。松开镇流器的螺丝，并将导线与电源断开。安装一个新镇流器并试着将设备装回到运行位置。如果灯具还不工作，就查灯具盒的后面并确定电源与灯具有良好的接触。有经验的电气工程师会在换镇流器前做这项工作，但由于症状通常表明镇流器坏了，一些电气工程师会先换掉镇流器。

查找开关故障

开关磨损。如果开关不工作，你可以检查连接有没有问题，但你也可能只是换一个开关。这不贵，而且能保证一个新开关用上几年，还能帮你避免产品复查。

氖光灯验电笔

一个氖光灯验电笔能用来测试一个开关。把断路器断开或把控制电流流向开关的熔断器移走。对，我知道哪个更麻烦？这个由你决定，但如果你想安全，就断掉电源。对于有经验的人，或许能带电操作而不被电到，但是我必须告诉你怎样做才是安全的。

先打开盖板和固定螺丝，然后从盒子中拉出开关总线。一旦开关从盒子中取出来，触点和裸线就处于安全位置了，把电源接到开关上，开关应该处于断开位置。用验电笔接触开关螺丝，如果测试器亮了，你的开关就带电了。把开关合上，再用探针接触螺丝，如果开关处于闭合位置时验电笔亮了，那开关就有故障，必须换掉。

为了换开关，应把开关的电断掉。将连接螺丝松开，换掉有故障的开关。把导线连接到新开关的连接器上，并且把开关安装在盒子中。盖好盖板，接通电源，这时测试开关，应该一切正常。

连续性测试器

连续性测试器可以用来测试开关。把开关的电断掉并把它从盒子中取出，断开接在开关上的导线。把连续性测试器的夹子连到一个螺丝上，并将探针放到另一个螺丝上。当开关处于开的位置时，测试器的灯应该是亮的；当开关处于关的位置时，灯不应该亮。这就会告诉你开关是否出现故障。

小结

连续性测试器绝不应该用在带电导线上。在测试连续性之前必须断掉所有导线的电源。连续性测试器的电池提供了所有需要的能源，使连续性测试器得以正常工作。如果把连续性测试器接入带电电路中，会烧掉你的测试器。在测试连续性之前最聪明的做法是测试电压。如果电路中没有电压，你可以继续工作；但如果有电压，你就需要断掉待测电路的电源。

如果你使用连续性测试器测量一个三位开关，应断掉开关的电源，把夹子接到公共端上。如果你不知道哪个是公共端，就看设备，上面应该有标签列出。用验电笔接触另外两个螺丝端子中的一个，并使开关带电。如果测试器的灯亮，就表明开关正常。现在把验电笔放到另外一个端子上重复测试。当测试到任何一个端子上时测试器的灯不亮，就表明开关坏了。

你也可以用一个连续性测试器测试开关插座组合。要做这个测试，应把夹子夹到顶部开关的端子，并将探针碰触到另一侧的顶部端子上。记住，在测试期间不要将导线连到开关上。如果开关在开的位置上时测试器的灯亮了，就表明开关是好的。

查找插座的故障

查找插座的故障很容易，需要的工具是一个氖光灯验电笔，或许一个螺丝刀。让插座带电，将验电笔插入到插座连接的每个开孔中。你的手指离开裸探针并且只握住绝缘部分。注意是带电的。如果验电笔的灯亮，插座就是好的；如果验电笔灯不亮，你需要打开插座上的盖板，把验电笔放到螺丝端子上。如果验电笔灯亮了，就表明插座有电，插座坏了。

如果遇到坏了的插座，应把插座的电源断开。松开端子螺丝，将导线从插座上分离，然后在新插座上安装导线，将插座固定在盒子内，把盖板放回去并合上电源。最后用验电笔测试插座，它应该工作。

要点：

你曾经有过不小心让导线从手中滑掉进墙洞里的经历吗？如果有，你应该知道这种情况有多烦人。为了避免这种情况，你可以尝试着把夹子夹到导线的绝缘皮上。

小结

在旧房子里工作，那里的板条石膏墙很令人头疼。在石膏墙上安装新盒子很烦琐。一种有效的方式是在墙和板条上开个孔，孔的尺寸要比盒子尺寸稍大些。一旦盒子按安装深度调整好，就应该在板条上钻小的引导孔。如果没有引导孔，拧螺丝的时候板条就会裂开。你应该避免让固定螺丝进入到引导孔中。在板条石膏墙中安装盒子的一个简洁做法是紧贴着支柱安装，并将它们直接固定在加强墙支柱上。

极

你有时候会测试插座的极。在插座带电的情况下，把验电笔插入到插座带电的孔中。带电的孔是两个孔中较短的那个，中性孔是两个孔中较长的那个。另一个验电笔应该被插入接地插孔中。如果验电笔灯亮了，就表明插座极接地了。如果验电笔不亮，留一个探针在接地孔中，将另一个探针插入插座的长孔中。在这些情况下如果验电笔亮，就表示带电导线和中性线反了。

如果验电笔在任何一个测试中都不亮，那就表明插座没有接地。另一个简单的测试是检查接地孔和中性孔之间的连续性，要在断电时进行，因为把连续性检测器接到带电电路中会损害检测器。

警告：

电路的负荷不能超过电路建议的最大负荷的80%。例如，一条20A的电路负荷不能超过16A。不要将电路负荷用到最大容量。

查找断路器的故障

断路器会坏掉，也会因为某些问题变得日益严重而跳闸。断路器的基本功能是保护电路，防止短路和过负荷。它们通过感应热量做到这一点。一个双金属片提供拉力，保证断路器处于工作位置，当双金属片探测到电路短路或过热时，它就升温并弯曲。这时，断路器就跳闸，断掉有问题的电路。断路器会一直处于断开状态，直到断路器被重置为止。

如果电路断电，应查看配电箱看是否有断路器跳闸。当发现跳闸的断路器时，应重置断路器。如果再次跳闸，你可能遇到问题了。当电路没有过负荷而断路器反复跳闸时，就表明有短路。你可以通过测电路连接设备的额定负荷来看电路是否过负荷。

一个故障插头、导线或者灯插座都会造成短路，使断路器跳闸。检查这类问题，检查开关盒和插座盒的连接，你可能会发现产生短路的盒子中的情况。此时，看看盒子中的接线。如果接线磨损或显示有损坏的绝缘皮，你可能就找到问题了。如果情况是这样，你的选择就是切断损坏的导线并用新导线换掉它。用一个热缩套管或者电气绝缘胶布重新为导线绝缘。最好的方法是断掉坏导线并用跳线替代换掉的导线。

别忘了核查灯头和灯泡的额定功率。如果安装的灯泡的额定功率值高于灯头的额定值，会发生过热，这会损坏电线的绝缘层，也会引起断路器跳闸。

小结

对于过负荷的电路，不能增加熔断器的额定值。安装一个比电路需要的额定值高的熔断器会引发火灾，因此决不要安装一个比供电电路额定值高的熔断器。保护电路的熔断器的大小受供电电路导线的额定电流的限制。

小结

在裸露的地方有裂纹和刻痕的旧导线会造成过热的危险。如果发现这种情况，应把裸露的导线抽回到绝缘里，剥掉一些绝缘并与没损坏的导线做新的连接。

顺便说一下，在这里讨论的查找故障的基本步骤同样适用于熔断器。由于短路熔断的熔断器通常在观察窗内有一个爆炸的熔片，在使用熔断器时检查熔断器是毫无价值的。熔断器的观察窗通常会由于短路而变黑。如果问题的原因是过热，观察窗就应该是清晰的，而且熔片也熔化了。

如果想用连续性测试器测试一个熔丝管，就用熔丝拉出器拉出熔丝，将连续性测试器与熔丝的一端连接，用测试器的探针接触熔丝的另一端。如果测试器的灯亮，就表明熔丝是正常的。

门铃

门铃偶尔会损坏。大多数门铃用自带变压器将 120V 电转换成 6～30V 之间的电。一根小门铃的导线，通常在 18 线规之内，把铃、钟或蜂鸣器连接到门铃背部的电路上。除非你是在操作变压器，否则就可以在不用给电路断电的情况下查找门铃的故障。查找的过程是按有组织的步骤排除。

检查的第一个部件是操作门铃用的按钮。把按钮打开并在导线上放一个夹子，以防止当导线与按钮分开时滑入建筑的壁板或装饰内。然后，将两根导线瞬间接触。如果铃响了，问题就出在按钮上。如果在导线和连接上有腐蚀垢，先清除掉再测试门铃。如果门铃还不正常，应确认电气连接是否紧固并测试门铃。还要确认接线绝缘没有损坏。

你是否知道：

熔丝管的端头变热了吗？是的，它们变热了，因此把它们刚从配电盘里拉出来时，千万不要碰它们。

按钮通常是门铃问题的症结所在。可以用一小段门铃导线跳接在端子之间来测试门铃。如果把跳线连接到端子上时，门铃响了，你就能认定按钮坏了。如果你愿意用一个连续性测试器，就把导线从按钮上断开。将测试器的夹子连接到一个端子并将探针放在另一端上，按下按钮，如果测试器亮，就表明按钮是好的。

如果查过了按钮，就必须查变压器。你在操作变压器前应该关断变压器的电源。检查所有的接线是否受腐蚀，是否有导线松动和绝缘损坏的情况。把导线与变压器断开。在这个测试中会用到伏特表或万用表，把测试器的探针放在变压器的每个端子上，把表的刻度打到 ACV 50。给变压器通电，如果表上没有电压读数，变压器就坏了。如果你要更换变压器，应看看设备的电源是否断开。更换步骤很简单，只需要把旧变压器拿走，把新变压器接到盒子中的现有导线上。

如果做完这些步骤，门铃仍然不工作，就必须检查铃本身。把铃的盖板取下，看一看有没有坏掉的连接。如果没看到什么问题，就把表放回去继续工作。

大多数铃设有两个按钮。把表的探针放在前面的端子和变压器端子上。如果表有读数，就意味着铃通电了，表明铃坏了。查看第二个按钮看读数是否正常。到现在为止，应该发现问题了。如果没有，可能系统中某处导线断了。应检查接线，把接到铃的导线断开，用表测量接线的电流。如果有断开，你必须换导线。

小结

当看到在配电盘的熔丝底部周围有锈蚀区域时，这意味着什么？这通常是有水浸入的证据。显然，这不是好环境。在这些条件下，需要对配电端头和主配电盘进行全面检查。水源入口必须封住以避免配电箱内有潮气。过多的锈蚀和腐蚀通常意味着你要换掉配电入口处的这些元件。

小结

提示一下，配电盘的主断路器或熔断器可以在配电盘主进线电缆不断电的情况下被断开或移走。不要让不小心的错误毁掉你的未来。

温度自动调节器

温度自动调节器通常会有三种潜在的问题：错误接线、腐蚀和变压器损坏是温度自动调节器故障的常见原因。温度自动调节器中的灰尘也会使设备出现故障，这是开始查找故障的好地方。

当处理不正常工作的温度自动调节器时，把面板移开并且用压缩空气吹去积尘。如果灰尘看起来不是问题，查看温度自动调节器底座是否与墙牢固连接。如果没有问题，温度自动调节器可能倾斜了，这会引发问题。检查底座，看是否有任何导线看起来松了或被腐蚀了。确认所有端子的螺丝是紧固的。

如果进行了简单的查找步骤还没有成功，可以在端子间用跳线来测试底座。把短跳线的两端绝缘层剥掉，然后把裸导线一端接到 R 端子上，另一端放到 W 端子上，由温度自动调节器控制的设备就应该工作了。如果工作，应把跳线移到 Y 端子和 G 端子上，这就开启了温度自动调节器控制的设备的风扇。如果这些设备确实在运行，就表明温度自动调节器坏了，需要更换。

如果需要，也可用表测试变压器。把表的探针放到变压器的每一个低压端子上，把表的刻度拨到 50ACV。如果变压器正常，

要点：

怎样修理裂开、损坏或断开的导线的绝缘层呢？损坏的绝缘层可以用热缩套管修。用套管盖住损害区域，用煤气喷枪加热使套管收缩并形成新的绝缘层。

提示：

全铝导线通过黄铜或紫铜的螺丝端子与开关或插座相连时会有危险？铝的伸缩率与黄铜或紫铜的伸缩率不同，这会产生连接松脱，还可能导致火灾。

表应该显示有电。如果不是这样，假定电流入了变压器，你需要更换变压器。

小结

当遇到现有箱子内有短路导线时怎么办？这不是个大问题。切下一些与现有导线规格相同的导线做成跳线连接，使你有更长的导线可以操作。这些跳线可用螺母或压紧接线套管与现有接线连接。

在换变压器以前，确定有电接入。用表检查馈电。做这个要打开变压器盒子，并把表的探针放到带电导线上，如果盒子接地，还要把另一端放到盒子上。如果盒子没有接地，把探针放到中性线上。假定变压器通电了，并且变压器读数不对，就需要更换变压器。

查找故障是渐进的技能，你查找的故障越多，掌握得越好。当然，关于查找电气设备的故障还有其他题目。限于篇幅，不能覆盖所有可能的情况。你在这里看到的实际上包含了大多数需要。此处你学到的逻辑步骤会适用于所有形式的故障查找。只有花些时间学习如何查找故障原因，才不会浪费你的时间和顾客的金钱。

小结

导线绞接在一起并悬在露天，这种情况你见过多少次？可能比想像的要多得多。千万不要这样做。应该用接线盒把绞接装进去。暴露的导线即使有导线螺母和绝缘胶带在上面也存在着危险。所有绞接必须装在许可的和列表中列出的带盖的盒子内。

第 13 章 承揽工程

发展客户是你作为企业主的最重要的工作之一。学习如何中标是增加行业顾客最有效的方式。你有多少次投工程标，但却没有从潜在顾客那里得到任何反应？许多承包商从来不知道如何去成功地中标。这一章将告诉你如何中标，从而增加你的业务。

口头推荐

口头推荐是获得新生意的最好方式。当然，在能够赢得口头推荐之前需要一些生意，但是每次获得一个工程，你就需要为了口头推荐而为顾客工作，这样才会带来更多的工程。

从现有顾客获得口头推荐不只是产生新生意的最有效方式，而且是花费最少的方式。广告是昂贵的，你要为每个因为做广告而得到的工程损失一部分利润在广告成本上。如果能通过与现有顾客交谈发现新的工程，就省去了广告费用。

如果把工程做好并且留心你的顾客，会很容易得到口头推荐，但你可能必须要从他们那里要求口头推荐。人们有时会把你的名字和电话号码给朋友，有时也会写信美言推荐。然而，要形成大多数口头推荐，你必须学会要求你想要的。让我们看看需要什么来从现有的顾客那里得到大部分好处。

基本工作

打好基础是获得大量顾客推荐业务的一个重要步骤。如果你不让你的顾客高兴，他们将和朋友说，但不会说你想要听到的话。人们会很快说出自己的不快经历，但绝不急于散布好话。要向潜在的顾客传播信息，你必须努力工作，以便使你目前的顾客满意。

要做基础工作，必须从与顾客的第一份合同开始，并将其好好保持到最后。许多承包商有良好的开始，但没想到还没有完成就磕磕绊绊。我见过一些工程在完工的最后日子之前就出了娄子。我曾见过的承包商所犯的一个最大错误是没有对保证的要求做出快速反应。如果你在这个行业干了很长时间，就不会想要疏远顾客，即便是在完工后也是如此。老顾客通常成为你的回头客。如果你不对回访做出反应，当有新的、有钱可赚的工程时，人们就不会找你。

在工程进行中

在工程进行过程中，你必须迎合顾客的需要。大多数承包商在使顾客满意这方面没有问题，但更多的承包商只是为了让顾客高兴而不是做好工作。你必须履行你的承诺，要准时、恭敬，并且要专业。

在工程结束时

在工程结束时，你必须要求推荐。不要期望顾客跑来递给你一封推荐信。通常，要一封推荐信是不够的。如果你提供一份让顾客填的表格会有帮助。人们看起来从来不知道在推荐信中说什么，他们更习惯于填表。如果你设计一个简单的表格，差不多所有对你满意的顾客都会填表并签字。我保证你在饭馆见过这些质量控制和函购装运的表格。你可以按照自己喜欢的样式构造表格。

一旦你设计并打印了表格，就使用它们。当你完成一个工程后，请求你的顾客填表并在你的推荐表上签字。要在现场做这件事，一旦出了房子，要完成表格并签字会很困难。

当你开始积累推荐表时，将这些表给你未来的顾客看时不要犹豫。用一个有吸引力的三环装订器和透明保护封面来保管和展示你努力获得的推荐信。你一旦得到了足够的推荐信，在完成未来的交易上就会底气十足。

顾客满意

顾客满意是成功的关键。当顾客满意时，业务自己就增长了。的确，有些人你永远也不会使他满意。这些很难满意的人似乎每个业主都会碰到。如果你尚未遇到过一个有习惯性抱怨的人，那么只要你从事该行的时间足够长，就一定会遇到的。我们对这些少数人不做讨论，而是集中精力考虑如何使你的大部分顾客满意吧。

顾客喜欢与承包商友好相处。为了使顾客感觉愉快，你必须平等地与他们打交道，必须学会如何妥协。交流技巧对于良好的关系是必不可少的，如果你和你的顾客不能沟通，就不会在行业中走很远。有时，你还要照看他们。你可能不喜欢安慰顾客，但是有的时候必须平息客户的不满。

新的顾客基础

可以通过招标名单获得新的顾客基础。招标名单对所有有声誉的承包商都是公开的。一个工程上了标单，就意味着一些人将会得到这个工程。还有，拿出来正式招标的工程差不多总是一个已知的数量。与潜在顾客容易改变主意的通常的住宅估价单不同，正式标单几乎不变。这类工作很有挑战性且利润通常很低，但投标很值。

什么是标单?

什么是标单？标单是对报价的正式要求。在标单和标包之间有所不同。标单提出了对工程的简要描述；而标包则提出了人们期望投标者提供的全部细节。大多数承包商从标单开始，并且如果他们觉得对一项工程感兴趣，就会订购标包。标单通常免费提供；标包则需要订金或者一笔不可归还的费用。

从哪里要标单?

从哪里要标单？标单可以通过回应报纸上的公告来获取，或通过向提供招标信息的服务机构预定。如果你注意主要报纸的分类广告栏，会看到招标工程的广告，答复这些广告就会得到标包。正常情况下，你会得到一套计划、详细说明、招标文件、招标说明和其他需要的信息。这些标包可以简单，也可以复杂。

投标者代理

投标者代理是提供招标机会列表的业务。这些列表通常以业务通信的格式公布。招标公告通常会被按周送到承包商那里。每份招标公告可能包括5个工程或50个工程。这些公告是得到各种类型工程线索的一条极好的途径。

标单上有什么类型的工程?

标单上有什么类型的工程？会出现所有类型的工程，从小的住宅工程到大型商业工程。大多数工程是商业性的。工程价格范围从几千美元到几百万美元。

政府标单

政府标单是另外一个发现大量工程的机会。像其他标单一样，政府标单给出了一个简要的工程描述，并且提供了获取更多细节的信息。政府工程的范围可能从换几十个灯具到建一个军粮库。建新的军事基地住宅群会使房屋建造者工作若干个月。电气工程师会在维修、改造和新建筑上有收益。

政府工程在资金回收上很安全。资金虽来得慢，但会到齐。政府工程涉及的书面工作很多。如果你不愿意处理大量的书面工作，就请离政府招标远些。

你能对大型工程做出承诺吗?

你能对大型工程做出承诺吗?在标单上的许多工程都要求承包商做出承诺。承诺书从担保公司和保险公司获得，但不是所有承包商都是可以做出承诺的。在你尝试投需要承诺的工程标之前，核实是否可以做出承诺。投保的要求是不同的。查查当地电话本找个做担保的代理商，并且打电话咨询担保的要求。

完成和安全性承诺

完成和安全投标承诺在许多主要工程中是必要的。如果定购一个标单或标包，你会看到差不多都要求承诺。标单上有些工程可能不要承诺。招标要求与预期工程成本挂钩很常见。工程越大，越可能要求承诺。

为什么要求承诺?

为什么要求承诺?要求承诺可以确保工程的成功。提供工程的人要确定工程做好并完成。当提供工程的人或公司要求承诺时，他们知道有一定程度的安全性。对某些新企业来说，获取保证很困难。如果新公司没有雄厚的资金和良好的记录，是很难得到保证的。很遗憾，如果你不是成功到不在意自己是否有保证的地步，承诺就是你无法逾越的障碍。

有三种基本类型的承诺要考虑：投标承诺、完成承诺和付款承诺。每种类型的承诺都有不同的目的。建立投标承诺可以使接标的人确信，如果得到合同，投标的承包商会兑现投标。完成承诺可以防止承包商放弃工程并使客户处于极度的经济窘迫之中。如果一个承包商拒绝完成工程，顾客可以拿着完成承诺要求赔偿。

付款承诺用来保证给承包商所用的分包商和供货商的付款。这些承诺消除了完工后提出扣押机械和物资材料以充抵财产申请的危险。

当你提供了一种承诺时，承诺的价值就处于危险之中。如果不履行合同，你就会把承诺丢失给为工程与你签合同的那个人。由于许多人用他们家里的等价物作为抵押来获得承诺，他们就可能失去房屋。承诺是严肃的交易，如果你可以得到承诺，你在业界就有了优势。与当地提供承诺的公司讨论，看看你们是否有资格被保。

大工程的危险

大工程伴随着大危险吗？你确信是这样。在所有工程中都有危险，但大工程的危险更大。你应该回避大工程吗？也许会，但如果用正确的知识和书面文件做这份交易，你就应该能生存下来并且有取得成功的把握。

现金流问题

现金流问题常常伴随着做大工程的承包商。大工程不像小住宅工程，通常不会允许承包商收到预付现金。如果你从事这些工程，就必须用自己的钱和贷款来工作。对一个新企业来说，在大型工程中需要的支出额会使公司毁灭。在你的企业的第一年考虑签订一个百万美元的工程是很好的，但是那个工程会把公司逼进破产的境地。

在跳进深水之前，应保证你能到达彼岸。一些出资方会允许你用你的合同作为贷款的担保，但不要在这上面下你的企业赌注。如果你做大工程，要先把你的资金理顺。

拖欠付费

付费缓慢可能是大工程的另外一个问题。大工程因为付费缓慢导致名声很不好。不是说你不会得到付款，而是你可能无法按时得到付款来保证企业运转。新企业极有可能会由于拖欠付费而遭受失败。当你进入大联盟时，就要做好你的财务暂时会有麻烦的思想准备。你以为下个月会来的支票也许再过 90 天都不会出现。

不付费

拖欠付费很糟糕，但不付款更糟。正如新的承包商会在大工程中遇到麻烦一样，开发商和总承包商也会在大工程中卷入财务困境。大多数在大工程中领先的人无意欺诈他们的分包商，但有时他们也会这样做。当遇到大麻烦时，他们同样无法付账。如果分包商没收到付款，供应商也不会收到，波浪效应继续。任何卷入工程的人都会受损失。一些人的损失可能会比另外一些人多。一般说来，当这些大工程转入困境后，出资的银行或者贷方会提前查封财产。这些出资人会首先抵押财产。

如果你为一个大机构做过分包商，当顾客拒绝付款时，提出机械抵押是最好的行动。如果承包商没有收到劳力或材料方面的付款，机械抵押通常会被扣押，用来抵偿投入劳力或物资材料的财产。如果你必须申请扣押权，要确保你的做法是正确的。在申请和完成扣押权方面有一些规则你必须遵守。你可以申请自己的扣押权，但我还是建议你最好与律师一同处理所有的法律事务。

甚至在申请并完成你的扣押权后，你也不能得到钱。如果得到了钱，也很可能是减少了的结清额，而绝不会完全摆脱滥工程的影响。

完工日期

完工日期也会给没经验的承包商带来损害。大工程通常包括“工期必保”条款。与这些条款相伴的还有罚款，如果工程不能按时完工就必须支付罚款。罚款通常是根据每日的费用来计算的。例如，你可能必须为超期后的每天付200美元的费用。

罚款和你可能失去的合同会毁了你的企业。经验有限的承包商在大工程中通常对预计可靠的完工日期没有准备。在对遇到的合同上的完工日期没有把握的情况下，你就不要签合同。

在投标过程中的竞争

当你学会如何消除在投标过程中的竞争者时，你就走在了通往成功企业的路上。在大多数合同领域中虽然都少不了竞争，但经常会有工程的短缺。由于有限的工程和无限的竞争的组合，一个新企业或任何这个行业的企业都会泄气。千万不要泄气——总会有办法减少竞争的。

战胜标单的竞争

战胜标单的竞争是艰难的。除非有可追查的记录并广为人知，否则将用钱说话。低价是大多数决策者在标书中所寻找的，标书是标单的结果。作为一个低价投标人，你比较容易获得工程，但你可能希望自己从没见过这个工程。不要投价太低的工程标。如果你不赚钱，做这个工程对你没有任何好处。

如何能在大量投标中提高你中标的几率？如果能获得承诺，你就有优势了。大量的投标者不能获得承诺，单这个事实就足以被清除出竞争。当准备提交标包时，一定要非常小心。你想要的就是你的标包。如果你想要工程，应该花足够的时间准备一个专业的标包。

亲自投标

如果你要亲自投标，就要遵守贯穿本书中的准则。基本点包括：穿着得体、开合适的车、表现专业、友好、获得顾客的信任、出示你的工程照片、展示你的推荐信、亲自做投标陈述，并且把所有的投标都进行到底。

准备精确的估计

要做合理的投标，必须善于准备精确的估算。是否使用计算机估算程序或者纸笔都没有关系；必须让你的事实根据可靠。如果在估算上漏项，并且得到了工程，你就会损失资金。如果你的估算过高，你的价格就会太高了。精确的估算在成功获得工程上很有帮助。

什么是估算？

估算是做工程需要的一些项目的单子。它是看蓝图或参观工程现场并且列出工程中需要做的每件东西后的结果。一些估算者是估算的奇才，而另一些估算者在计划他们所需要的一切时却很费劲。如果不能训练自己学会如何做精确的估算，你签约的冒险将是一条坎坷之途。

使用估算表格

你可以通过使用估算表格来减少你的危险或失误。如果你使用计算机估算程序，计算机文件可能已经包含了表格。你可能想要定制标准的计算机表格。不论你用通常的计算机表格还是制作自己的表格，都必须确认表格是全面的。

估算表格应该有你在列出的不同工程中使用的每个项目。如果你制作一个表格，最好在表格中列出在工程中可能承担的每项费用。这提高了你在计算投标价格时减少遗漏的成功几率。另外，在表格中应有空格，让你可以添加特殊项目。

使用估算表的好处是提醒你那些可能会忘记的项目。然而，不要走入这样的定式：只看表格上的项目。一个工程很可能会需要你还没有放在表中的项目。表格有帮助，但详尽周到是不可替代的。

追踪清单

留意你已经计算在内的事情对一些承包商来说是个问题。如果你做大计划的估算，例如一个购物中心，这会是很烦人的工作。你需要避免发生的最后一件事是（在单子上）找不到你要找的地方，或者忘记已经算在内的事情了。要避免这个问题，就必须在计算的时候，把每一个项目都标在你的计划上。

误差量

你应该在估算中加进误差量。如果你认为将需要 10 轴线，就在计算量上增加一些。增加多少取决于你计算的工程规模。许多估算者加进 3% ~5% 的浮动值。一些承包商把他们的数字增加 10% 。除非工程小，否则我认为 10% 的增加量会让你失了标。

当然，减轻错误很大程度上取决于你做精确估算的能力。如果你善于做估算，少量的误差就够了。如果你看起来总是干得很好，而且材料不够用，就需要多一些水泥砂浆。

做记录

对你的每项工程需要的材料做记录很重要。不要把估算扔到一边。当工程结束时，把实际使用的材料与估算的作对比。这不仅会帮助你了解钱都到哪里去了，还会使你成为一个更好的估算者。通过追踪工程并把最后的数量与原始估计作比较，可以提高你的投标技巧，并获得更多的工程。

定价

为你的服务和材料定价是运营一个有效益的企业必不可少的部分。如果价钱太低，你虽然很忙，但利润会受损；如果价钱太高，你会坐在那儿盯着顶棚，盼着电话响。在太高和太低之间的某个地方是你的产品和服务的最优价格。窍门是找出这个价格是什么。

必须学会让价格具有吸引力，又不能放弃积累。你怎么能知道这个合适的价格呢？不能凭空想像得出价格，你必须通过大量研究建立起你的定价结构。当它开始选出有吸引力的价格时，你必须看到表面之下的东西。有许多因素控制着你能赚到的东西，让我们看一下有利的涨价要考虑些什么。

材料涨价

材料涨价的益处是什么？这是个很难回答的问题。预计合理的涨价幅度不难，但确定有利的涨价幅度不容易。一些承包商认为 10% 足够了，而其他人试图把材料价格增加 35%，究竟哪组正确？你不能用我给出的有限信息做这个决定。索要 10% 的涨幅是合适的，特别是当他们做大工程、用到大量材料时；而 35% 那组可能在涨价上有道理，特别是如果他们卖少量低价材料的话。

涨价是一个相对的概念。100000 美元的 10% 比 100 美元的 35% 要多得多。由于这个原因，你不能盲目选个百分比作为固定价格。价格需要调整来适应市场环境的变化和个别工程的要求。然而，你可以给你的大部分平均销售找到百分比。

假如你从事修理行业并且卖材料，材料的价格在 20 美元左右，如果市场能够承受的话，35% 的涨价幅度就很好。如果你投标大型居住工程或主要商业工程，10% 的材料涨价幅度应该足够了。在某种程度上，你应该测试市场环境来确定顾客愿意为材料出什么价格。

如果卖普通物品，这些物品每个人都能去当地五金或建材供应处买到，并且价格透明，你就必须小心了，不要涨价太多。顾客预料你的材料会涨价，但他们不想被骗。如果你给我的新灯头安装灯泡，并且要价是我在商店买灯泡价格的两倍，我不会感到高兴的。即使灯泡交易中包括的金额微不足道，但为一个普通物品要加两倍本金的事实仍然存在。

如果你是安装特殊项目的，就可以增加涨价幅度。人们不会因为给一个涨价很多，但却合理的特殊产品付费被激怒。小型居住工程 20% 的涨价幅度差不多总是可以接受的。当你决定超过 20% 这个点时，要慢一些，并察看顾客的反应。

注意你的竞争对手

对手如何用这样的低价做工程？这是几乎每个承包商都考虑的问题。似乎一些公司总有窍门胜标并且在竞争中胜出。如果知道了他们是靠低价胜标，你就会好奇胜标者怎么能做到这一点。

低价会让公司忙碌，但这并不意味着低价的公司有利润。总销售额很重要，但净利是企业最关心的。如果一个公司不盈利，运转这个企业便没有什么意义了。

用低价做工程的公司分为几类。一些公司按数量的原则工作，薄利多销，仍然可以赚钱。这类公司很难被打败。

一些公司出于无知而以低价销售，许多小企业主没意识到所从事的行业包括的管理费用。

这类没经验的商人要么很快从行业中退出，要么调整服务和材料的价格。对于已经站住脚的承包商来说，他在与行业新人的竞争中能承受销售量的暂时下降，这就足够可以应付环境变化了。在几个月内，新企业要么会倒闭，要么会处于一个合理的竞争范围内。

为你的服务定价

给你的服务和材料定价直接与你的成功和职业资历相连。为你的时间和材料定正确的价格很困难。有些书就如何定价给出了公式和理论，但这些指导并不总是正确的。每个城镇和每个企业都会在公众愿意付的价钱方面规定不同的因素。你能用许多方法找到行业索要的最好价格；让我们看看这些因素吧。

价格指导

对于一个不大知道如何确定劳动力和材料价值的新企业领导来说，价格指导会有很大的帮助。然而，这些指导也能给你带来挫折并失去很多生意。大多数估价指导提供了一个针对不同地区调整建议价格的公式。做这类调整所用的公式通常是一个数字，在建议价格上乘以这个数字。通过使用这个乘法因子，可以得到任何一个主要城市的服务和材料价格。

这个估价指导背后的想法是好的，但在该系统中有缺陷。我曾经读过并且用过许多这方面的书。依我个人的经验，这些书对我涉及的那类工作来说并不精确。有很多次，书是很精确的，但我却从来没有因为完全依据大规模生产的定价指导而感到满足。

介绍

合适的介绍对于企业的成功是必不可少的。即使价格比竞争对手高，仍能用有效的介绍赢得工程。有些时候低价竞标者并没得到工程。作为一个承包商，你可以通过使用某些介绍方法把自己从大群人中独立出来。这些方法是什么呢？有大量的方法可以用来在竞争中赢得优势。赢得投标这场战争的方法可以包括穿着方式、开什么车、你的组织才能以及更多的东西。

展示你的价值

当你学会向自己的顾客展示为什么你值更多钱的时候，就很可能充分利用了你的时间和付出的努力。人们通常愿意花更高的价钱来得到他们想要的。必须使你的顾客相信他们想要的是你和你的企业，而不是竞争者的。如何使顾客偏向你这一边？让我们研究一些方法，这些方法在许多年中都被证明是有效的。

邮件错误

你可能想不到有多少承包商把估价单寄给顾客并等着做工程的通知。结果这些承包商中的许多人再也没能从顾客那里得到回音。把投标书寄给潜在的顾客通常不是获得工程的最好方式。当顾客打开估价单浏览时，除了价格之外，很难看到其他的不同之处。你想用额外的能拿到桌面上的东西影响顾客，就需要一种更好的介绍报价的方法。

如果你必须邮寄自己的投标方案，一定要准备一个专业的包。用打印表格和配套的信笺信封，而不是常规的带有你公司名称橡皮图章的纸。要选用重磅纸和专业化的外观颜色。打印你的估价单，并且避免用明显的涂改方法来校正你的打印错误。如果你把价格寄给顾客，必须让邮件干净、条理清楚、有魅力、专业并且有说服力。

电话事实

一种最糟糕的提出正式投标报告的方法是用电话。电话是探查和跟踪估价单的重要工具，但它们是最差的发送原始估价的方式。当你用电话报价时，人们看不到你给他们的是什么。他们无法像对待书面估价单那样，仔细看你的估价单并对它进行评估。运气好的话，顾客有可能把你的价格记下来，然后又把记有价格的纸丢了。电话报价会使承包商看起来很懒惰，因为他们甚至不愿意花时间准备一个专业的书面投标报告。总的说来，用电话可以获取消息、订约会并追踪报价单，但不要用它把价格和投标报告给可能的顾客。

穿着规则

承包商的穿着规则包括的范围很广。不论你穿什么，一定要穿好，干净整洁，并且怎么舒服怎么穿。如果你穿着三件套的衣服感觉很不舒服，也不要向顾客显露出来。如果你常穿制服，可以在介绍投标报告时穿上它。牛仔服和靴子也是可以接受的，但两者都必须干净整洁。避免穿破烂的或有污渍的衣服。你总不会希望顾客害怕你坐在家具上吧。

当决定穿什么的时候，还要考虑你要会见的顾客的类型。如果顾客喜欢穿着随便，那你就应该穿得随便些。如果你猜想套装与你的顾客的打扮相配，那就考虑穿套装。要选择与顾客的穿着相配的行头。如果穿得太好，可能会吓着顾客。如果你的衣服和首饰太贵，顾客可能会认为你赚了很多钱。

开什么车

开什么车能充分表明你这个人。如果你开一辆高价跑车停在一所普通的房子前，你就是在向顾客发送信号。当顾客眺望窗外，看见他们的承包商从一辆高价车上走下来，他们就会相信关于承包商索要荒谬价格的谣言是真的。如果你从一辆残破的老卡车中爬出来，他们则可能认为你不太成功。

为生意选择最好的车不像选择合适的衣服。如果你想要一辆能向顾客发送正确信号的车，那么在绝大多数场合中，干净的篷车或小型轻便货车更适合你。

自信：成功的关键

自信是成功的关键。你必须对自己有信心，而且必须在顾客脑子中建立起对你的信任。如果能得到顾客的信任，你就差不多总能得到生意。你可以通过经验获取自信，但你必须学会如何建立顾客对你的信任。

通常你可以通过交谈的方式来增加顾客的信任。如果能和顾客坐下来谈一个小时，你赢得工程的几率就会大大增加。通过向顾客展示工程实例，你就能赢得信任。来自以往顾客的推荐信会有助于建立信任，然而，如果你有正直的人格和销售技巧，你就能通过简单的交谈建立信任。

作为一个企业主，你也是一名销售专家，或者至少你最好是。除非你雇用外面的销售人员，否则顾客就要跟你打交道。如果你学到了基本的销售技巧，可能会比一般的承包商有更多的工程，即使你的价格高些也无所谓。

了解你的竞争

必须了解你的竞争。你如何为你的服务和材料定价会受竞争的影响。你的价格应该和有声誉的竞争者近似。如果价格太高，你就不会得到太多的工程；如果价格太低，你可能会陷在工程里面，而且因利润低而受损，更不用说激怒的竞争者了。

有效的估价技巧

有效的估价技巧有多种形式，对一个人有用的不见得对另一个人有用。通过从错误和失败中学习，你能形成对自己有利的估价方法。一旦有了有效方法，你就可以反复使用。你可能需要改变技巧来适应特殊顾客，但相同的基本原则既然能适用于一桩生意，也必然能适用于另一桩。

怎样才能发展你的有效的估价技巧呢？你可以通过阅读来学习估价的技术。查阅估价手册和定价指导也可以进一步提高你的估价技巧。你学到的多数知识来自经验。从你的错误中学习代价会很高，但是印象深刻，不容易忘记。有效估价中的一个最重要的因素是组织。当组织得好时，你就更有可能完成一项全面的估价。估价说到底就是为了赢得工程，所以开始做吧！

第 14 章 正确工作

为了让企业沿着成功之路前进，你必须学会处理计划、预算和工程成本核算。你的行业的这三个领域对你赚多少钱和在行业内干多久会有很大的影响。计划可以用在业务的许多方面。你应该有生产计划、每日计划和交付计划，这里列出的只是其中的一小部分。预算也应该用于你的业务的各个方面。你应该有全面的业务预算、广告预算和库存预算。此外，你还需要有对每项工程和企业规划发展的预算。

没有制定和遵守计划和预算的能力，一个企业主就可能会犯错误和损失资金。辨别一个公司是否损失资金的一种方式是通过使用工程成本核算。随着工程的进展和完工，工程成本核算应该做出来并加以监控。这个做法使企业主能确定未来的定价，预测未来的现金流需求，并且得出对公司工作表现的全面看法。

工程成本核算、预算和计划都在承包行业的发展中起到了至关重要的作用，没有这些因素，企业就会在黑暗中运行。你承受不起在行业竞技场上盲目地徘徊。如果你这样做，竞争者就会把你驱除出局。让我们看看动脑筋工作能给你带来什么益处吧。

建立生产计划

通过建立生产计划，你能使企业变得更加组织有序，从而赚取更多的利润。生产计划有助于你计划并跟踪自己的工作和工作负荷。没有生产计划，按时完工就会有困难。而工程进行一旦超过了完工日期，顾客就会很生气。

应该怎样着手建立一个生产计划呢？制定出一个可行的计划并不难，而且不用花很长时间。但是，你可能需要分包商的帮助。

你可以在计算机或便条纸上大致勾画出生产进度。你对自己所做的每项工程会有不同的计划，但仅需从一个计划开始。一旦你有了对第一个工程的计划，计划余下的工程就会容易些了。如果工程重叠了，你也许必须同时计划多个工程。

先把工程名称和地址写在计划上，用标题列出你负责的工程的每个阶段。留下空白以便填上不同工作阶段的日期，要有足够的空白写许多日期。第一处空白包括预期的开工时间，另一处空白包括工程实际开始的日期。你应该有一个需要完工的预计时间的条目，然后应该有个输入实际完工日期的地方。除了开始和完工的日子，你还应该留些空白写上材料交付的时间。

生产计划应该列出你将依靠的分包商和供货商的名称和电话号码。把这些名字和号码写在每个工作阶段和交付期的后面。在计划中写出名字和号码会使电话跟踪确认容易些。

现在你要做的就是填上合适的日期。选择计划的日期可能并不简单，尽量做出无冲突的工作计划也会是件很费劲的工作，但并不是不可能的。协调你工作的最好方式是同与工程有关的所有人员开诚布公地谈谈。

打电话同你的分包商和供货商谈谈，和他们共同讨论你计划的第一稿，问问他们是否能按你要求的时间到达工地。如果你不知道电气工程师将花多长时间完成工程，就去问一问。当用计件工人时，你必须像对待其他分包商一样对待他们。通过遵循这些技巧，你在生产计划中临时记下的数字会像你尽心做的那般精确。但是，不要期望日期是不变的。随着计划改变，实施计划的时间也要跟着变。

维持计划

坚持计划要付出努力。如果不能遵照执行，你就无法维持计划。那么你必须做什么？你必须打确认电话，考察工程进度，保持对分包商和供货商的控制，当然还有更多。让我们看看你的一些计划责任吧。

确认电话

打确认电话对保证进度至关重要。如果你不打追踪电话，分包商和供货商会忘记他们对你的责任。作为一个承包商，你不能允许你的分包商和供货商忽略他们的义务。组织和管理好一个成功工程的所有因素就是你的工作。

给供货商打电话确认订单，送货可在正常营业时间进行，但这一点对分包商并不总是适用的。许多分包商在现场工作，这些人不会伴着电话过日子。为了找到忙碌的分包商，你可能不得不在晚上打电话。

你的工作量是由你的业务性质决定的，但承包商却有可能经常夜以继日地工作。如果能让分包商在特定时间向你报到，你也许没有必要工作这么长时间；如果能让分包商在休息或午饭时间给你打电话，就能减少一些夜里的电话。

即使尽了最大努力，打追踪电话也是一件很痛苦的事情。对一些电话你可能不想理会，但千万不要这样做。如果不能按计划做确认，计划就变得无用了。

追踪生产

追踪生产是保持计划准确的最好方法。计划需要调整，而且只要做调整，你就必须追踪生产。例如，如果干砌墙的承包商落后了，你就必须重新为电气工程师做计划。如果特别定制的货品，比如一个定制的吊灯到货晚了，你就必须调整计划。要做这些调整，你必须时刻把握工程的脉动。这通常意味着要每天检查工程的状况。在核查完工程后，你就能通过加快或放慢计划的方式给现场生产留出余地。

分包商和供货商

让分包商和供货商保持协调是与计划相关的另一项职责。如果分包商或者供货商不能及时履行自己的义务，你的计划会变成泡影。因此，必须控制你的分包商和供货商按计划实施。

如果你听从我前面的建议，并且把开始和完工日期都包括在分包商合同里，你就走上正轨了。此外还应该包括一个惩罚条款，条款大致给出了工程不能按时完工的每天的费用它给了你一个更好的机会来保证计划。当需要的时候，把这两条合同条款和持续的督促联合起来，你就做好了。如果所有其他的努力都失败了，就实施你的逐出条款，并用新的分包商或供货商来履行你的要求。

更改

有时更改你的计划是必要的。虽然工程更改可能必要，但会有害，所以应小心。为适应无法预见的生产变化而更改是一回事，而为适应现金流或贪心来更改则是另外一回事。在更改之前，让我们先确定两类工作更改之间的区别。

当材料晚到或者分包商没有按预期执行的话，工程更改是必要的，并且是可以接受的。这类更改通常与延长完工日期相关。例如，如果只用两天就完成你认为花三天时间才能完成的工作，就可以将计划前移一天。这当然是你的选择。你也可以让现有的计划不变。

更改你的工作计划产生现金流或做更多的工作是一种具有很大危险的工作篡改形式。如果为了开始更多的工程，你把员工从一个工程转到另一个工程，你就可能在一年之内停业。这类工作更改会给你的企业带来坏声誉，并且会产生超乎自身价值的麻烦。

无法预见的计划障碍

以经验调整计划以适应不可预见的计划障碍就比较容易。从事行业一段时间，你就开始预计不可预期的事情了。老练的承包商善于预测他们很少遇到的问题。遗憾的是，行业的新人很容易经受一些困难时期，并且为缺乏经验付出代价。

许多人认为，因为他们了解行业，因此也了解自己的企业。知道如何做一个业者与知道如何运营一个企业不同。虽然你可能很善于估计自己的工作所需要的时间，但如果你不是个有经验的承包商，可能就不知道应该给分包商和供货商多少允许期限。这两个变数会毁了你的预期计划。

我曾雇了雇员和分包商和我一起工作，其间也有过一些非常好的工人。在初期，我几乎没发现有人比我快很多，但是我经常发现工人们的速度极慢。他们的缓慢是懒惰、没经验、不集中和其他一些原因的结果。对于一件相同的工作，我和一个助手能在两天半内完成，一些员工要用整整五天。作为一个承包商，你不能认为所有分包商会在相同期限内完成任务。一个分包商所需要的时间很可能是另一个分包商完成工作所需时间的两倍。作为承包商，你必须发现穿过分包商和供货商这个迷宫的秘密。

随着你获得了经验并且开始了解你的分包商和供货商，你会变得更擅长调整计划。你几乎变成了一个能猜出别人心思的人，知道你的计划需要怎么改。这不是说你能避免所有的计划问题，而是说你能学会控制这些问题。

规划工程预算

规划工程预算必须是优先考虑的事情之一。工程预算是设定你的盈利目标的基础。如果算错了工程预算，你就不会得到所期待的盈利。虽然偶尔可能比你期望的赚得更多，但在大多数情况下，工程赚的钱比你预算的要少。

对一些人来说，预算这个词是个常用词。这个思想倾向从个人预算延伸至企业预算。虽然遵守财务预算的方针可能不是件开心的事，但预算通常是你实现货币目标的惟一方式。

如果不为每个工程规划预算，你肯定会对自己的一些收入结果失望。预算可能不足以保证你在工程中不损失资金，但它们能帮助你发现问题并使你避免两次犯同样的错误。

如果你把一个工程标价太低，设定预算将不会解决问题。最好的预算状况也不能补偿一个估价很差的工程。然而，通过对工程做预算，你能估计结果并且为未来的工程定价，从而可以在合理范围内把你的利润保持在自己想要达到的极限上。

你应该怎样构建一个工程预算呢？要做一个工程预算，必须计划并列出工程所有的预期费用。对某些承包商来说，考虑一个工程要承担的所有支出是他们无法彻底了解的烦心事。这些人没有把一个工程的所有步骤按时间顺序安排的天生能力。这不意味着承包商不能学会事先做出预算；他们只是在运行企业的这方面没有天生的才能。如果你按逻辑方法进行，建立一份工程预算并不难。让我们看看你怎样能建立一份稳定的工程预算吧。

像建立一个生产计划一样，把工程名称和地址都列入你的表内。继续列出工程各阶段的各个方面。例如，如果你要预算支出，就把地面工程、粗施工、安装、修整等的空白都包括进来。

大多数承包商在列出工程的大阶段方面没有问题。然而，许多企业主却把工程中需要做的工作的小阶段忽略了。这些小阶段往往会增加相当多的投资。

考虑你的所有预期成本，让我们看看一些在预算中常常被忽略的成本。这些成本包括：

- 设计图纸
- 许可证费
- 垃圾及处理费
- 清洁费用
- 经营管理成本
- 办公管理费用
- 检查费
- 现场监理人员
- 获得工程所承担的广告成本
- 耗时估算和工程销售
- 潜在的担保工作

许多与做工程相关的成本不会在大多数承包商的预算中出现。如果这些软成本被遗漏了，从工程中的获利就会缩减。在你列出工程费用支出时，必须很全面。如果不全面，预算就是假的。

规划你的企业预算

规划你的企业预算与预测工程预算相似。在两种情况下，你都必须说明所有的预期费用。不像工程预算，一个企业预算必须包括更长阶段的规划。这段延长的时间能使建立一份好的企业预算变得更难掌握。

逐步形成一份有效的企业预算需要全面的思考。你必须考虑自己最近的需要和规划的未来需要。你的愿望会与企业预算相互作用。例如，如果你想在 20 年内退休，就必须把这个愿望考虑在自己的预算内。让我们看看必须综合进你的企业预算内的一些因素吧。

薪水

许多企业主不付给自己固定的薪水，他们尽可能多地赚钱，并且用掉所需要的钱。这虽然对一些人适用，但并不是做企业预算的方式。

在安排企业预算时，需要确定你的固定工资额。你不可能总是把预算上反映出来的资金拿走作薪水，但需要在收入中固定一个数。当你把薪水固定下来时，不要忘记缴纳所得税的义务。必须着眼于净收入的需要以及毛收入的需求。在净需要和总需要之间是有实质性差别的。

办公支出

办公支出会使预算激增。想一想保证你办公室运转所承担的各种费用，这些费用包括：租金、公用设施、电话账单、清洁、设备租金、办公用品供应、家具以及更多别的东西。办公费用的成本占你年度费用的百分比是很高的，许多承包商都有过多的办公费用。当做企业预算时，检查你的办公费用；你很可能会找到省钱的办法。

场地费用

对于一些承包商来说，场地费用是年度预算的一大部分。场地费用可分成更详细的类别。这些成本包括：车辆、燃料、现场管理员、标志和其他相关费用。

车辆费用

差不多每个承包企业都受拥有和维护车辆费用的影响。卡车、轿车、燃料、轮胎以及类似的费用可高达几千美元。当然，车辆费用直接与你的企业规模和结构有关。如果你依赖分包商做所有的现场工作，你的车辆费用就会很少。然而，如果你有卡车车队，并且有一大群雇员，你的车辆费用就会是天文数字。

工具和设备支出

有两类工具和设备支出：最初的购置成本和替换成本。即使有了你需要的所有工具和设备，你也必须有替换成本的预算。五金器具可能损坏，被偷或用旧了，但迟早需要换掉。如果没有为这些替换准备资金，你就会发现自己不能继续做生意了。看一看你的工具和设备，估计一下五金工具的预期使用寿命，并且把它们的替换费用考虑在预算内。

雇员费用

雇员费用可以是毁灭性的。当你考虑雇员支出时，必须看得深些，而不只是你的雇员每小时的收入。你必须考虑到雇人涉及的税。其他考虑还有员工的福利。如果你给雇员提供保险的福利，会花更多钱。带薪休假是另一项主要支出。病假、带薪节假日和其他类似雇员的福利会很快高达几千美元。

如果企业雇员费用太高，可以考虑雇用独立承包商。当涉及雇员时，不要忘记把雇员福利的成本考虑在你的预算内。

保险费用

保险费用会使一些企业筋疲力尽。保险的需要依据不同企业的性质而有所差异。所有企业都需要保责任险。当使用雇员时，工人赔偿险会成为企业预算中昂贵的因素。防盗窃和火灾的保险是企业通用的另一项保险。当一个公司进行恰当保险后，保险支出可以占去企业全部预算的大部分。

广告费用

广告费用是企业不能直接受益的为数不多的费用之一。当有效使用时，广告费用会收回成本甚至更多。然而，一个企业主从来都无法确定广告到底多有效。

广告需求量是多少？当不能确定广告的成效时，可以按你想在产生新业务方面花费多少来预算。许多公司把他们总销售额的一个百分比专门用在广告上。大多数小公司则花少量有数的钱，而不是一个百分比。无论使用哪种方法，都要确定把你的预期广告成本包括在企业预算内。

借贷支出

在建立预算时，借贷支出会被忽略。当借短期贷款时尤其如此。这些借贷成本可能不会被记录为支出，原因是利息通常一次付清，而不是按月支付。不要忘记把你要企业财务承担的费用包括进去。

税收

税收是企业预算通常遗漏的另一项支出，但它实际上不应该是。税收的影响会给一个企业造成严重的压力。除非有常规的税收预付金，否则你将无法承受用足够的金钱来满足税收机构所带来的沉重负担。

为了避免陷在现金的束缚中，把估算的税收义务包括在你的预算规划内。如果你不能预测自己的税收，咨询税收专家。如果你在税收日处于无助的境地，将是无法承受的。

增长支出

要看到企业的增长，你就必须为增长支出做规划。没有几个企业可以在没有计划的情况下增长。任何增长计划都会包括资本增长。当建立预算时，你要考虑自己对公司增长的意向，并把扩张成本的条款包括进来。

退休目标

退休目标经常排在列表的最后面。当资金紧张时，很难投资退休计划。动力是为了解决燃眉之急，以后再为退休问题担忧。不幸的是，年龄和退休慢慢逼近我们的速度常常比我们计划的要早。

一些新企业主通常把他们正在建立的企业看作是可以提供退休保障的。在一些情况下，他们的信念是有根据的，但更常见的是企业不足以提供退休保障的情况。实际上，许多新企业在业主想退休时已经不再运行了。由于这些原因所致，你的企业投资是不足以保证安全退休计划的。

建立一套合适的退休资产组合需要一个计划。计划通常涉及多种多样的投资，可以包括：股票、公债、不动产、硬币、艺术品和其他一些可能的东西。对大多数人来说，聪明的方法就是与专家讨论，得到一个可行的退休规划。一旦你有了一条可靠的退休之路，就要在企业预算中包括进你为退休提供基金的需要。

在建立企业预算时，你会发现其他需要说明的项目，但这份日常支出的单子应该是你朝向正确方向的开始。记住，不能没有方向地旅行到一个奇怪的目的地，预算对你的企业来说就等同于你旅行计划中的地图。

维持财务预算要求

除非用训练和技巧来维持你的财务预算要求，否则仅有预算几乎没什么好处。以一种天生的才能来维持预算的限制是有用的，但如果没有这种才能，你可以学会技巧和方法。

自律是贯穿我们人生的要素。正是这种品质让我们能生活在社会法则中。一些人对人生的某个方面有很强的自制，而在其他方面则没有。在开始赌博之前，难以抑制的赌徒可能会约束自己按时去工作，并维持一种中等水平的生活。如果没有食物放在被食物困扰的人面前，他们可能完全正常。我们中的大多数人在自律上都有薄弱方面。作为一名企业主，你的工作就是发现自己的薄弱面并加强它。

如果你发现在邮购目录中的工具交易无法抵制，就会花太多时间在工具上面。当你被拥有顶尖技术的办公设备冲昏头脑时，可能会在错误的项目上投资太多。潜在的弱点还会有，但你已经知道了。

所有这些潜在的弱点必须被估计到。如果你想很快放弃冲动性购买行为，必须为自己订立规则，让自己在买新工具或办公设备之前等待一个合理的阶段，看是真的需要这个物品还是只想买它。观察你职业习惯的每个方面：经常到豪华餐馆吃午饭吗？如果是，你的花费可能足以支付更合理的企业支出了。

把接下来两周你的所有花费记下来，包括在每个项目上花的每一角钱。在两周结束时看支出单，把这些支出与你的预算相比较。有多少最近的支出没有反映在预算中？我猜你会发现有很多花钱的地方自己没有预算到。这是个危险信号，你不能允许自己毫无节制地使用公司的财务资源。如果是这样，企业就会破产。

在标记了所有的非预算支出后，决定你是否继续进行类似的购买。如果你得出结论说你的支出是合理的，就把它们包括在预算中；如果这种花费习惯没必要，那就消除它们。周期性地重复两周测试。通过监控和改进预算，你就可以保持在其框架内。

工程成本计算：估计未来的工程定价

工程成本计算是你估计未来工程定价的一种方式。要想充分利用你的企业，必须为你的服务获得可能的最好价格。有时这并不意味着涨价，甚至有时还意味着降价。你如何知道用哪种方法移动你的价格指针呢？可以通过回顾和评估过去工程的利润业绩形成一种强烈的方向感。工程成本计算会为你提供在定价结构上做出正确决定所需的信息。

工程成本计算是把完成一个工程所要承担的所有成本加起来的行为。依据你的方法，工程成本计算可能只说明了工程中所用的人工和材料。在更复杂的报告中，数字还将包括管理费和运作费用。

你的日常企业支出必须计算在工程成本中，但不必把它包括进每个工程成本报告，而是用在建工程利润的一个百分比延迟你做生意的其他成本。让我们看看这些方法中的每种方法是怎么应用的吧。

简单工程成本计算

简单工程成本计算将包括一个特定工程承担的全部成本，管理费用除外。管理费用可能包括：办公室房租和公共设施、普通保险、广告，等等。

要做一个简单的工程成本计算，只需要纸、铅笔和信息就行了。首先，列出工程中用的所有材料，然后，根据你付的价格给这些材料定价，接下来，计算需要投入工程的所有人力。一旦你有了所有计算的人力，就给它定价。价值应该是你的劳力成本。软成本是下一项，包括许可费、蓝图成本，等等。

一旦把工程中的所有成本列出，检查列表是否有疏漏。当确认没有遗漏时，求出成本总额。从你做工程所得的钱中减去总成本，就得到总利润了。

在实际生活中，说明管理费用并非这么简单。常常是有好几项工程同时进行，而且许多工作相互重叠。一些企业为管理规划出一部分费用并把它们用到每项工程中，其他企业则用复杂的方法来细化每个工程使用的确切的管理费用。你怎么做工程成本计算取决于你自己，但必须考虑到工程外的支出，以得到关于你的利润极限的正确印象。现在，让我们看看怎样用综合管理费用做一个工程成本计算报告吧。

比率工程预算

比率工程成本计算是确定收益和损失的另一个通用方法。完成这项任务，也需要按照前面给出的简单工程成本计算指导来做。完成后，还要减去工程的合同价格。你减去的比率代表着你对所有的管理费用的估计。

你应该采用什么比率？用于管理的比率将取决于你的企业结构。一些企业承担很重的管理费用，而另一些企业则精简机构以求达到最大的效率。你必须测试自己的个人情况，以便确定到底采用多少比率才能支付工程外支出。

当你根据精确的工程成本计算报告结果工作时，调整价格会容易得多。在检查三个相似工程上的成本后，你会看到一种模式。如果是这样，你就能确定你自己的要价是否足够、太多或者不够。

追踪盈利能力

从工程成本计算中追踪你的盈利能力是可能的，但它比你能完成的利润要多很多。工程成本计算能让你监控所有工程以得到最大的利润潜能。想在每个工程上赚20%的毛利说起来容易，但完成起来却很难。一些工程比其他工程有更高的利润潜力。这正是工程成本计算能引导你朝向正确方向的地方。

为了了解不同工程如何产生不同的结果，还是让我们考虑一位总承包商的情况。这位承包商只做居住工程，工程的范围从小规模改造到主要的变动。新建筑，像房屋、车库和扩建部分也是这个企业的一部分。

总承包商为下一年的广告分配了15000美元。当知道在广告上花多少费用以后，这位总承包商就必须确定在哪里做广告。一种考虑是用什么类型的广告媒介，但除此之外，还有什么类型的工程能产生最大利润的问题。

通过查阅过去的工程成本报告，这位承包商能确定什么类型的工程提供最大的利润潜力。在检查过去的表现时，承包商会发现阁楼改造是最盈利的工程，也可能发现建车库是又快又容易的重要盈利资源，而建造扩建部分可能提供最多的净收入。建房子虽能产生最高的总收入，但要用很长时间才能挣到所有的钱。

有一些用于什么工程赚最多钱的行业标准，但所有的企业主必须看得出什么工程能为他们的公司提供最多的利益。建平台可能对Larry和Ann最有经济意义，而Joe会发现他的最高利润来自厨房和卫生间改造。你最能赚钱的项目可能是城区联排住宅工程，你的利润最高点可能在服务和修理工程上。改造工程通常对管工和电工很有利，因此可能这是合适你的地方。从什么类型的电气工程中你能看到最高利润呢？

不同工程的获利程度会依据做工程的公司的表现而有所不同。一些公司在某些工程中的效率通常要比其他公司高。对你的公司来说，你可以通过检查完成工程的结果来预测自己的未来。

工程成本计算并不只是告诉你赚多少或者亏多少，而是让你为企业勾画出一个计划。在仔细研究工程成本报告后，做公示更为有效。当你有详细的工程成本来源时，建立预算分配就更容易了。精确的工程成本报告如何能帮助你的企业，这几乎没有限制。

精确的工程成本计算

精确的工程成本计算对于长期的成功是至关重要的。要经受时间的考验，企业必须在财务上合理和灵活。许多新企业失败的原因之一是它们的企业主和经营者没有经验。这些人可能有扎实的工作技术，但缺乏商业技巧。常发现第一次做承包商的人工作努力并且相信他们正在赚钱，但是年末却发现他们做的更像个雇员而不是企业主。这些经验不足的企业主没有意识到领导一个企业成功所需要的时间、努力和技巧。他们中的许多人认为每小时赚 45 美元已经很了不起了。即使这些每小时的收入是雇员收入的双倍，最终结果可能还是较低的净报酬。

因为新承包商从来考虑不到如此多的支出，当他们开始着手做生意时，眼睛只看到星星，自鸣得意。然而某一天，云盖住了星星，这是新承包商意识到维持一个企业运转需要多少钱的时候，突然间就显得这每小时 45 美元根本无法用来支付企业和个人的需要了。

你可以通过为你要企业承受的所有支出制定并维持预算的方法来避免这个陷阱。工程成本计算会告诉你财务上哪里是稳定的。你会发现预算漏掉的类别。成本计算报告会发现管理支出的实际情况。虽然你可能从没考虑向工程收取部分租金，但你会发现必须这样。

从精确的工程成本计算中获得的信息会使你成为一名更好的估价人员。如果你在上一个工程上赔了钱或只赚了一点点利润，下一个工程应该会好些。因为你会用工程成本计算精确地确定问题，所以能通过调整你的下一次估算来保护自己。

一个给承包商带来许多问题的领域是交通时间。许多企业主低估了路上花的时间，工程成本报告也可以使你及时发现这类错误。

由于在工程成本上的工作分成几个阶段，你可以看到时间是怎么花的。另外一个要找的有问题的领域是去库房途中花费的时间。这对许多电气工程师来说，是夺去利润的一个常见问题。

时间管理

如果消除了到库房损失的时间，你会赚更多的钱。在路上浪费的时间是承包商收入损失最普遍的原因之一。这可能不是一个公司经历的较大的财务损失之一，但它通常是最常见的收入损失。不能准确取货和正确制定交货时间表的电气工程师会在路上损失资金。当他们或他们的雇员因为缺少材料而停工时，利润就损耗了。

在做承包商和顾问期间，我看到过无数次跑库房的时间把工程的利润给拉下来的情况。这些往返虽然大多数是可以避免的，但还是会有。即使是不能合理避免的情况，也可以依靠逻辑的运用把它做得更好。作为一名企业主，你不能接受这种类型的浪费时间。除去极少数情况之外，在这上面没有合适的借口。如果你花时间准备工程，就不会为跑材料浪费时间。要进行有利润的工程，你必须竭尽全力去做。你可能不喜欢书面工作，但如果你喜欢在自己的账户上看到大的银行余额，在安装电气系统的同时，就细心地照顾好企业的事情。

第15章 工地安全

工地安全没有得到人们足够的重视。每年有太多的人在工程中受伤。大多数伤害是可以预防的，但是却没有。为什么会是这样？人们急于多赚一点儿外快，因此他们偷工减料。这可能发生在电气承包商和计件工身上，甚至会影响按小时工作的电气工程师，他们想在工作日省出15min，以便能早些回去购物。

基于我在行业的经验，大多数事故的发生都是疏忽的结果。电气工程师试图走捷径，结果却使自己受到伤害。我自己就曾这样受过伤。我只受过两次严重的工伤，并且这两次都是我大意的直接结果。我受伤时虽然知道有比我当时做得更好的方法，但不管怎么样我还是做了。有时你没有第二次机会，并且影响的也不只是自己的生活。因此，让我们看看一些明智的安全步骤，这些步骤能在你的日常活动中实施。

面对危险

电气工作是个非常危险的行业。行业的工具可能成为杀手。工程的要求甚至会将你置于不集中注意力就会导致严重伤害或死亡的位置。电气工作危险这个事实并没有理由阻止你将该行业作为自己的职业。开车虽然极其危险，但是却没有几个人由于恐惧而拒绝上车。

恐惧通常是大意的结果。当你有了一定深度的知识和技术时，恐惧就开始消退。随着你对所做的事情更加熟练，就忘记恐惧了。虽然学会在工作中没有恐惧感是可取的，但你决不应该不加注意。在恐惧和注意之间是有很大差别的。

如果作为一名电气工程师，你害怕爬上屋顶去查防风帽，那就不会在行业中做很久。然而，如果不计后果地匆忙上屋顶，可能会严重受伤，甚至死掉。你必须注意自己所处的位置。如果你借助梯子上屋顶，必须注意一个错误可能导致的结果。一旦在屋顶，你必须意识到脚下的情况以及越过房顶斜坡的方式。如果你特别注意，又受过恰当的训练，并且不大意，你就不大可能受伤。

恐高会限制你的电气工程师生涯或将你排除在行业以外；而把上下屋顶看作像是走进你的起居室那样轻而易举也是要不得的。注意是关键。如果你关注行动的结果并意识到在做什么，上上下下的安全几率就会提高。

许多年轻的电气工程师在开始时无所畏惧，他们把在屋顶上冲来冲去或跳进沟里看得很平常。随着职业生涯的进展，他们经常听到或看到现场上的事故。一些人在沟壕的塌陷中被埋了；一些人跌下屋顶；金属梯子在竖起来时碰到了电线；一个粗心的电气工程师走进了水淹的地下室，并且由于浸入水中的设备而触电死亡。与工程相关的发生伤害的可能有很多。

每年有几百万人在与工程相关的事故中受到伤害。这些人中的大多数没有遵守可靠的安全步骤。当然，他们中的一些人是不可避免的事故的受害者，但大多数是以这样或那样的方式被自己的手伤害的。你不应该成为其中的一个。

我在这个行业干的时间已经超过 25 年，只有两次在工程中受到过严重伤害。两次都是我的失误。一次，我的衣服松开了，松开的衣服与一个大功率钻一起把我的胳膊卷进去了。在另一次事故中，我在地板托梁处钻孔时试图省去自己改变步梯位置的麻烦。本来想省些时间，却撕裂了自己的腹部肌肉，付出了几个月的痛苦代价。

我的事故不是错误，是愚蠢。错误是由疏忽造成的。我并非不知道会发生什么。我知道自己是在冒险，并且知道做工作的适当方法。但即使知道，我还是犯了错误并且受伤了。幸运的是，我的伤都痊愈了，而且我没有为自己的愚蠢付出终生的代价。

在很长的职业生涯中，我看到过许多人受伤。这些人大多数是助手和学徒。在所有我目睹的工地事故中，其实每个都是可以避免的。这些事故中的许多都不是很严重，但有一些的确很严重。

作为一名电气工程师，你可能做一些危险工作。你可能钻孔、开车床，还做很多其他具有潜在危险的工作。但愿你的雇主给你提供优质工具和设备。如果你有做工程的合适工具，你的安全保障就有了一个良好开端。

安全训练是你应该从雇主那里寻求的另一个因素。一些承包商未能告诉他们的雇员如何安全地做工程。对于一名有经验的电气工程师来说，虽然他熟知一个工程的方方面面，却很容易忘记警告一个没有经验的人工作中存在潜在危险。

例如，一名有经验的电气工程师可能告诉你打破导管周围的混凝土，而绝没有想到告诉你戴安全镜，他会以为你知道混凝土被凿时容易飞溅到脸上。然而，作为一名新手，你可能根本不知道混凝土遇到凿子时的反应。锤子的偏斜对你的视力会造成极大的损害。

简单的工作，比如例子中的那个，都是导致毁掉一个职业的因素。当让你快速走过 I－梁时，你可能确实是警觉的，但是你对加紧固定装置上的螺栓又会想到多少？跌下 I－梁的危险是显而易见的。相比之下，破碎设备的玻璃片飞溅入你的眼睛就不那么明显了。这两种情况中的任何一种，都会让你受到必须停止工作的伤害。

安全是个严肃的问题。一些工地在维持安全要求方面是很严格的，但是很多工程没有书面的安全规则。如果你在从事一个商业工程，管理者很有可能要确保你遵守职业安全和健康管理局（OSHA）的规章。未能遵守 OSHA 的规章会受到严重的财务惩罚。然而，如果你从事居住工程，就不会涉足要遵守 OSHA 的规章的地方。

在所有情况下，你都要对自己的安全负责。雇主和 OSHA 能帮助你保持安全，但最终还是取决于你自己。你必须知道做什么和怎么做。你不仅必须为自己的行为负责，还必须留意其他人的行为。由于其他人的大意而使你受伤，这不是不可能的。现在你已经上完了初级课程，让我们开始认真考虑与工程相关的安全细节吧。

随着转入细节，你会发现本章中的建议分为不同类别。每一类都会涉及与此类相关的特殊安全问题。例如，在工具安全部分，你会学到安全使用工具的步骤。随着从一部分到另一部分，你会注意到一些重叠的安全提示。例如，在一般安全的部分，你会看到不戴首饰工作是明智的，然而，你也会在工具部分发现又提到了首饰。重复是为了突出明确的安全危险和步骤。我们将从一般安全开始进入不同部分。

一般安全

一般安全涉及许多领域。它从你早晨踏上公司班车开始，直到一天结束。大多数一般安全建议包括常识的使用（图 15.1）。现在，就让我们开始吧。

一般的安全工作习惯

1. 佩戴安全装备。
2. 遵守特殊场所的所有安全规章。
3. 意识到特定场所的任何潜在危险。
4. 保持工具的良好状态。

图 15.1　通用的安全工作习惯

车辆

许多电气工程师配有公司的卡车，用来搭载他们往返于工地。你可能花很多时间往卡车上装东西和卸东西，当然也会花很多时间开车、坐车。所有这些都能危害到你的安全。

如果要开卡车，就花些时间来习惯如何操控卡车。有负载的卡车开起来不像家用轿车。记住检查车辆的各种液体、轮胎、灯和相关的设备。许多卡车旧了，并且已经过了最好的使用时间，不检查车辆的设备会导致不必要的问题。还有，记住使用安全带，它们确实会救命。

学徒通常负责在工地卸货。做这项工作导致受伤的方式有很多种。一些卡车用车顶架拖运导管和梯子。卸这些物品时，你要确保它们没有碰到低悬的电线。如果你在卸很重的东西，请不要让身体处于不顺手的位置。学会抬物品的恰当方式，决不要采取不恰当的方式抬物品。如果天气潮湿，爬卡车时要小心。踏板变滑了，摔跟头会使你碰到物体或者摔坏膝盖。

装卡车时，遵守与你在卸货时同样的安全措施。除了这些需要考虑的事项之外，还要保证货物包装妥贴并且系牢了。要特别小心你系到车顶架上的货物，并且检查装有工具设备的卡车货舱门两次。

服装

大量的工地损伤是由服装造成的（图 15.2）。有时候是因为服装少所致，但更多的时候是由于穿着过多引起。一般说来，不穿宽松的衣服是明智的。由于衬衫尾部会被卷进去，在操作一些类型的设备时，短袖衬衫比长袖衬衫更安全。

帽子有时候可以使你避免小小的不方便，就如同网住了你的头发一般，硬帽子还可以保护你不受潜在危险的伤害，就如同有个钢配件落在你的头上。如果你有长头发，最好把它弄起来装在帽子里。

好的鞋子在这个行业里是必备的。正常情况下，结实的打猎型靴子最好。厚底会保护你免受可能踩到的钉子和其他尖利物体的伤害，带钢头的靴子会给你在身体安全方面带来很大的不同。如果你要攀爬，穿一双软底的鞋袜会有很好的附着力。手套能使

安全着装的习惯

1. 不要穿易燃的衣服。
2. 不要穿宽松、宽袖的衣服，不要打领带或带首饰（手镯、项链），这些东西会绞进工具里或以其他方式影响工作。这个注意事项在操作电动工具时尤其重要。
3. 戴手套触摸热的或冷的管道或配件。
4. 穿结实的靴子。避免在工作中穿运动鞋，钉子会很容易穿过运动鞋并造成严重伤害（特别是锈的钉子）。
5. 总是系紧鞋带。鞋带松了会使你容易摔倒，很可能导致伤害你自己或其他工人。
6. 在大型建筑工地上戴硬质安全帽，保护头部免受落物伤害。

图 15.2 安全着装的习惯

你的手温暖干净，但它们也会造成严重的事故。戴手套要谨慎，这取决于你所做的工作。当你在钻孔、打磨或给金属套扣时，长袖衬衫会保护你的胳膊不受热的金属颗粒的伤害。

首饰

总的来说，在工作场所不应该戴首饰。戒指会在你的手指上留下很深的伤口。它们也会和操作的机械一起截断手指。项链和手镯同样危险，而且可能更危险。可以论证，电气工程师工作时戴的最危险的首饰是带有金属带的手表，在带电部分周围工作时这是非常危险的。戴有非金属表带的表是明智的，我们强烈建议在你工作时把表放在口袋里。

要点：

保持工具的良好状态，这是使你提高工作效率，更有收益、更安全的极好方式。让钻头和锯条始终保持锋利状态。每天检查电线，看它们是否安全。检查设备并按规定的用途使用它们。

眼睛和耳朵的保护

眼睛和耳朵的保护常被忽视。一付便宜的安全眼镜便可以让你不必付出余生变盲的代价。耳朵的保护减少了噪声的效果，比如手提钻和钻孔机。你现在可能看不到太多的好处，但在以后的岁月里，你会为自己戴了耳罩感到高兴的。如果你不想失聪，在受到大噪声影响时，请戴上护耳罩。

垫子

跪垫不仅使电气工程师的工作更舒适，还有助于保护膝盖。一些电气工程师很长时间都是在用膝盖工作，戴垫子可以确保他们的工作寿命大大延长。

困窘因素在工伤中起了很大作用。人们，特别是年轻人，感觉有必要健康并使自己出名。电气工作是一种男人的行业，众所周知，电气工程师自以为是强壮男人的典范。许多电气工程师是强壮的。工作很艰苦，在工作过程中，一个附带的好处就是变强壮。但需要强调的是，不能为了说明自己有男子汉气概就可以把安全放到一边。

警示！

在工地上不要穿运动鞋。厚底的靴子会提供很多保护，使你不受钉子和其他尖利物体的伤害。这些物体容易伤脚。我常看到人们穿运动鞋。它们可能很时髦，但对于大多数工地不适合。

太多的人相信，不戴安全镜、防护耳罩等会使他们强壮。这是不对的。不做安全防护可能使他们变哑或受到伤害，但不能使他们看起来强壮。如果有什么作用的话，那就是使他们看起来更加愚蠢或者没有经验。

不要落入许多年轻的电气工程师经常落入的陷阱，不要让别人教唆你养成坏的安全习惯。一些工人会嘲笑你的跪垫，就让他们笑吧。当他们在用拐杖蹒跚而行的时候，你的膝盖还很好。我对这个问题绝对认真。对安全而言没有胆小鬼。自信地穿戴好你的装备，并且不要让少数喜欢开玩笑的人对你产生影响。当在安装插座或做其他需要跪着做的工作时，我使用密实的泡沫垫。和我一同工作的一个木工经常称它为我的“姑娘垫”。私下里，他羞怯地承认那是一个相当谨慎的安全措施。

工具安全

工具安全是个大问题。这个行业里的每个人都会使用大量的工具工作，所有这些工具都有潜在的危险，但其中一些特别危险。本节按工作中使用的不同工具分类。你不能在没有基本的工具安全知识的情况下就开始工作。你吸取的工具的安全知识越多，你的状况就会越好（图 15.3）。

手动工具的安全使用

1. 在工作中使用合适的工具。
2. 除非你彻底了解工具的用途，否则就要阅读工具附带的说明。
3. 在每次使用后将所有的工具擦干净。如果有必要做其他清洁，要按期做。
4. 保养好工具。凿子应该保持锋利；凿子头应该保持光滑；锯条保持锋利；管钳子不应该有碎屑，并且齿要干净，等等。
5. 不要在口袋里放小工具，特别是正在梯子或脚手架上工作时。如果你跌倒，工具可能会穿过你的身体并造成严重伤害。

图 15.3　安全使用手动工具

最好的起点是阅读工具生产商提供的所有文字，通常生产商会随工具提供一些很好的安全建议，阅读并按照生产商的建议去做。下一步安全使用工具的步骤是提出问题。如果你不懂一种工具怎么操作，向某人请教，请他给你解释。不要自己试验，那样你付出的代价会很高。

在安全操作工具方面，常识是不可替代的。如果你看到电线切掉了绝缘，就应该有足够的常识避免使用它。除了这类简单的观察，你还要学习一些关于工具安全的有趣的事实。现在，让我告诉你这些年自己学到的有关工具安全方面的知识吧。

有一些基本原则适用于所有你用工具工作的地方，我们就从这些基本原则开始，然后转到特定的工具。下面是这些基本原则：

- 始终让身体远离移动部件。
- 不要在弱光线下工作。
- 当用电动工具工作时，要注意潮湿场所。
- 总是将电动工具插入 GFCI 电源。
- 如果操作工具时需要穿上特殊服装，就穿上它。
- 工具只用于它本来的用途。
- 总是用双手紧紧握住电动工具。
- 充分了解你的工具。
- 保养好工具。

现在，让我们看看你可能用到的工具。电气工程师使用各种各样的手动和电动工具，也会用到特殊的工具。那么你将怎样安全地使用这些工具呢（图 15.4）。

安全使用电动工具

1. 电动工具总是使用三相插头。
2. 阅读所有关于工具使用的说明（除非你非常了解工具的使用）。
3. 确认所有的电动工具正确接地。在许多场所 OSHA 需要接地故障断路器（GFCI）。
4. 使用合适尺寸的延长线（小规格导线会烧坏电机，损坏设备，并产生很危险的状况）。
5. 绝不要将延长线穿过水或者穿过能被机械切割、扭折和拉出的地方。
6. 总是把延长线挂在设备上，然后把它插入主电源插座——不能反着做。
7. 把延长线卷起来并放在干燥的地方。

图 15.4 安全使用电动工具

钻孔机和钻头

钻孔机一直是我最大的敌人，我受到的两次最严重的伤害都与我使用直角钻孔机有关。电气工程师使用最多的不是人们想的那种带小型手枪把的手持型钻孔机，而是大型的大功率钻孔机。当这些钻孔机卡钻时有很大的力量。碰到所钻的木头中的钉子或木结会造成很大的损害。你会折断手指、碰掉牙，甚至导致头部受伤等等。像所有的电动工具一样，你在使用钻孔机之前应该检查电线。如果电线状况不好，不要使用钻孔机。

始终知道你要钻什么。如果你在做新的建筑工程，钻之前很容易看清楚。然而，在一个改造工程中钻孔要困难得多。你不可能总是看到你要钻的东西。如果不幸钻到了带电导线上，你就会受到相当大的电击。看两次钻一次总是明智的，而不是迅速看过马上就钻，结果损坏了现有的导线。

你在钻孔机上使用的钻头是工具安全操作的一部分。如果钻头钝了，把它们磨快。钝钻头比锋利钻头危险得多。当你用一个标准的船用螺丝钻头钻薄木头，比如胶合板时，一定要小心。一旦钻头的螺旋完全穿过胶合板，钻头上的大齿会咬住并跳动，使你对钻孔机失去控制。如果你在金属上钻孔，要当心金属切削屑是尖的、热的。当你的钻头穿入被钻物质时要小心，突然的刺进会让手掠过物体，在手上或腕上留下一道可怕的口子。

要点：

当你不用电动工具时，不要让它与电源相连。想像一种场景：房主来看工程进度。假设这个房主带着小孩一起来。如果小孩拿起了带电的圆盘锯，并且扣动了开关，结果可能是你最不愿意的情况发生了，它将伴随你的余生。所以工地安全不止与你个人密切相关。

电锯

电气工程师使用电锯虽不如木工那样多，但也会用到。电气工程师最常用的电锯类型是往复锯，用来切断管子、胶合板、地板龙骨和很多物体。除了往复锯之外，他们还用圆盘锯和砍锯。所有的锯都会有潜在的危险。

往复锯比较安全，大多数型号是绝缘的，如果切到带电导线，有助于电气工程师避免电击。作为其特点，锯条与使用者之间有一个安全距离，这种锯很容易把握和控制。然而，锯条脆且易断，这会导致眼睛受伤。如果对一个往复锯失去控制，它会从被切的材料上脱出，能钻透表面。因此，千万注意不要把身体各部分放在被切材料的表面上。

圆盘锯偶尔也会用到，这些锯上的锯片会被夹住并使锯弹回来。砍锯有时用来切管子。如果身体离开并戴上护目镜，砍锯通常是不危险的。

警示！

不要用工具去做那些非其规定用途的事情。比如，不要把螺丝刀当作凿子或撬动工具。许多伤害都是在把工具用于非其设定用途的情况下发生的。

电力管道螺纹车床

如果你的很多工作与带螺纹的管道有关，那拥有电力管道螺纹车床是非常理想的。然而，这些设备在给管道车螺纹时会磨到身体部分。电动车床在没经过训练的人手里操作非常危险。让手指和衣服远离这些电动机械很重要。管道螺纹车床产生的金属屑很尖，在车过螺纹的管道上的毛刺会划伤你的皮肤。用来保证螺丝模不会过热的切割油会使机器周围的地板变滑。

电气工程师偶尔需要把弯导管插入螺纹车床中。必须注意避免被转动的导管碰到，并且确保旋转的导管躲开车螺纹区域的地板和墙面。始终在车床下面放一片胶合板或纸板，以便接住滴落的车油。理想的情况是，填充有2in或3in沙子的一片带有两边或四边的胶合板，应该放置在车床下面。这样更适合于大型工程。

气动工具

电气工程师不常用气动工具，而风枪可能是他们最常用的气动工具。当使用带有气管的工具时，需仔细检查所有的连接处。如果你遇到爆裂，管子会疯狂旋转并失去控制。有时电气工程师用压缩空气把拉线吹入导管。要佩戴眼睛防护装备，以防止外部物体吹进眼睛里。

火药驱动的工具

电气工程师用火药驱动的工具将物体固定在硬质表面上，比如混凝土的表面。如果使用者受过很好的训练，这些工具并不太危险。然而，良好的训练、眼睛的保护和耳朵的保护都是必要的。走火和切到硬表面上是这些工具的常见问题。火药驱动工具的生产商通常乐于训练并将执照发给他们的设备使用者。

梯子

电气工程师常用活梯和伸缩梯。许多梯子事故都有可能发生。使用梯子时，你必须始终意识到周围的状况。电气工程师用的梯子必须全部由非导电材料，如玻璃纤维和木头制成。决不要用金属梯子，因为如果你扛的梯子擦过带电导线，你的性命可能就没了。当人们不小心时，梯子会翻倒。够远离梯子的地方也会导致你摔倒（图 15.5）。

在梯子上安全地工作

1. 在稳固、平整的位置上立住梯子。
2. 使用状况良好的梯子，不要用该修的梯子。
3. 活梯一定要完全张开并锁定。
4. 在使用伸缩梯时，要让它至少有¼的长度离开建筑物的底部。
5. 把伸缩梯系到建筑物或其他支撑物上，以免梯子滑落或被风吹倒。
6. 让梯子至少高出顶线 3ft。
7. 爬梯子时，手里不要拿东西。
8. 当你爬梯子时，不要在口袋里放工具（如果你摔倒，工具可能会切到你并对你造成严重伤害）。
9. 按梯子应该的使用方式使用。例如，只能上一个人的梯子上不要上两个人。
10. 保持梯子和所有的横档清洁——不要有脂、油、泥等等——以避免跌倒和可能带来的伤害。

图 15.5　在梯子上安全地工作

当你竖梯子或支脚手架时，一定要放置好。梯子要放在稳固的地方，所有的安全带和夹子都应该就位。在使用伸缩梯时，许多电气工程师都用绳子把横档和搭接部分系起来。绳子提供了额外的保护，可以防止梯子的安全夹出问题或者梯子倒塌。在用伸缩梯时，要确定底部和顶部系牢。我曾经有过一次在梯子上发生的不同寻常的事故，愿意讲给你们听。

我在接近一个商业建筑房顶的地方工作，当时正站在一个很高的伸缩梯上。我的梯子顶部搭在了平屋顶的边上。在屋顶周围有金属遮雨板，梯子顶部斜靠在雨篷上。在我后面有个警戒围栏，电线从我的右侧进入建筑物。进户导线离我有一定的距离，因此我没有直接的危险。当我在梯子上干活的时候，一阵大风在建筑物附近刮起来。我不知道从哪里来的风，当我爬上梯子时，风还不是很大。

警示！

不要把工具留在高梯子的顶部，即使一个8英尺的活梯也足够高了，落下的工具会对人体造成严重伤害。梯子很容易被撞倒，留在上面的工具会跌落。我知道这是想把工具只放那里一会儿，但不要这样做。

风吹着我并把梯子和我推得歪到了一边。梯子顶部很容易就沿着金属雨篷滑动，而我却无法抓住任何东西使自己停下来。我知道梯子要倒了，但没有太多时间做决定。如果我推开梯子，可能会被警戒围栏刺穿；如果我跟着梯子一起倒了，可能会撞到电线，把我烧焦了。我等到最后一刻，还是跳下了梯子。

我砰的一声落在了湿地上，但躲过了围栏；梯子撞到电线上，迸射出很多火星。幸运的是，我没受伤，而且有电气工程师来处理电气问题。这虽是一种并非我有意疏忽的情形，但我可能会因此而死掉。如果我把梯子顶端固定住，事故就不会发生了。

螺丝刀和凿子

在用螺丝刀和凿子工作时，眼伤和刺伤很常见。如果恰当使用工具并戴有安全眼镜，就很少会有事故发生。

对大多数手动工具来说，避免伤害的关键是要用合适的工具工作。如果你把扳手当锤子，或者把螺丝刀当凿子，你是在自找麻烦。当然，在电气行业中也有一些其他工具存在安全危害，但所列的这些造成的危害占据了绝大多数。在任何情况下，都要遵守正确的安全步骤并使用安全装备，比如眼睛和耳朵的防护装备。

防火

电气工程师需要意识到在现场的各种火灾危害。除了暴露的导线碰到可燃建筑材料的可能性之外，焊接设备和丙烷火炬的使用也带来了额外的火灾危险。工地的每个人都应该熟悉火灾的危害，并熟悉灭火器的位置和如何使用灭火器。

防　火

1. 手头要有灭火器，保证灭火器是满的，并且知道如何快速使用。
2. 保证断开和放空用于各种焊接的所有软管和调节器。
3. 储存乙炔、丙烷、氧气和类似物质时，要保证直立并处于良好通风的地方。
4. 要根据生产商的指导操作所有的空气乙炔、焊接和相关设备。
5. 不要在靠近易燃材料的地方使用丙烷火炬或其他类似设备。
6. 任何时候都要小心。为最差的情况做准备，并且准备行动。

图 15.6　防火的提示

合作者的安全

合作者的安全是本章的最后一节。我包括这部分是因为工人常因合作者的行为而受伤。这部分是想要保护你不受其他人错误的伤害，并且使你意识到自己的行为是如何影响到合作者的。

大多数电气工程师发现自己工作在其他人周围。在建筑工地上尤其如此。当你在其他人周围工作时，必须意识到他们的行为，也必须意识到你自己的行为。如果你走出房子，从卡车上取东西，一卷屋顶油纸从盖屋顶的人手中落下来，你马上就会头痛。

如果你不注意周围发生的事情，可能会处于各种麻烦之中。起重机有时会将吊的重物掉落，这样的东西落在你身上可能是致命的；设备操作者也并不总是能注意到跪着工作的电气工程师，因此重型设备很容易碰到他们。

要始终意识到你头顶上发生的情况。避免在其他人下面和危险的高架状况下工作。让人们知道你在哪里，以便当梯子移开或落下时，你不会被困在屋顶上或阁楼里。

你还必须记住，自己的行为会伤害合作者。如果你正在屋顶上，锤子从你手中落下，有人可能就会受伤。工人之间的开放交流是避免伤害的最好方式之一。如果每个人都知道其他人在哪里工作，伤害的可能性就小了。主要是应该多想一想。没有什么可以取代常识。尽量避免单独工作，并始终保持高度警惕。

第16章 急救

每个人都应该花些时间学习有关急救的基本知识。你绝不可能知道拥有急救技术何时会救你的命。电气工程师从事的是危险职业，工伤很常见。虽然大多数伤势较轻，但通常都需要治疗。你知道把一条铜从手中拿出来的正确方法吗？当钻孔机的电线坏了，你的助手受到了电击，你知道该做什么？许多电气工程师并不具备很好的急救技术。

在深入本章之前，我要强调几点。首先，我不是一个医生或者任何类型的受过训练的医护人员。我曾经上过急救课程，但显然不是医疗问题方面的权威。我在本章中提出的建议只是为了提供一些信息。这本书不能替代有资格的专家所提供的急救训练。

我这里的意图是让你意识到一些基本的急救步骤，以便在工地急需时使用，同时想让你懂得，我并不是建议你用我的意见来实施急救。但愿本章能将你可以从急救课程中得到的几类好处展示给你。在你尝试为任何人，包括你自己做急救前，应该参加一个有组织的、经过批准的急救课程。我将会给你提供尽可能精确的信息，但是千万不要认为我的话就够用了。你还应该在急救艺术方面花点儿时间寻求专业训练。你所学的知识在实际情况中可能永远都用不上，但是一旦什么时候需要了，你就会很高兴自己付出努力学会了该做什么。让我们马上开始急救方面的技巧学习吧。

外伤

外伤对电气工程师来说是常见的问题。电气工程师用的许多工具和材料都会造成外伤。如果你或你的一个同事被割破受伤了，你应该做什么？

- 尽快止血。
- 给伤口消毒不要让它感染。
- 你可能必须采取措施避免休克症状。
- 一旦病人稳定，要为严重的切口寻找医护。

当遇到严重的切口时，受害者会进入休克状态。大量失血会导致失去知觉。由极度失血造成的死亡也是一个危险。作为一名急救提供者，你必须立刻行动，以减少严重复杂情况所造成的危险。

流血

要止血，采取直压的方式通常是一个好策略。虽然它可能像把你的手压到伤口上那样原始，但是干净的挤压效果还是很好的。理想的做法是，在伤口处盖上消过毒的材料并固定住，通常用胶带（即使是导管或者是电气工程师的秘密武器——黑胶带也可以）。如果你帮别人处理伤口，只要有可能，就要戴橡胶手套保护自己不受可能的疾病传染。用作挤压材料的厚纱布也会吸血并且让血开始凝结。

严重伤口的流血会透过挤压材料。如果发生这种情况，不要把浸了血的材料移走，应在它上面加一层新的材料，保持对伤口的压力。如果没有带急救包，你可以用衣服上切下的布条替代纱布和胶带，把布条系到伤口上面。一块干净的手绢或者任何一片干净的布都是可以的。

当你在处理流血的伤口时，通常最好把伤口抬起。如果你怀疑受伤的地方骨裂或骨折，抬起来的做法也许就不可行。当我们说到把伤口抬起来，意思只是说把伤口举过受伤者的心脏。这样会由于重力而减慢血流速度。

大出血

大出血甚至可能在绑了挤压绷带并把伤口抬起来之后仍不能

止住。发生这种情况时，你必须把压力放在造成流血的主动脉上。挤压动脉不能替代我们前面讨论过的步骤。

把压力放在动脉上是很严重的事情。首先，你必须能找到动脉，并且压动脉的时间不能超过必要的挤压时间。你必须压一会儿，然后松开，然后再压。你不能长时间限制动脉中的血液流动，这一点很重要。我犹豫该不该在这个步骤上涉及太多的细节，因为我认为你应该在一个有控制的教室环境中学习这种方法。然而，我会强调几个要点。记住，这些话不能替代有资格的讲师的专业训练。

手臂外伤由臂动脉控制。这个动脉的位置介于二头肌和三头肌之间，在臂的内侧。即大约在腋窝和肘之间。用你的指尖的平坦部分产生压力。基本说来，你用一只手握住受害者的手腕，用另一只手阻断动脉。你的手指施加的压力朝向臂骨方向挤压动脉并限制血流。再说一次，你在步骤执行方面没受过正确训练之前，不要尝试这种急救。

严重的腿伤可能需要挤压股动脉。这个动脉位于骨盆区域。通常做这个步骤时，流血的人要躺着。把手掌根放在动脉上限制血流，在某些情况下，指尖可以用来施压。我不愿意细说这些治疗步骤，因为我不想让你只是依靠我告诉你的这些。你知道什么时候在哪里挤压动脉能救命就行了，并且应该在这些技术上寻求专业训练。

止血带

止血带在电影中能引起人们很多注意，但是如果使用不当，它对你的伤害和好处一样多。止血带只有在危及生命时才能使用。当使用止血带时，被止血的肢体有丧失的危险。这显然是一个重大决定，是只有在所有其他止血方法都失效时才会做出的决定。

遗憾的是，电气工程师可能会遇到止血带是惟一的止血办法的情况。例如，如果一个工人操纵电锯失控，他的手可能被切断或受到其他类型的危及生命的伤害，这就会是使用止血带的理由。关于在使用止血带时都牵涉什么问题，我这里给你一个总的基本看法。

止血带应该至少2in宽。止血带应该置于伤口的上方，在伤口与伤者的心脏之间。然而，绑扎不能直接侵占伤口区域。止血带可用多种材料制成。如果你用布条，把布缠在受伤的肢体周围并在材料上系个结。用棍子、改锥或是其他什么东西紧固止血带。

一旦你做出承诺使用止血带，绑扎只能由医师去掉。注意使用止血带的时间是个好主意，因为这会在以后帮助大夫评估他们的选择。作为止血带处理的延伸，你很可能必须治疗病人的休克。

感染

感染一直是与外伤相关的一个问题。当一个伤口很严重，需要挤压绷带时，不要试图清洗伤口，应在伤口上保持压力以便止血。在重伤的情况下，需注意休克症状并准备治疗休克。你首要关注的应该是止血并尽快取得专业的医疗帮助。

较小的伤口比深伤口更普遍，应该清洗。在使用绷带前可以用常规的肥皂和水清洗伤口。记住，我们说的是小伤口和划伤。用干净水大量冲洗伤口后，用一片无菌纱布将伤口轻轻拍干。然后，在转到医疗机构去的同时，可以用一条干净、干燥的绷带保护伤口。

碎片

碎片和外部物体经常会侵入电气工程师的皮肤。最好由医生来将这些东西取干净。但有一些现场方法你可能想要试试。当去除像铜片、铜屑或铝线这类嵌入物体的时候，你用一个放大镜和一个镊子会做得很好。更为理想的是，镊子应该在明火，例如火炬的火苗或者在沸水中消毒。

没入皮肤中的碎屑或碎片通常可以用消毒的针尖弄出来。在去除大多数简单的碎屑时，用针和镊子很有效。如果你处理已进入组织很深的东西时，最好让它先留在那儿，直到有医生能去除为止。

急救技术快速总览

√ 用直压止血。

√ 戴橡胶手套以防止与伤者的血直接接触。

√ 当可行的时候，把身体流血的部分抬起来。

√ 大出血需要你对给受伤区域供血的动脉施压。

√ 止血带的害处比益处多。

√ 止血带至少应该2in宽。

√ 应将止血带放在受伤区域的上方，位于伤者的流血处和心脏之间。

√ 止血带不能直接用于伤口区域。

√ 止血带只能由受过训练的医护专业工作者去掉。

√ 如果你用止血带，请注意它的使用时间。

√ 当流血伤口需要挤压绷带时，不要试图清洗伤口，只需快速施压即可。

√ 注意严重出血的伤者的休克症状。

√ 小伤口可以在包扎前清洗。

眼睛的伤害

眼睛的伤害在建筑和改建工地很常见。只要对眼睛进行恰当的保护，大多数这种伤害还是可以避免的，但是由于很多工人不戴安全镜或护目镜，这使眼睛有可能受到刺激和伤害。

在试图帮助那些眼睛受伤的人之前，你应该彻底洗手。我知道这在工地上做起来不太容易，但清洗你的手是有好处的。同时不要让伤者擦受伤的眼睛，擦眼睛会使情况更糟。

决不要试图用诸如牙签一类的硬东西把异物从某人的眼睛中取出来。浸湿的棉签很适合作为一个吸附物把侵入的某些类型的物体去除。如果你帮助的人的眼睛里嵌入了什么东西，应尽快带他去看医生，不要试图自己去掉物体。

当你调查眼伤的原因时，应该拉下伤者眼睛的下眼皮来确定你能否看到引起问题的物体。在眼球和眼皮之间的漂浮物，像一块锯末，可以用面巾纸、湿棉签或者甚至一块干净手帕去除。不要让干燥的棉质材料直接与眼睛接触。

如果看下眼皮不能找出不适的原因，检查下眼皮的下面。净水可用来冲去眼睛中的异物，而对眼睛又没有太多危害。不能轻易去掉的物体就等医生来处理。

我想起有一次自己眼睛的瞳孔上落上了钢屑。我那时正在一个大型电机控制中心下面给钢平台钻一个 3in 的孔，在头上方使用一个孔锯。我虽然戴着安全镜，但还是低下头挡住自己的脸，以防孔锯产生的金属屑。突然，一块钢屑迸下来，从我的安全镜的镜片内侧正好直接反弹到左眼的中心，感觉极其疼痛。

一名老电气工程师抓住我，把我拉到光亮的地方。他拿出了一根软的纸火柴，用撕开的一端来回在钢屑上擦，直到把钢屑从我的眼睛中弄出来。然后他把我带到办公拖车上，用拖车把我立即送到了当地医院的急救室。他行动快速冷静，并让我保持冷静。这就是我所称的急救。

眼睛的伤害需要快速和恰当的照顾。当发生眼睛伤害时，重要的是记住下面几点：

- 在可能的情况下，处理眼睛伤害之前要洗手。
- 不要擦眼伤。
- 不要企图从眼睛中取出嵌入的物体。
- 清水可用来冲去一些眼睛的刺激物。

头皮伤

头皮伤容易令人误解，看起来像是很严重的伤害可能只是一个相当小的伤口。另一方面，有的似乎只是一个伤口，却可能有头骨骨折。如果你或周围的人受了头皮伤，比如在你上面的工人不小心把锤子落到了你头上，一定要严肃对待。不要试图清洗伤口。估计会有大出血。

如果你不认为是头骨断裂，就把伤者的头和肩抬起来以减少流血。尽量不要弯脖子。把消毒绷带放在伤口上，但不要施加太大的压力。如果有骨折，压力会使情况更糟。用纱布或是其他你能用的材料系住绷带，并立即寻求医护。

面部伤害

电气工作中会发生面部伤害。我看到过助手手中的直角钻脱手并重重地撞到了脸上。有一次，我还记得掉了颗牙齿。当钻失控乱跳时，嘴唇破裂或是咬坏舌头的事常常发生。

极度的面部伤害会导致受害者呼吸受阻。这当然是非常严重的情况。空气通道一直通畅很关键。如果一个人的嘴里有断牙或假牙，把它们拿出来。如果你有理由相信背部或脖子有伤，小心不要震动伤者的脊柱。

在可能的时候，应该将有意识的伤者安置在适当的位置，以便他口中和鼻中的分泌物能流出来。严重的面部伤害还要注意伤者可能会休克。对于大多数现场伤害而言，应该尽量使伤者感觉舒适，并送他去看医生。

流鼻血

流鼻血通常不难处理。典型的做法是，压鼻子流血的一侧会止住流血。用冷压也会有帮助。如果外压不能止血，用一个小的、干净的纱布垫在鼻子内侧筑一个堤，然后压鼻子外侧。这在大多数情况下能起作用，如果不起作用，就去找医生。

背部伤害

关于背部伤害你需要知道的实际上只有一件事：不要移动伤者，请求专业的帮助，并照看伤者保持静止状态，直到救援到达。移动背部受伤的人会很危险，除非你有危及其生命的理由，诸如伤者在火中或在其他类型致命的情况下你必须这样做，否则千万不要动。

腿和脚

腿和脚有时会在工地受伤。我能记得的最严重的例子是一个管工不慎撞掉了一罐熔铅，全部落在了他的脚上。回想起那次事故我就浑身颤抖。不管怎么样，当有人受了轻微的脚或腿伤时，你应该清洗伤处并把伤处包上。绷带应该是支撑性的而不要收紧。可能的时候应该把肢体抬过伤者的心脏。不要让伤者走路。把袜子和靴子脱掉，以便能注意伤者的脚趾；如果脚趾开始肿胀并变青，应松开支撑绷带。

水泡

出现水泡可能看起来不像是紧急情况，但它们肯定会消耗助手或电气工程师的精力。在大多数情况下，可以用一个厚纱布垫盖住水泡来减轻疼痛。通常建议不要把水泡弄破。当水泡破了后，应该像对待伤口那样清洗和处理那个区域。一些水泡要比其他的水泡严重些。例如，在手掌或脚底的水泡要由医生来检查。电气工程师产生水泡的主要原因是赤手拉电缆以及给导管车螺纹。预防这种情况的简单措施是戴手套。

手伤

手伤在电气行业中很常见。人们抱怨最多的就是小口子。严重的手伤应该把手举起来，这样有利于减少肿胀。你不应该去清洗真正严重的手伤。要用压力绷带止血。如果伤口在手掌上，可让伤者挤压一卷纱布来减慢血流速度。压力应该能止血，如果不能，应寻求医疗救助。

像对所有的伤害一样，在实施急救后，运用常识来判断是否需要专业护理。切到手或腕的最大原因是它们掠过了尖利的物体。这通常发生在钻头钻通了要钻的材料，以及手在橱柜锋利的边上向前伸的时候。另一个常见的危害是看不见的部分钉入的钉子或螺丝。在这些危险附近用力拉电缆时，如果你的手不慎碰到它们，就会造成严重的伤口。

休克

甚至在伤害不致命的时候，休克也会危及生命。我们说的是外伤休克，不是电击休克。许多因素会导致人进入休克状态，重伤是一个常见的原因，但也存在许多其他原因。有某些休克的症状你可以找一找。

如果一个人的皮肤变得惨白或者变青，摸起来很凉，这很可能就是休克的症状；皮肤变得潮湿并且湿冷同样表明出现了休克；全面虚弱也是休克的症状。当一个人进入休克状态时，脉搏超过每分钟100次。通常会呼吸急促，但呼吸可能浅，也可能深或者不规律。胸部伤害通常会产生浅呼吸。失血的伤者在进入休克状态时可能会颤抖。呕吐和恶心也是休克的信号。

当一个人进入深度休克时，可能变得没有反应了。他的眼睛可能张得很大。血压下降，而且最后伤者会失去意识，体温也随之下降，如果得不到及时治疗很可能会死亡。

当治疗人的休克症状时，有三个主要目标：首先，让人的血液循环好；其次，确保提供足够的氧气；第三，维持病人的体温。

当你必须治疗一个人的休克症状时，应该让患者躺下，给患者盖上东西，以使其身体热量散发最少，并尽快取得医疗帮助。让病人躺下的原因是让他减慢血液流速。记住，如果你怀疑有背部或颈部伤害，不要移动伤者。

没有意识的患者应该侧放，以便液体流出口鼻。让空气通道畅通很重要。有头部伤害的人可以放平或支起，但是头部不能比身体其他部分低。当患者处于休克状态时，有时把他们的脚抬起是有好处的。然而，如果在把脚抬起来时出现任何呼吸困难，或者疼痛加剧的情况，就要把脚放下来。

体温是休克病人的一个大问题。你若想避免发冷，千万不要试图用人工方法增加体表额外温度，这样会有损害，只用毯子、衣服或其他类似物品来恢复和维持体温就可以了。

避免给患者提供液体，除非他很长时间得不到医护。如果病人出现无意识或呕吐的症状，就要完全避免流体。在大多数现场条件下是不能给病人提供流体的。

休克症状清单

√ 皮肤苍白、发青或摸起来很冷
√ 皮肤潮湿和湿粘
√ 全面虚弱
√ 脉搏超过每分钟 100 次
√ 呼吸急促
√ 浅呼吸
√ 颤抖
√ 呕吐和恶心
√ 没有反应动作
√ 眼睛张大
√ 血压降低

烧伤

烧伤在电气工程师中不常见，但在工地上会发生。你可能会处理到三类烧伤。一度烧伤是最轻的，这些烧伤通常是由于过度暴露在阳光下，与热物体的快速接触，或者碰到锅炉或电热水器中滚烫的水所致。

二度烧伤严重些，它们是由于深度的阳光灼伤或直接与热的液体或火焰接触所致。二度烧伤的患者在烧伤区域内会出现红色或斑点、水泡，以及皮肤表面湿的症状。这种湿的现象是由于皮肤受伤层失去体液所造成的。

三度烧伤是最严重的，这种烧伤是与明火、热物体接触，或浸在非常热的水中造成的。电伤也会导致三度烧伤。这类烧伤看起来与二度烧伤相似，区别是皮肤的所有层都脱落了。

治疗

大多数与工程相关的烧伤都可以在现场处理而不需要去医院。一度烧伤应该用冷水洗或浸没在冷水中。如果有必要的话，穿上干的衣服。这些烧伤不算严重。对一度烧伤来说，消除疼痛是主要目标。

二度烧伤应该浸在冷（但不是冰）水中。浸泡应该持续至少1h或者高达2h。在浸泡后，伤口应该盖上在冰水中浸过并拧过的干净布。应该吸干而不是擦干伤口，然后再用干燥的消毒纱布。不要弄破任何水泡。也不建议在严重烧伤的地方涂油或喷雾。烧伤的胳膊和腿应该被抬起来，医护才是第一位的。

严重的烧伤，即三度烧伤，需要快速的医护。首先，不要脱伤者的衣服，因为这样一来，皮肤可能会随衣服一同脱落。用一件厚的消过毒的衣服盖在受伤区域。依我个人看来，如果可能，还是要避免这么做。衣服可能会粘在受伤的皮肤上，当去掉衣服时，会造成皮肤的额外损害。手被烧伤之后，应把手举过病人的心脏。相同的办法也适用于脚和腿。你不应该把一个三度烧伤浸在冷水中；这会引发更多的休克症状。不要用药膏、喷雾或其他类型的治疗手段。尽快带烧伤病人去医院得到专业医护。对电气工程师来说，大多数烧伤发生在用热缩或弯 PVC 管的时候。简单的预防措施是戴手套并在手头备有冷水。

与热相关的问题

与热相关的问题包括中暑和高温虚脱。在热天工作时，也有可能痉挛。有些人不认为中暑能造成多大的危害，他们错了。中暑会危及生命。中暑的人体温会发展到超过106°F。他们的皮肤可能是热的、红的和干的。你可能认为他们的皮肤会出汗，但事实并非如此。此时由于脉搏加快并且增强，患者会进入无意识状态。

如果你处理中暑，需要快速把受害者的体温降下来。然而，如果降得太快，一旦患者温度低于 102°F 就有危险了。你可采用外用酒精、冷毛巾、在衣服上浇冷水，或者浸在冷水浴盆中的方式降体温，还应避免在降温过程中使用冰，可以用风扇或空调达到降温的目的。让体温至少降到 102°F，然后再寻求医疗帮助。在高温下工作保持凉快的一个巧妙办法是在距你几英尺远的地方放一个箱式电扇，它们既便宜又有效。虽然这并不总是可行的，但我已经使用这个方法工作很多年了，它让我在相当热的天气里工作起来就像度假一样。

痉挛

痉挛在连续高温期工作的工人中很常见。简单的按摩就可以治疗这个问题。盐水解决方案是另外一种控制痉挛的方法。将一茶匙的盐与一杯水混合，让患者每 15 分钟喝半杯。

虚脱

虚脱比中暑更普遍。一个虚脱的人很可能体温相当正常，但他的皮肤发白、粘湿，出汗显著，并且病人会抱怨疲劳无力。头痛、痉挛和恶心也会伴随着症状。在某些情况下还有可能发生昏厥。

用于痉挛的盐水治疗对于虚脱通常有效。患者应该躺下，把脚抬过地板或床 1ft 高。应该把衣服松开，凉爽的湿毛巾也可以用来增加舒适感。如果呕吐，就把病人带到医院输液。

我们可以继续多说一阵子有关急救的事情，然而，我在此处能给你的医护步骤是有限的。学习急救技术是你应该为自己、家庭和同事做的事情。这些可通过你参加所在地区的专业课程做到。大多数城镇和城市都提供常规的急救课程，我强烈建议你参加一个。如果你没有在教室学到现成的经验并获得所需深度的知识，你就没有准备好急救。不要企图走捷径。现在就开始为可能永远也不会发生的紧急情况做准备吧。

名词解释

重点照明 针对特定地点的照明，例如一个装饰或建筑元素。

交流（AC） 规律性地转变正负极性的电流，通常每秒60周波。

背景照明 非直接的或背景照明。

安培（amp） 流进一个灯具、工具或设备的电力的速率。

载流量 一个电线的载流容量，以安培计量。

铠装电缆 由一个软金属皮保护的成组导线。

反馈 一种危险情况。在这种情况下，当一个备用发电机运行时电流被反馈进电网。

镇流器 在荧光灯中升高电压的变压器。镇流器也限制荧光灯中的电流。

吊架 安装在框架梁或椽子之间的用以支撑安装盒的设备，例如用于吊扇的吊架。

裸导线 被拨去绝缘层的导线或生产的不带任何绝缘的导线。

管脚 荧光灯端部的接触脚。

电铃导线 细导线，通常为18规格，用于门铃。

双脚 每端有两个管脚的荧光灯管。

双金属片 两个金属片以不同速度自动打开或闭合电路。

联结 连接金属元件以形成导电通路，通常用来接地。

搭接片 需要电气连接的金属元件之间的导电连接。

盒 用来装导线连接和设备的设备。

盒子扩展部 与电气盒连接的设备，用来增加盒子的容量或者使盒子与修正后的表面齐平。

支路 从一个终端熔断器或断路器到插座或其他负荷的导线。

电压降 电能减少。

汇流排 配电盘内长的端子。断路器和熔断器连到汇流排上配电。

BX 电缆 与铠装电缆相同。

电缆 由保护层或护套保护的成组导线。

扼流镇流器 没有变压器的镇流器，常用在小荧光灯具上。

电路 一个连续的电流回路，电流沿导线或电缆流动。

断路器 在电路过载或短路时，断开电路的安全设备。

电路容量 电路能够安全运行的最大电流。

同轴电缆 第一层导电导线包在同心塑料泡沫绝缘内，第二层导体是编织线，它包在第一层导体上屏蔽干扰。

通用应用语言（CAL） 在一个控制系统中可以联合使用几种普通系统的一种语言。

公共端子 在一个三联开关上，连接供电导线的最深色端子。

公共导线 在一个三联开关中，给开关供电的导线，也是给设备供电的负荷导线。

通讯温控器 可被遥控的可交互的温控器。

导体 允许电流流过的材料。

导体电缆 NM 护套的多根导体。

导管 用做保护的管状设备，在导管内可以走线。一些导管是金属做的，而另一些是塑料制的。

导管连接套 一小部分导管，用来把内部接线盒连接到室外插座盒、一个 LB 连接器或者两个盒子上，通常为 24in 或更小。

连接设备 电话回路的中心分配接线盒。

触点 两个导体连接到一起的点。

连续性 一个电路或设备的不间断的电气通路。

连续性检测器 一个显示电路是否能传送电的工具。

连续负荷 最大电流连续 3h 或更久的负荷。

控制器 一个控制其他设备的配电量的设备，被控制的设备与控制器直接相连或远端连接。

电缆 多根绝缘电线封在一个护套中，通常是软的。

卷边套管 用于连接裸接地导线的压接套管。

电流 电荷沿导体的运动。

接入盒 能够容易被安装在现有建筑中的电气盒。

延迟启动灯管 一种需要几秒钟才能加热的灯管。

设计协议 一种用于家庭自动化设备的控制标准。

探测器 用于探测由于烟、煤气、温度、移动、火焰和相似因素带来的周围环境变化的设备。

设备 通常指一个电气插座或开关。

数字卫星系统（DSS） 用于将视频信号通过卫星发送到一个天线盘接收器的系统。

数字多用盘（DVD） 从前是数字视频盘；有多层的数字电影盘格式。

调光器 一个开关，通过操作它来调整灯的强度。

直流（DC） 以一个方向流动的电流。

双极开关 一个由两个刀片和触点交替开关电源的电气开关。

双极双投开关 一个由两个刀片和触点交替开关两个电源的电气开关。

干壁龛 一个不防水的来装池塘灯的设备。

双插座 一个电气插座或出线口，可以有两组电气插口。

电气金属管（EMT） 一种薄壁非线金属管，能够用于不容易受到物理损害的地方。

电气非金属管 必须用在装修表面下面的 PVC 管。

电子 不可见的带电粒子，以光速在电路中流动。

端线接线（开关－回路接线） 一种通过开关将电接到设备盒的接线方法。

线路终端 电路的最后一个插座。

能效率（ERR） 一种测量相对能耗的方法。

设备接地体 将设备的不带电的金属部分连接到接地导体或接地极导体的导体。

仪表板 一种保护板。

延长回路 电缆上的备用部分，以备伸缩。

扩展回路 一种可以安装在电气盒上的用以扩展盒子容量的

设备。

喇叭天线 在卫星天线盘的焦点上接收盘的反射信号的设备。

馈电导线 从配电盘不间断地传送120V电流的导体。

电缆牵引带 用于牵引电缆或者在导管内拖拽导线和电缆的长的弹簧钢条。

定温探测器 一种使用低熔点的焊料或金属的热探测器，这种材料在遇到热或火焰时就膨胀。

装置 永久连接（硬接线）到电气系统的设备，例如灯或风扇。

火焰探测器 探测火焰的探测器。

柔性金属管 容易用手弯曲的管子。

荧光管 一种用离子过程产生紫外线的光源，当紫外线遇到灯管的涂层内表面时就变成可见光。

四位开关 当一个灯由三个或更多开关控制时所用的开关。

熔断器 在过负荷或短路时断掉电气回路的安全设备。

组合 把多种电气元件放在一个盒子里。

接地导线 以零电压将电流返回到电源的导线。这种类型的导线表面通常为白色绝缘。灰色绝缘和有三道白线的绝缘层也可以。

接地导线 用在电路中的导线，它在短路情况下将电流导到大地。这种导线通常是裸铜导线。绿色绝缘和带有三道黄线的绝缘层也可以。

接地故障断路器（GFCI或GFI） 有内部安全特征的插座，它可以在有电击危险的泄露电流出现的情况下断开电路。GFI断掉的最大接地故障电流为4~6mA。

接地体 一个充当导体的金属棒，埋在土里，用来保证其他与这个金属棒相连的导体的对地电势。

吊架 用来安装吊顶的盒子或装置的可调支架。

硬连线 一种将一个装置直接连接到一个电气系统的接线方式，而不是用带绳的插头将装置插入到插座内。

重载电路 给一个设备供电的电路。

赫兹 一种频率单位，每秒一周为一个赫兹。

螺纹接合器或手动弯管机 一种用于将灯具连接到吊顶盒子的螺纹设备，或指一个硬导管的手动弯管机。

家庭自动化 用来控制家庭里各种设备的远程控制系统。

家庭网络化 完整的家庭连通性。

带电母线 电气盘里用于断路器和带电导线之间连接的金属条。

带电导线 为带压导线。这种导线通常有红色或黑色绝缘；除此之外，任何除白色、灰色或绿色以外的单色都可以用作带电导体绝缘的颜色。

白炽灯 一种光源，它通过带电金属灯丝在白热状态下发光。

阻抗 在交流电路中阻碍电流流动。

瞬时启动启动器 用于使荧光灯快速发光的设备。

绝缘 用来保护导线和其他带电物体的非导电保护层。

绝缘接触 允许带绝缘接触的嵌入式灯具外壳。

绝缘替代连接器（IDC） 电话接线设备，这种设备有防煤气封，可以阻止双金属腐蚀。

绝缘体 阻碍电流流动的材料。

IR 红外线。

整体变压器 装在设备内部的低压变压器。

交互式电视机（ITV） 允许用户交互的电视机。

连接金属管（IMC） 有薄壁带螺纹的硬管。

离子探测器 探测器电离极间空气产生电流。烟尘粒子干扰这个电流，发出报警信号。

单独接地插座 接到独立接地系统的桔黄色插座，使敏感的电子设备免受电子噪声干扰。这些插座通常用于医疗设备或计算机。

跳线 用于连通触点之间电路的一小段导线。

结点 导线连接点。

接线盒 见盒子。

千瓦-时（kWh） 1kW 电在 1h 耗费的能量。

敲落孔 盒子或面板里可以敲落的一个圆片或一个薄片，以便安装电缆。

LB 接头 室外用的牵引弯头。

灯 发光设备。

激光碟（LD） 在电视设备中，可以录节目或回放节目的高分辨率的光盘。

避雷针 放在结构上的接地金属棒，通过将雷导入大地的方式避免结构受损。

电源软线 一种平的四导体软线，它用来把电话或其他附件连接到电话塞孔内。

负荷 被供电的设备。

局域网（LAN） 连接电子设备以共享网络的系统。

低压 电压由 120V 降到 30V 或更少。

低压变压器 有多个耦合绕组的电气设备，它将电压由标准的 120V 降到 30V 或更少。

流明 定义可见光的量，指单位时间内的光流通速率。

光源 包括灯和镇流器（需要的话）。

亮度 光源的相对亮度。

磁通量 在磁场中通过封闭面积的磁力线数量。

主断路器 市电通过主断路器到主配电盘然后连到带电汇流排。

MC 电缆 除了至少两根绝缘导线外，还有一个接地线的铠装电缆。

表 用来测量用电量的电气设备。

线路中间 位于配电盘与另一个插座之间的插座。

移动探测器 感受运动的被动红外探测器。

多功能测试仪 测量不同等级的电压以及连续性的工具，还可以进行其他测试。

受钉支撑物 与电气盒相连的受钉支架。

网络 计算机、外围设备和通讯设备之间的连接，通讯设备实现文件、程序和设备的共享。

网络接口设备 将家居布线与电话网络相连接的一个电话应用设备。

中性母线 连接市政中性线与一个房子的中性线的母线。

中性导线 以零电压将电流返回到电源的导线。这种类型的导线表面通常为白色绝缘、灰色绝缘和有三道白线的黑色绝缘。

非绝缘接触 不允许带绝缘接触的嵌入式灯具外壳。

非金属电缆（NM） 多根导线包在非金属护套里。

非极性化 两个位置或两极可以任为正负极。

欧姆 导体的电阻单位。

欧姆定律 电路中的电流与电压成正比，与电阻成反比。

有人探测器 对诸如热和运动的变化作出反应的探测器，用来探测人的存在。

过载电流 超过设备的额定电流或导体载流量的电流值。

超负荷 电路中电量的过量需求。

出线口 为了灯、风扇或插座的用电在电路中留的开路。

超负荷 电流的需要量超过电路或设备能容纳的电流。

抛物线镀铝反射器（PAR） 一个有铝制内部反射器的灯泡。

被动红外（PIR）探测器 探测人体热量的设备。

光电池 随着不可见光变化有不同电输出的设备。

光电探测器 靠光水平变化而动作的传感器。

引线 用来将多个导线连到一个端子上的一小段导线。

插头 一个带有金属接触器的接头，金属器插到固定的插座，用来将软线连到电源上。

插头配置 插头上接触器的数量和模式。

使用点保护 在设备处设保护。一个浪涌抑制器插座母线就是使用点保护的很好的例子。

极性化插座 使热电流流过带电线并且使中性电流流过中性线的插座。

功 热电流流过一段时间的结果。

警笛 一种安全警报。

预热启动器 预热荧光灯电极的设备。

可编程开关 可由编程控制在设定时间动作的开关。

脉冲 正常流动电流中的瞬时突变。

四屏蔽层电缆 有两层箔屏蔽层的同轴电缆，每个屏蔽层外面还有一层网状屏蔽层。

桥架 由塑料或金属制成的表面安装的通道，导线通过这个通道能够产生电流。

快速启动启动器 用低压线圈预热荧光灯极的设备。

快速启动灯管 瞬时点亮的荧光灯管。

插座 为插头提供电源的电气设备。

嵌入式外壳灯 自带电气盒的灯具，电气盒装在吊顶内，使灯罩边与吊顶齐平。

反光灯 灯泡内有反射器的白炽灯。

寄存器 从一个控制器到一个中央控制器传输和记录信息。

改造盒 固定在墙表面的电气盒，而不是安装在裸露的结构构件上。

电阻 与导体、设备或负荷内的电流成反比，用欧姆来计量。

硬管 金属硬管管道系统，需要转弯机来转弯和分支。

Romax 一个塑料护套电缆的牌子，常用于内部布线。

运行功率 维持设备运行需要的功率。

螺丝接线端 电气设备上的螺丝和触点，像开关或出线口，导线从螺丝和触点连接到设备上。

次级线圈 绕在变压器输出侧的变压器线圈。

电源引入 给住宅供电的架空供电线。

电源入口 电源由供电公司引入建筑物的位置。

配电盘 一个金属盒，从由电表引来的供电电缆受电。配电盘内有连接母排，在母排上可以将电流分到各个回路。配电盘内还有断路器或熔断器。

短路 两根载流导线或一根载流导线和一根接地导体之间不正常接触的结果。

单极开关 有一个固定开关和一个移动触点的电气开关。

感烟探测器 一个离子或光电的设备，它在探测到物品燃烧时报警。

连接 用一个导线螺帽连接两个或更多电缆的方法。连接也可以用机械连接片、压接连接器或通过热焊实现。

启动器开关 当有足够电的时候，开关通过镇流器工作，来启动荧光灯管。

线路的起点 电路中的第一个开关或出线口。

多股绞合线 多股导线绕在一起形成一个导体。

剥皮 把导线的绝缘或电缆的护套剥掉。

分盘 次级配电盘，配电盘装有断路器或熔断器，为一些支路供电。

开关 控制电流通过带电导体的设备。

系统接地 一种实现整个系统接地的接地方法。

专用照明 有方向的为使用点操作的照明。

三位开关 用两个开关控制一个灯时使用的开关。

通过开关接线（线内接线） 与开关接线，使电经过开关箱。

延迟熔断器 当电机启动发生瞬间超负荷时，熔断器不断开电路。但如果超负荷持续，熔丝将熔断。

转换开关 一个将负荷从主电源转换到备用电源的设备。转换可以是自动或手动操作。

变压器 在电路中改变电压的电气设备。如果电压增加就叫升压变压器。如果电压减少就叫降压变压器。

脉冲转发机 一个接收到远程信号并将它自己的信号发送到另一个设备的控制设备。

平行导体 在三向开关之间的两根导体。它们被连接到开关上的两种相同颜色的端子上。

拧动的闭锁结构 插座或插头被锁在原有的位置上，以防止偶然的移动。

S型熔断器 一个插头熔断器，只能插入有相同额定安培的熔断器支座或适配器。

UL Underwriters Laboratories 的缩写。

超声波探测器 一种发送高频声波并分辨回声变化的设备。

紫外（UV）光 光谱中在紫光外的非可见光范围。

电压（volts） 电的压力形式的测量。

电压测试器 探针接触到裸导线端时就能测试电压存在的一种工

具。一些电压测试器能显示有多少伏电压存在。

导线连接器 一种塑料设备，连接器内部有金属弹簧，用来安全连接多个导线。

拉开软线 一种两导体软线，当拉开时在中间分开。

附录：电气符号和数据

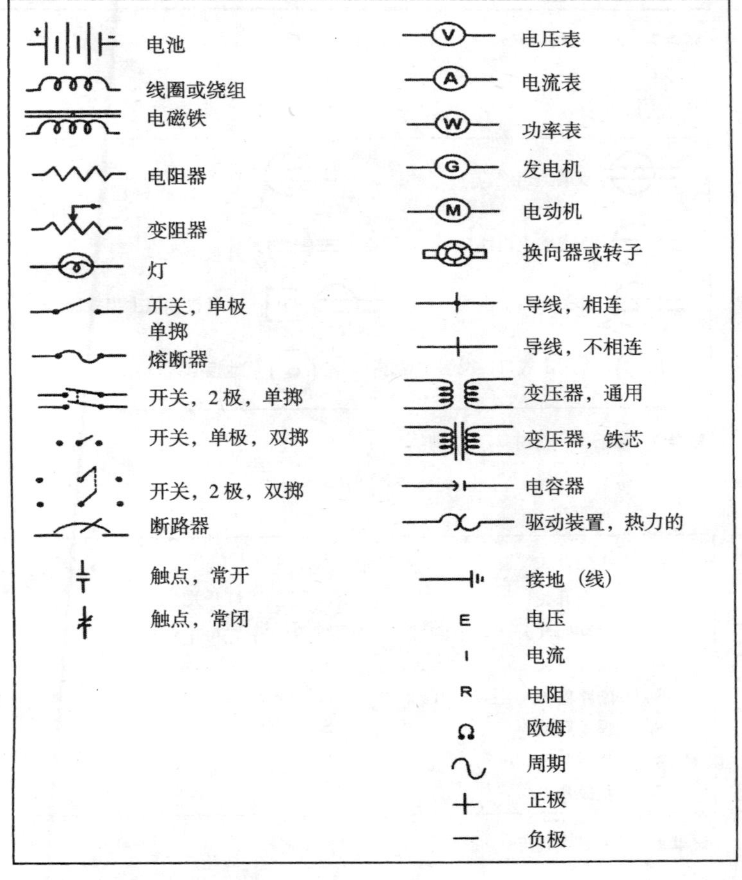

附录1　基本电路符号

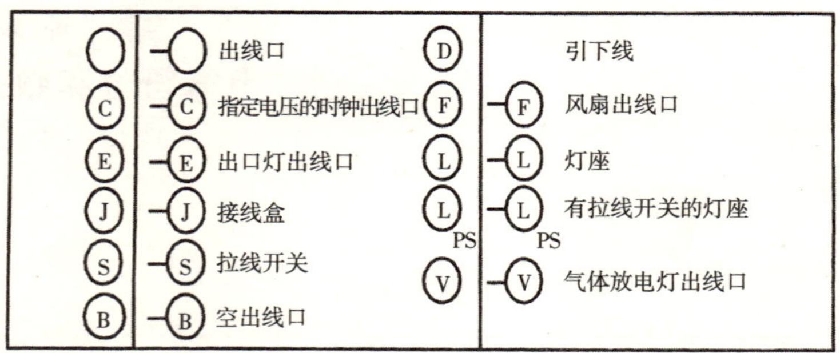

附录 2 通用出线口符号

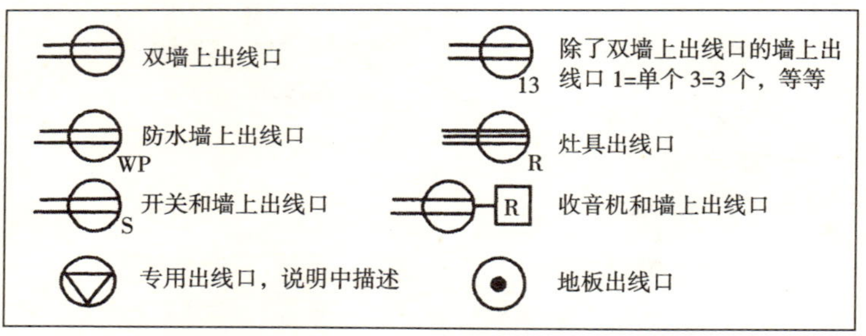

附录 3 墙上出线口符号

S	单极开关	S_4	4 向开关
S_3	三向开关	S_E	装璜灯开关
S_D	自动门开关	S_P	指示灯和开关
S_K	钥匙开关	S_{WCB}	防水断路器
S_{CB}	断路器	S_{RC}	遥控开关
S_{MC}	瞬动开关	S_F	熔丝开关
S_{WP}	防水开关	S_{WF}	防水熔丝开关
S_2	双极开关		

附录 4 开关出线口符号

符号	说明	符号	说明
（黑色实心矩形）	照明配电箱	（灰色矩形）	电力配电箱
（粗实线）	馈线（用大电流导线，与馈电方案号表示）	（细实线）	在吊顶或墙中暗埋的支路
（点划线）	暗敷于地板中的反路	（虚线）	明敷的支路
（多箭头）	家用配电箱（回路的数量由箭头的数量表示）		
（箭头）	不进一步指定的任何回路，表示一个 2 线电路。更大的数字通过下面方法表示：3 线 或 4 线		

附录 5 配电箱和电路

符号	说明	符号	说明	符号	说明
（方框内圆点）	按钮开关	（方框）	蜂鸣器	（方框带半圆）	铃
D	电动门开门器	F	火警操作台	F	火警警铃
（矩形内叉）	控制器	H	喇叭形扬声器	N	护士信号插头
（矩形带折线）	隔离开关	（方框）	无线出线口	T	电铃变压器
（菱形带线）	信号器				

附录 6 各种符号

类　型	接线图	电　压	用　途
A 单级，两线 10 2W			照明和小负荷，单相电机，小负荷
B 单相，三线 10 3W		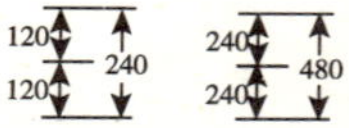	给小建筑物的当地电源
C 三相，四线 30 4W	 或 	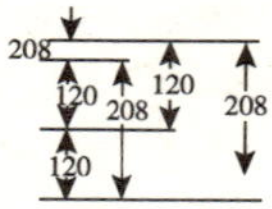 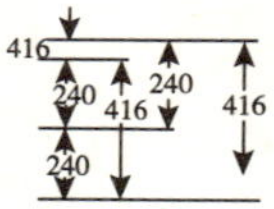	大多数用于军用二次配电的常用系统
D 三相，三线 30 3W		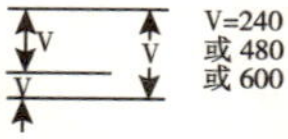	大型电机负荷，小型照明负荷
E 三相，四线 30 4W		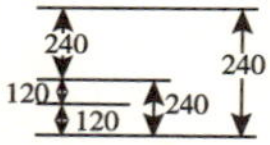	电机和照明负荷

附录 7　电气系统的特性

<table>
<tr><th>商品名</th><th>型号字母</th><th>额定温度</th><th>应用条件</th></tr>
<tr><td rowspan="2">橡胶皮设备导线（实心或7股）</td><td>* RF－1</td><td>60℃
140℉</td><td>设备接线，低于300V</td></tr>
<tr><td>* RF－2</td><td>60℃
140℉</td><td>设备接线</td></tr>
<tr><td rowspan="2">橡胶皮设备导线（软绞合）</td><td>* FF－1</td><td>60℃
140℉</td><td>设备接线，低于300V</td></tr>
<tr><td>* FF－2</td><td>60℃
140℉</td><td>设备接线</td></tr>
<tr><td rowspan="2">热阻，橡胶皮设备导线（实心或7股）</td><td>* RFH－1</td><td>75℃
167℉</td><td>设备接线，低于300V</td></tr>
<tr><td>* RFH－2</td><td>75℃
167℉</td><td>设备接线</td></tr>
<tr><td rowspan="2">热阻，橡胶皮设备导线（软绞合）</td><td>* FFH－1</td><td>75℃
167℉</td><td>设备接线，低于300V</td></tr>
<tr><td>* FFH－2</td><td>75℃
167℉</td><td>设备接线</td></tr>
<tr><td>热塑皮设备导线（实心或绞合）</td><td>* TF</td><td>60℃
140℉</td><td>设备接线</td></tr>
<tr><td>热塑皮设备导线（实心或绞合）</td><td>* TFF</td><td>60℃
140℉</td><td>设备接线</td></tr>
<tr><td>棉皮，热阻设备导线</td><td>* CF</td><td>90℃
194℉</td><td>设备接线，低于300V</td></tr>
<tr><td>石棉皮，热阻设备导线</td><td>* AF</td><td>150℃
302℉</td><td>设备接线，低于300V，干燥室内场所</td></tr>
<tr><td rowspan="2">石英，橡胶绝缘设备导线（实心或7股）</td><td>* SF－1</td><td>200℃
392℉</td><td>设备接线，低于300V</td></tr>
<tr><td>* SF－2</td><td>200℃
392℉</td><td>设备接线</td></tr>
<tr><td rowspan="2">石英，橡胶绝缘导线（移绞合）</td><td>* SFF－1</td><td>150℃
302℉</td><td>设备接线，低于300V</td></tr>
<tr><td>* SFF－2</td><td>150℃
302℉</td><td>设备接线</td></tr>
<tr><td>指定色标的绝缘层</td><td>R</td><td>60℃
140℉</td><td>干燥场所</td></tr>
<tr><td rowspan="2">耐热橡胶</td><td>RH</td><td>75℃
167℉</td><td>干燥场所</td></tr>
<tr><td>RHH</td><td>90℃
194℉</td><td>干燥场所</td></tr>
</table>

附录 8a 导体绝缘

商品名	型号字母	额定温度	应用条件
耐潮橡胶	RW	60℃ 140℉	干燥和潮湿场所，高于2000V，绝缘应是抗氧化的
耐潮和耐热橡胶	RH－RW	60℃ 140℉	干燥和潮湿场所，高于2000V，绝缘应是抗氧化的
		75℃ 167℉	干燥场所
热塑和纤维编织	TBS	90℃ 194℉	只用于开关盘接线
复合热阻	SIS	90℃ 194℉	只用于开关盘接线
矿物绝缘（金属护套）	MI	85℃ 185℉	干燥和潮湿场所的O型终端设备，特殊应用的最大运行温度为250℃
石英—石棉	SA	90℃ 194℉	干燥场所，特殊应用的最大运行温度为125℃
氟化乙丙烯	FEP	90℃ 194℉	干燥场所
	FEPB	200℃ 392℉	干燥场所—专用
		75℃ 167℉	高于2000V，绝缘应是抗氧化的
耐潮热橡胶	RHW	75℃ 167℉	干燥和潮湿场所，高于2000V，绝缘应是抗氧化的
乳胶橡胶	RU	60℃ 140℉	干燥场所
耐热乳胶橡胶	RUH	75℃ 167℉	干燥场所
耐潮乳胶橡胶	RUW	60℃ 140℉	干燥和潮湿场所
热塑	T	60℃ 140℉	干燥场所
耐潮热塑	TW	60℃ 140℉	干燥和潮湿场所
耐热热塑	THHN	90℃ 194℉	干燥场所
耐潮和耐热热塑	THW	75℃ 167℉	干燥和潮湿场所
	THWN	75℃ 167℉	干燥和潮湿场所

附录8b 导线绝缘

规格		导线额定温度[1]					
AWG 或 MCM		60℃ (140℉)	75℃ (167℉)	85－90℃ (185℉)	110℃ (230℉)	125℃ (257℉)	200℃ (392℉)
14		15	15	25[2]	30	30	30
12		20	20	30[2]	35	40	40
10		30	30	40[2]	45	50	55
8		40	45	50	60	65	70
6		55	65	70	80	85	95
4		70	85	90	105	115	120
3		80	100	105	120	130	145
2		95	115	120	135	145	165
1		110	130	140	160	170	190
1/0		125	150	155	190	200	225
2/0		145	175	185	215	230	250
3/0		165	200	210	245	265	285
4/0		195	230	235	275	310	340
250		215	255	270	315	335	—
300		240	285	300	345	380	—
350		260	310	325	390	420	—
400		280	335	360	420	450	—
500		320	380	405	470	500	—
600		355	420	455	525	545	—
700		385	460	490	560	600	—
750		400	475	500	580	620	—
800		410	490	515	600	640	—
900		435	520	555	—	—	—
1000		455	545	585	680	730	—
1250		495	590	645	—	—	—
1500		520	625	700	785	—	—
1750		545	650	735	—	—	—
2000		560	665	775	840	—	—
℃	℉	校正系数，室内温度超过 30℃（86℉）					
40	104	0.82	0.88	0.90	0.94	0.95	—
45	113	0.71	0.82	0.85	0.90	0.92	—
50	122	0.58	0.75	0.80	0.87	0.89	—
55	131	0.41	0.67	0.74	0.83	0.86	—
60	140	—	0.58	0.67	0.79	0.83	0.91
70	158	—	0.35	0.52	0.71	0.76	0.87
75	167	—	—	0.43	0.66	0.72	0.86
80	176	—	—	0.30	0.61	0.69	0.84
90	194	—	—	—	0.50	0.61	0.80
100	212	—	—	—	—	0.51	0.77
120	248	—	—	—	—	—	0.69
140	284	—	—	—	—	—	0.50

1. 载流量与表 B－2 中导线相关，导线额定温度见表 B－2。
2. AWG14、12 和 10 规格的 FEP，PHH 和 THHN 型导线的电载流量与此表中的 75℃ 导线的值相同。

附录 9 铜导线的允许载流量——在线槽或电缆中的导线不超过 3 根

规格	导线的额定温度[1]						
AWG或MCM	60℃（140℉）	75℃（167℉）	85－90℃（185℉）	110℃（230℉）	125℃（257℉）	200℃（392℉）	裸和有覆层的导线
14	20	20	30[2]	40	40	45	30
12	25	25	40[2]	50	50	55	40
10	40	40	55[2]	65	70	75	55
8	55	65	70	85	90	100	70
6	80	95	100	120	125	135	100
4	105	125	135	160	170	180	130
3	120	145	155	180	195	210	150
2	140	170	180	210	225	240	175
1	165	195	210	245	265	280	205
1/0	195	230	245	285	305	325	235
2/0	225	265	285	330	355	370	275
3/0	260	310	330	385	410	430	320
4/0	300	360	385	445	475	510	370
250	340	405	425	495	530	—	410
300	375	445	480	555	590	—	460
350	420	505	530	610	655	—	510
400	455	545	575	665	710	—	555
500	515	620	660	765	815	—	630
600	575	690	740	855	910	—	710
700	630	755	815	940	1005	—	780
750	655	785	845	980	1045	—	810
800	680	815	880	1020	1085	—	845
900	730	870	940	—	—	—	905
1000	780	935	1000	1165	1240	—	965
1250	890	1065	1130	—	—	—	—
1500	980	1175	1260	1450	—	—	1215
1750	1070	1280	1370	—	—	—	—
2000	1155	1385	1470	1715	—	—	1405

℃	℉	修正系数，室内温度超过30℃（86℉）						
40	104	0.82	0.88	0.90	0.94	0.95	—	—
45	113	0.71	0.82	0.85	0.90	0.92	—	—
50	122	0.58	0.75	0.80	0.87	0.89	—	—
55	131	0.41	0.67	0.74	0.83	0.86	—	—
60	140	—	0.58	0.67	0.79	0.83	0.91	—
70	158	—	0.35	0.52	0.71	0.76	0.87	—
75	167	—	—	0.43	0.66	0.72	0.86	—
80	176	—	—	0.30	0.61	0.69	0.84	—
90	194	—	—	—	0.50	0.61	0.80	—
100	212	—	—	—	—	0.51	0.77	—
120	248	—	—	—	—	—	0.69	—
140	284	—	—	—	—	—	0.50	—

1. 载流量与表B－2，第B－2～B－4页的导线有关。导线额定温度见表B－2。
2. AWG14、12和10规格的FEP、FEPB、PHH和THHN型导线的载流量可按表中75℃时导线的载流量值

附录10 空气中的铜导线的允许载流量

规格		导体的额定温度[1]					
AWG 或 MCM		60℃ (140℉)	75℃ (167℉)	85 - 90℃ (185℉)	110℃ (230℉)	125℃ (257℉)	200℃ (392℉)
12		15	15	25[2]	30	30	30
10		25	25	30[2]	35	40	45
8		30	40	40[2]	45	50	55
6		40	50	55	60	65	75
4		55	65	70	80	90	95
3		65	75	80	95	100	115
2[3]		75	90	95	105	115	130
1[3]		85	100	110	125	135	150
1/0[3]		100	120	125	150	160	180
2/0[3]		115	135	145	170	180	200
3/0[3]		130	155	165	195	210	225
4/0[3]		155	180	185	215	245	270
250		170	205	215	250	270	190
300		190	230	240	275	305	—
350		210	250	260	310	335	—
400		225	270	290	335	360	—
500		260	310	330	380	405	—
600		285	340	370	425	440	—
700		310	375	395	455	485	—
750		320	385	405	470	500	—
800		330	395	415	485	520	—
900		355	425	455	—	—	—
1000		375	445	480	560	600	—
1250		405	485	530	—	—	—
1500		435	520	580	650	—	—
1750		455	545	615	—	—	—
2000		470	560	650	705	—	—
℃	℉	修正系数，室内温度超过 30℃（86℉）					
40	104	0.82	0.88	0.90	0.94	0.95	—
45	113	0.71	0.82	0.85	0.90	0.92	—
50	122	0.58	0.75	0.80	0.87	0.89	—
55	131	0.41	0.67	0.74	0.83	0.86	—
60	140	—	0.58	0.67	0.79	0.83	0.91
70	158	—	0.35	0.52	0.71	0.76	0.87
75	167	—	—	0.43	0.66	0.72	0.86
80	176	—	—	0.30	0.61	0.69	0.84
90	194	—	—	—	0.50	0.61	0.80
100	212	—	—	—	—	0.51	0.77
120	248	—	—	—	—	—	0.69
140	284	—	—	—	—	—	0.50

1. 载流量与表 B - 2，第 B - 2 ~ B - 4 页中导线相关，导线额定温度见表 B - 2。
2. AWG14、12 和 10 的规格的 FEP、FEPB 和 THHN 型导线的载流量可按表中的 75℃导线。
3. 对于 3 线，单相配电和分配电回路，RH、RH - RW、RHH、RHW 和 THW 铝导线的允许载流量应为 No2 - 100A，No1 - 110A No1/0 - 125A，No2/0 - 50A，No3/0 - 170A，No4/0 - 200A。

附录 11 铝导线的允许载流量——线槽或电缆中的导线不超过 3 根。

规格	导线的额定温度[1]						
AWG 或 MCM	60℃ (140℉)	75℃ (167℉)	85－90℃ (185℉)	110℃ (230℉)	125℃ (257℉)	200℃ (392℉)	裸和有覆层的导线
12	20	20	30[2]	40	40	45	30
10	30	30	45[2]	50	55	60	45
8	45	55	55[2]	65	70	80	55
6	60	75	80	95	100	105	80
4	80	100	105	125	135	140	100
3	95	115	120	140	150	165	115
2	110	135	140	165	175	185	135
1	130	155	165	190	205	220	160
1/0	150	180	190	220	240	255	185
2/0	175	210	220	255	275	290	215
3/0	200	240	255	300	320	335	250
4/0	230	280	300	345	370	400	290
250	265	315	330	385	415	—	320
300	290	350	375	435	460	—	360
350	330	395	415	475	510	—	400
400	355	425	450	520	555	—	435
500	405	485	515	595	635	—	490
600	455	545	585	675	720	—	560
700	500	595	645	745	795	—	615
750	515	620	670	775	825	—	640
800	535	645	695	805	855	—	670
900	580	700	750	—	—	—	725
1000	625	750	800	930	990	—	770
1250	710	855	905	—	—	—	—
1500	795	950	1020	1175	—	—	985
1750	875	1050	1125	—	—	—	—
2000	960	1150	1220	1425	—	—	1165

℃	℉	修正系数，室内温度超过30℃（86℉）						
40	104	0.82	0.88	0.90	0.94	0.95	—	—
45	113	0.71	0.82	0.85	0.90	0.92	—	—
50	122	0.58	0.75	0.80	0.87	0.89	—	—
55	131	0.41	0.67	0.74	0.83	0.86	—	—
60	140	—	0.58	0.67	0.79	0.83	0.91	—
70	158	—	0.35	0.52	0.71	0.76	0.87	—
75	167	—	—	0.43	0.66	0.72	0.86	—
80	176	—	—	0.30	0.61	0.69	0.84	—
90	194	—	—	—	0.50	0.61	0.80	—
100	212	—	—	—	—	0.51	0.77	—
120	248	—	—	—	—	—	0.69	—
140	284	—	—	—	—	—	0.50	—

1. 载流量与表 B－2，第 B－2～B－4 页中导线有关。导线额定温度见表 B－2
2. AWG14、12 和 10 规格的 FEP、FEPB、PHH 和 THHN 型导线的载流量可按此表中 70℃导线载流量

附录 12　空气中的铝导线的允许载流量

商品名	型号字母	AWG	导体数量	绝缘	每个导体上的编织层	外部覆层	用　途		
平行箔线	TP	27	2	橡胶	无	橡胶	与设备相连	潮湿场所	非粗略利用
	TPT	27	2	热塑	无	热塑	与设备相连	潮湿场所	非粗略利用
有护套的箔线	TS	27	2 或 3	橡胶	无	橡胶	与设备相连	潮湿场所	非粗略利用
	TST	27	2 或 3	热塑	无	热塑	与设备相连	潮湿场所	非粗略利用
石棉覆层，耐热线	AFC	18 – 10	2 或 3	浸渍石棉	棉或人造纤维	无	悬置	干燥场所	非粗略利用
	AFPO	18 – 10	2	浸渍石棉	棉或人造纤维	棉、人造纤维或浸润石棉	悬置	干燥场所	非粗略利用
	AFPD	18 – 10	2 或 3	浸渍石棉	无	棉、人造纤维或浸润石棉	悬置	干燥场所	非粗略利用
棉覆层，耐热线	CFC	18 – 10	2 或 3	浸渍棉	棉或人造纤维	无	悬置	干燥场所	非粗略利用
	CFPO	18 – 10	2	浸渍棉	棉或人造纤维	棉或人造纤维	悬置	干燥场所	非粗略利用
	CFPD	18 – 10	2 或 3	浸渍棉	无	棉或人造纤维	悬置	干燥场所	非粗略利用
平行导线	PO – 1	18	2	橡胶	棉	棉或人造纤维	悬置或移动式	干燥场所	非粗略利用
	PO – 2	18 – 16	2	橡胶	棉	棉或人造纤维	悬置或移动式	干燥场所	非粗略利用
	PO	18 – 10	2	橡胶	棉	棉或人造纤维	悬置或移动式	干燥场所	非粗略利用
全橡胶平行导线	SP – 1	18	2	橡胶	无	橡胶	悬置或移动式	潮湿场所	非粗略利用
	SP – 2	18 – 16	2	橡胶	无	橡胶	悬置或移动式	潮湿场所	非粗略利用
	SP – 3	18 – 10	2	橡胶	无	橡胶	悬置或移动式	潮湿场所	非粗略利用

附录 13a　软线

商品名	型号字母	AWG	导体数量	绝缘	每个导体上的编织层	外部覆层	用　途		
全塑平行导线	SPT－1	18	2	热塑	无	热塑	悬置或移动式	潮湿场所	非粗略利用
	SPT－2	18－16	2	热塑	无	热塑	悬置或移动式	潮湿场所	非粗略利用
	SPT－3	18－10	2	热塑	无	热塑	冰箱或室内空调	潮湿场所	非粗略利用
灯线	C	18－10	2 或更多	橡胶	棉	无	悬置或移动式	干燥场所	非粗略利用
绞合，移动导线	PD	18－10	2 或更多	橡胶	棉	棉或人造纤维	悬置或移动式	干燥场所	非粗略利用
强化导线	P－1	18	2 或更多	橡胶	棉	橡胶填充物外覆棉	悬置或移动式	干燥场所	非粗略利用
	P－2	18－16	2 或更多	橡胶	棉	橡胶填充物外覆棉	悬置或移动式	干燥场所	非粗略利用
	P	18－10	2 或更多	橡胶	棉	橡胶填充物外覆棉	悬置或移动式	干燥场所	粗略利用
编织，重载导线	K	18－10	2 或更多	橡胶	棉	双棉，耐潮保护层	悬置或移动式	潮湿场所	粗略利用
真空吸尘器导线	SV，SVO	18	2	橡胶	无	橡胶	悬置或移动式	潮湿场所	非粗略利用
	SVT，SVTO	18	2	热塑	无	热塑	悬置或移动式	潮湿场所	非粗略利用
小量超负荷导线	SJ	18－16	2、3 或 4	橡胶	无	橡胶	悬置或移动式	潮湿场所	粗略利用
	SJO	18－16	2、3 或 4	橡胶	无	耐油复合物	悬置或移动式	潮湿场所	粗略利用
	SJT，SJTO	18－16	2、3 或 4	热塑或橡胶	无	热塑	悬置或移动式	潮湿场所	粗略利用
超负荷导线	S	18－2	2 或更多	橡胶	无	橡胶	悬置或移动式	潮湿场所	特别粗略利用
	SO	18－2	2 或更多	橡胶	无	耐油复合物	悬置或移动式	潮湿场所	特别粗略利用
	ST	18－2	2 或更多	热塑或橡胶	无	热塑	悬置或移动式	潮湿场所	特别粗略利用
	STO	18－2	2 或更多	热塑或橡胶	无	耐油复合物	悬置或移动式	潮湿场所	特别粗略利用

附录 13b　软线

商品名	型号字母	AWG	导体数量	绝缘	每个导体上的编织层	外部覆层	用途		
橡胶护套耐热导线	AFSJ	18 – 16	2 或 3	浸渍石棉	无	橡胶	移动式	潮湿场所	移动式加热器
	AFS	18 – 16 – 14	2 或 3	浸渍石棉	无	橡胶	移动式	潮湿场所	移动式加热器
加热器导线	HC	18 – 12	2、3 或 4	橡胶和石棉	棉	无	移动式	干燥场所	移动式加热器
	HPD	18 – 12	2、3 或 4	带石棉的橡胶或全聚氯丁橡胶	无	棉或人造纤维	移动式	干燥场所	移动式加热器
橡胶护套加热器导线	HSJ	18 – 16	2、3 或 4	带石棉的橡胶或全聚氯丁橡胶	无	棉和橡胶	移动式	潮湿场所	移动式加热器
带护套的加热器导线	HSJO	18 – 16	2、3 或 4	带石棉的橡胶或全聚氯丁橡胶	无	棉和耐油复合物	移动式	潮湿场所	移动式加热器
	HS	14 – 12	2、3 或 4	带石棉的橡胶或全聚氯丁橡胶	无	棉和橡胶或聚氯丁橡胶	移动式	潮湿场所	移动式加热器
	HSO	14 – 12	2、3 或 4	带石棉的橡胶或全聚氯丁橡胶	无	棉和耐油复合物	移动式	潮湿场所	移动式加热器
平行加热器导线	HPN	18 – 16	2	热固	无	热固	移动式	潮湿场所	移动式加热器
耐热和耐潮导线	AVPO	18 – 10	2	石棉和浸渍细麻	无	石棉，阻燃，耐潮	悬置或移动式	潮湿场所	非粗略利用
	AVPD	18 – 10	2 或 3	石棉和浸渍细麻	无	石棉，阻燃，耐潮	悬置或移动式	潮湿场所	非粗略利用
灶，干燥器电缆	SRD	10 – 4	3 或 4	橡胶	无	橡胶或聚氯丁橡胶	移动式	潮湿场所	灶，干燥器
	SRDT	10 – 4	3 或 4	热塑	无	热塑	移动式	潮湿场所	灶，干燥器
电梯电缆	E	18 – 14	2 或更多	橡胶	棉	三层棉，外部一层阻燃并防潮	电梯照明和控制	非危险场所	
	EO	18 – 14	2 或更多	橡胶	棉	一层棉和一个聚氯丁橡胶护套	电梯照明和控制	危险场所	
	ET	18 – 14	2 或更多	热塑	人造纤维	三层棉，外部一层阻燃并防潮	电梯照明和控制	非危险场所	

附录 13c 软线

场　所	标准负荷，W/ft^2	馈电需要系数
兵工厂和礼堂	1	100%
银行	2	100%
理发店	3	100%
教堂	1	100%
俱乐部	2	100%
住宅	3	前3000W是100%，后117000W是35%，超过120000W是25%
车库	0.5	100%
医院	2	前50000W是40%，超过50000W是20%
办公楼	5	前20000W是100%，超过20000W是70%
饭馆	2	100%
学校	3	前15000W是100%，超过15000W是50%
商店	3	100%
库房	0.25	前12500W是100%，超过12500W是50%
会馆	1	100%

附录14　馈电和支路的标准负荷和馈电的需要系数。

线槽或电缆中的FEP、FEPB、R、RW、RU、RUW、RH－RW、SA、T、TW、RH、RUH、RHW、RHH、THNN、THW和THWN型导体					
电路额定值	15A	20A	30A	40A	50A
导体 （最小尺寸） 电路导线* 抽头	 14 14	 12 14	 10 14	 8 12	 6 12
过流保护	15A	20A	30A	40A	50A
插座设备： 允许的灯座 插座额定值	 任何类型 15最大安培	 任何类型 15或20A	 重载 30A	 重载 40和50A	 重载 50A
最大负荷	15A	20A	30A	40A	50A
* 这些载流量是对于铜导体而言的，没有温度校正系数（见表B－3～B－7，第B－5～B－9页）。					

附录15　支路需求

附表

常用英制单位与国际单位制计量单位换算表

量的名称	英制		国际单位制		英制—国际单位制的换算
	名称	符号	名称	符号	
长度	英寸 英尺 码	in ft yd	米	m	1in = 0.0254m 1ft = 0.3048m 1yd = 0.9144m
面积	平方英寸 平方英尺 平方码	in^2 ft^2 yd^2	平方米	m^2	$1in^2 = 0.0006452m^2$ $1ft^2 = 0.0929m^2$ $1yd^2 = 0.835m^2$
体积	立方英寸 立方英尺	in^3 ft^3	立方米	m^3	$1in^3 = 0.00001638m^3$ $1ft^3 = 0.02832m^3$
质量	磅	lb	千克	kg	1lb = 0.4536kg
温度	华氏度	℉	摄氏度	℃	℉ = $\frac{9}{5}$℃ + 32
容积	加仑	gal	升	l	1gal = 3.78l

作者简介

戴维·塔克和加里·塔克是父子组合，致力于电气事业。他们都是著名的电气工程师，在缅因州的费尔菲尔德堡经营着一个家庭所有企业。多年来，塔克团队做过住宅、照明、商业与工业工程。他们的服务供不应求，以至于要走很远去承接大工程。他们因为满足了房主的大多数基本需求而远近闻名。从事该行业几十年，塔克的名字在社区中家喻户晓。多年来积累的全面而扎实的经验使他们的书经久不衰、广为流传。

译后记

《电气施工速查手册》作者为戴维·塔克和加里·塔克，原版由美国麦格劳－希尔公司出版发行。本书的作者是有着多年电气施工和管理经验的专业人士。本书利用基本电路理论，针对新建和改建工程细致讨论了电气应用的计算方法、相应规范；电气设备安装的基本工具和技术；灯具安装、布线方法以及施工过程中出现的故障维修；承揽工程；正确工作；工地安全和急救措施，着重分析了工程投标应注意的问题和工程总结，并对施工要点做出了总结和提示，对在工程投标竞争中如何获胜都有详尽的叙述，是一部实用性很强的工具书。

纵观国内外电气工程师的区别：国内电气工程师有60%以上的精力花费在图纸绘制上，从平面到系统直至细节图样都有详细描述，而有关招标书方面则比较简单。这虽然发挥了设计人员的优势，却忽略了有经验的施工人员，使之无法与设计师交流自己的想法，往往会造成材料的浪费和效率的降低。而国外电气工程师的主要任务是项目管理以及费用和成本的控制，他们花费在图纸绘制上的精力仅有30%。图纸主要是针对方案的具体体现，有关招标书方面则非常详细，不仅仅是专业技术，其中对设计、施工、安装和调试的工作范围、权限和职责都有明确的要求，同时还提供了对设计中计算、设备的主要参数和选用要求。依靠国外施工承包商强大的施工能力和经验，实现节省成本，提高工作效率，保证工程的全面完成。随着国内建筑市场的开放和国内建筑业务向国外的拓展，客观上就要求广大的工程技术人员在发扬自己长处的同时，了解国外施工的方法和思路，扩展自己的知识面，在经济、商务、法律等方面得以不断增强，改变习以为常但又不合时宜的设计理念，惟有如此，才能够在国内外工程项目竞争中处于有利的地位。从这方面来讲，本书填补了电气工程师施工管理方面的空白。

由于本书具有实用性强、内容新颖、覆盖面广的特点，对于提高建设工程质量、水平和效率，以及实现与国际同行业接轨都具有重要的指导意义。它可供电气施工安装、设计、监理、维护人员及大专院校有关专业师生参考使用。在使用过程中，书中图例符号、做法与我国的规范和规定有不一致之处，应以现行国家规范和规定为准。

本书主要由王烈工程师翻译，孙成群教授级高级工程师全面审核，杨选先生校对。

在翻译过程中，得到了董宇松、陈煊卓、王洪院、关文联、张剑锋、王莉和王琼等同志的大力支持和帮助，在此表示衷心感谢！

由于水平有限、经验不足，难免有不妥之处，恳请读者批评指正！

译者

2006 年 10 月